科学方法论

体系 规则 应用

闻邦椿 著

科学出版社
北京

内 容 简 介

世界观和方法论是辩证唯物主义两项主要内容，本书将针对方法论展开讨论。作者经过长期实践，研究并总结出了独特的、科学的和完整的方法论的体系和规则，只要掌握和运用好本书提出的科学方法论的体系和规则，便可大大提高做事的成功概率，并能获取较高的效率和效益。

科学方法论的十二对规则包括：做事的三对核心要素：目的和要求、任务和态度、步骤和方法；主观方面的四项潜能：思想和品德、知识和能力、健康和生命、毅力和战术；客观方面的三个影响因素：机遇和挑战、环境和协调、条件和利用；两个动态因素：学习和致用、检查总结和提高。此外，所有工作都应在科学哲学思想的指导下来完成。

本书对于集体和个人的成功及高效做事都会发挥积极的作用，可供各行各业的人士参考阅读。

图书在版编目(CIP)数据

科学方法论：体系 规则 应用/闻邦椿著. —北京：科学出版社，2017
ISBN 978-7-03-050284-1

Ⅰ.①科… Ⅱ.①闻… Ⅲ.①科学方法论 Ⅳ.①G304

中国版本图书馆 CIP 数据核字(2016)第 255193 号

责任编辑：裴 育 乔丽维 / 责任校对：桂伟利
责任印制：吴兆东 / 封面设计：陈 敬

科学出版社 出版
北京东黄城根北街 16 号
邮政编码：100717
http://www.sciencep.com
北京九州迅驰传媒文化有限公司印刷
科学出版社发行 各地新华书店经销
*
2017 年 1 月第 一 版 开本：720×1000 1/16
2025 年 7 月第七次印刷 印张：16 1/2
字数：314 000

定价：128.00 元

作 者 简 介

闻邦椿，原籍浙江温岭，1930 年 9 月生于浙江杭州。1943～1946 年就读于浙江省温岭县授智初级中学（现为新河中学），1946～1949 年于浙江省立台州中学高中部学习，1949 年 10 月参加中国人民解放军，1950 年 12 月因病复员，1951 年夏考入东北工学院（1993 年复名为东北大学）机械系，1955 年本科毕业后在苏联专家格·依·索苏诺夫教授的指导下从事研究生学习与研究，1957 年研究生毕业后留校任教。

现为东北大学教授、东北大学机械设计及理论研究所名誉所长、辽宁省创意产业协会会长，曾任东北大学“重大机械装备设计与制造关键共性技术创新平台”985 工程建设首席教授。

1991 年当选为中国科学院院士，现任国际转子动力学技术委员会委员、国际机器理论与机构学联合会中国委员会委员，曾先后任东北工学院机械二系主任，国务院学位委员会第二、三、四届机械工程学科评议组成员，国家自然科学奖、国家技术发明奖、国家科技进步奖评审委员会委员，国家“长江学者”奖励委员会评审组成员，国家自然科学基金评审组成员，第六、七、八、九届全国政协委员，中国振动工程学会理事长，《振动工程学报》主编，《机械工程学报》等杂志编委，上海交通大学“振动、冲击、噪声”国家重点实验室学术委员会主任，大连理工大学“工业装备结构分析”国家重点实验室学术委员会主任，浙江大学“流体传动及控制”国家重点实验室学术委员会委员及 20 多所大学的兼职教授及北京吉利大学校长等职。

闻邦椿教授长期从事机械工程和振动工程方面的教学工作，为培养各类学生作出了重要贡献。曾讲授“机械振动学”、“工程非线性振动”、“振动机械的理论及应用”、“振动的利用与控制”、“机械和结构的动态设计”、“基于系统工程的产品设计理论与方法”等多门课程。已培养硕士研究生 122 名、博士研究生 90 名和博士后 16 名，总计 228 名，还曾指导俄罗斯和哈萨克斯坦访问学者各 1 名。

在科学研究方面，先后完成了数十项国家纵向和横向科研项目，包括国家自然科学基金重大项目、重点项目、面上项目和 973、863 项目等。开辟了以下几个重要的学术方向：

（1）在振动利用和控制领域，在国际上首先创建了振动学与机器学相结合的“振动利用工程”新学科；深入研究了振动同步理论，提出了“振动同步传动”的新概念；将振动同步扩展为控制同步和复合同步；发表了数百篇学术论文并撰写了十多部著作，其中《振动利用工程》是国际上该领域出版的第一部专著。

（2）在工程非线性振动和故障旋转机械的非线性动力学研究中，解决了工程中诸多非线性动力学问题，获得了许多创新性成果；同时，研究了带有多种不同故障的旋转机械非线性动力学问题，最先提出灰色诊断的理论和方法；发表了大量学术论文并撰写了多部著作，其中《工程非线性振动》是国际上该领域出版的第一部著作。

（3）在产品设计领域，研究并提出了基于系统工程的产品综合设计理论与方法以及系统化的设计理论与方法；和课题组同事一起，撰写了产品设计方法学方面的 8 部专著，还主编了 6 卷本、2 卷本和 1 卷本《机械设计手册》。

（4）在方法论的研究中，提出了自具特色的、系统的科学方法论体系，撰写并出版了《从追逐梦想到实现梦想》、《现代成功学》、《成功做事方法学》、《顶层设计》、《学位论文撰写方法学》、《科学研究方法学》、《创新创业方法学》、《科技哲学方法论浅议》、《方法论导引》等十多部专著。

和课题组同事一起，先后发表学术论文 800 余篇，署名第一作者的论文 180 余篇，被 SCI、EI 和 ISTP 检索的论文近 260 篇，被引用 3000 余次。在研究中完成了诸多的技术创新，取得了重大的经济效益和社会效益。

撰写的著作、教材、论文集及手册总计 72 部，以第一作者身份撰写的有 57 部，有两部著作获全国优秀科技图书奖二等奖，主编的 6 卷本《机械设计手册》获中国机械工业科学技术奖一等奖及中国出版政府奖提名奖，2009 年曾获科学出版社的著名作者奖，2012 年获机械工业出版社最具影响力的作者奖。

曾获国际奖 2 项，国家奖 5 项，光华工程科技奖 1 项，省、部、委级一、二等奖 10 余项，申请和被批准的国家专利 20 余项。在 2012 年召开的全国“振动利用工程”会议上，被大会授予该研究领域的“终身成就奖”。

曾访问 36 个国家，多次应邀去德国、日本、澳大利亚等国讲学，还曾参加在美国、英国、日本、澳大利亚、新西兰、加拿大、意大利、韩国、保加利亚、匈牙利、新加坡、马来西亚、印度、芬兰、俄罗斯、西班牙、埃及等 20 余个国家召开的国际学术会议，宣读论文 70 余篇，并多次应邀做大会报告。4 次主持召开国际学术会议，担任该会议学术委员会主席，并负责主编 4 种国际学术会议论文集。

曾是中共东北工学院和东北大学三届党委委员，还曾多次荣膺辽宁省劳动模范、沈阳市特等劳动模范和优秀共产党员及原冶金工业部先进教育工作者称号，是我国第一批国家级有突出贡献的中青年专家，并第一批享受国务院特殊津贴。

作者的简历及科研成果已载入世界名人录和国内的多种名人辞典中。

前　言

方法论是辩证唯物主义研究的两大方向之一，毫无疑问，它应该是全社会最值得关注和重视的热点问题之一。本书介绍的科学方法论是作者经过长期工作实践研究和总结出的独特的、完整的和科学的方法论的体系和规则，对于任何集体和个人，只要坚决执行这些规则，就可以大大提高做事的成功概率，并能获取高的效率和效益。

人生在世，每个人都希望在一生中实现自己的人生价值。但是，为什么有些人能作出较大的贡献，而有些人却碌碌无为地度过其一生呢？有没有成功之道可以遵循呢？很多人都想找出一个理想的答案，本书研究的科学方法论就是为了回答人们提出的这些问题，它可以用来提高做事的成功概率，并获取做事的最高效益。

国际上，成功学的创始人——美国的戴尔·卡耐基和拿破仑·希尔在1926～1948年问世的著作中，从心理学的角度对成功学的基本内容做过详细叙述，而且通过实践，证明了他们提出的原理能获取良好的效益。

在人类社会处于知识经济时代或知识网络时代的今天，社会的发展在很大程度上依赖于科学技术。社会上的不少人，如教育工作者、科技工作者、行政工作人员，以及青年学生，他们的工作目标是为教育事业、科学研究事业或集体事业的发展，或为今后工作而学习一些必要的知识和培育所需要的能力，进而为国家经济的振兴作出一份贡献，在这个过程中来实现人生价值。因此，现代成功学方法论或科学方法论与以往的成功学方法论有着根本的区别。

本书以科学发展观作指导，以广泛应用现代科学技术成就为基础，以作者的长期实践经验作为参考，研究并提出了科学方法论的体系及成功和高效做事的十二对要素，其中包括做事的三对核心要素：目的和要求、任务和态度、步骤和方法；主观方面的四项潜能：思想和品德、知识和能力、健康和生命、毅力和战术；客观方面的三个影响因素：机遇和挑战、环境和协调（包括保护和利用）、条件和利用；做事过程中的两个动态因素：学习和致用、检查总结和提高；还指出，应在科学哲学思想的指导下完成一切工作。

学习和掌握方法论及高效做事的一般规则，不论对成年人还是青年学生，不论对小学生、中学生还是大专学生，都是十分必要的；对于教育和科技工作者、企事业单位领导、行政管理工作人员以及各行各业的人士，都有其参考价值。作者认为，若将《科学方法论》列入大、中、小学的必修课程，也是合适的，与此同时，还应安排学生进行这方面的具体实践活动，让他们了解、掌握科学方法论的体系和规则，并使之成为他们日常生活、学习和工作的具体行动指南。如果他们早一些掌握这些规则，也将会早些受益。

本书共十八章，第一章为科学方法论的体系和规则，第二至七章分别讲述成功及高效做事的三对核心要素，第八至十四章讨论主观方面的四项潜能（个人和集体）、客观方面的三个影响因素和做事过程中的两个动态因素，第十五章为用科学哲学思想统领全部工作，第十六章为科学方法论在各个领域中的应用，第十七章为科学方法论应用的智能化和专家系统，第十八章为成功及高效做事的关键因素与制约因素。

在本书编写过程中得到了不少朋友、同事的热情帮助，他们是王维周、高英学、刘树英、陈雪莲等，作者在此一并向他们致以深切的谢意！书中如有不妥之处，望读者批评指正。

作　者

2016 年 5 月

目　　录

第一章　科学方法论的体系和规则

用现代哲学思想来指导工作，不会使我们迷失方向。

没有正确的思想，就没有成功的梦想。

坚持和运用辩证唯物主义的世界观和方法论，可以提高解决我国改革发展基本问题的本领。

科学方法论是一把开启成功之门的钥匙。

一、引　　言

任何集体和个人都想把事情做成功，还希望所做的事能获取最高的效益。请问：有没有一些方法和有效的规则可以遵循？

回答是肯定的，只要按照科学方法论的一些规则去做，就容易使所做的事情取得成功并获取高的效益，关键的问题是必须坚决按照这些规则去做。

本章将介绍作者经过长期实践总结出的自具特色的科学方法论的体系和规则。

科学方法论是辩证唯物主义两大研究方向之一，为了更好地了解、掌握和运用科学方法论的体系和规则，首先应该了解科学方法论体系和规则的概貌，这有利于运用方法论体系和规则来指导学习、工作和生活，借此以提高做事的成功概率，并获取做事的最高效率和效益。

最近我国国家领导人指出，坚持和运用辩证唯物主义的世界观和方法论，以提高解决我国改革发展基本问题的本领。由此可见，学习和运用方法论对成功和高效做事具有十分重要的意义。

一个国家、一个民族、一个地区、一个部门、一个企业或一个集体的领导和群众以及任何个人，天天都在为做好他们所承担的工作而忙碌着，他们的目标就是考虑如何工作才能使这个集体或个人很好地生存下去，如何工作才能得到快速的发展。为了达到这一目标，需要对集体或个人的工作进行合理的规划和安排，并遵循理想的做事规则和采取有效的工作方法。科学方法论就是研究在当今的时代背景下，即知识经济时代条件下成功及高效做事的规则，不论是集体还是个人，只要在工作中坚决执行科学方法论的一些规则，就可以大大提高做事的成功概率，并可以获取做事的最高效益。由此可见，学习、掌握和运用科学方法论的规则，对于任何集体和个人都十分重要。

现代社会里的每个集体和个人，天天都要做事，有的事做得很成功，有的事没有做成功。没做成功的，可能既浪费了金钱，也浪费了时间，有可能对环境造成污染，并需善后处理。成功的事有其经验，失败的事有其教训。总结出经验和教训，可以为下一次做事提供启示，可以提高以后做事的成功概率，可以使所做的事获取较高的效益。

学习、掌握和运用科学方法论的规则，就是为了了解和运用“做人和做事”的一般规则及有效的措施和方法，进而把事情做得更好。了解和掌握科学方法论的基本内容和方法，可以使不会工作的人变成善于工作的人，进而会把事情做得更好，并容易使其成为一位有成就的人。

人类的历史是一部奋斗的历史，也是一部创造的历史，奋斗与创造，是历史发展的必然因素，也是历史赋予每一个人的光荣职责和义务。

要奋斗，要创造，就应该了解怎样去奋斗、怎样去创造的问题，就应该学习和研究怎样奋斗才容易取得成功，怎样创造才能为社会和国家多作贡献，使社会发展得更快更好，使人们的衣食住行更加方便，使文化生活更加丰富多彩。

要把事情做成功和在人生奋斗的道路上取得成功，不是一件简单的事，而是一项十分复杂的工作，除采用心理学方面已取得的研究成果外，还应该用现代哲学思想作指导，包括用科学发展观的思想作指导，要综合运用现代科学技术成就及理想的科学方法，如系统工程的思想和方法、先进的信息技术、各种优化的理论和技术、创新思维和创新的原理和方法、预测学的理论和方法等。

科学方法论与以往的成功学方法论不同点是：以往的成功学多数是从心理学的角度来研究成功学，而科学方法论则是在科学发展观和系统工程思想的指导下，有效地利用成功及高效做事的规则，并综合运用现代科学技术的成就，来完成各种事情和各种工作，以提高做事的成功概率，并获取最高的效益。

二、研究科学方法论的意义

关于如何成功及高效做事，古代的老子、孔子、孙子、亚里士多德、柏拉图等都提出过许多重要的看法，曾撰写过不少著作，如老子的《道德经》、孔子的《论语》、孙子的兵法等。近百年来也有许多学者对成功学进行过研究[1~53]。

(1) 20世纪初，成功学的创始人——美国的戴尔·卡耐基(1888—1955)首先从心理学的角度详细地研究了成功学，并完成了十多本成功励志经典著作，代表作有《语言的突破》、《沟通的艺术》、《人性的弱点》、《人性的光辉》、《美好的人生》和《人性的优点》等[1~6]。他还在许多国家组织了“成功学”的培训，数百万人在培训后受益，他的思想已经渗透到社会的各个阶层和各个方面。卡耐基的“成功学”，确实有他的许多优点，有他的成功之处，这是人所共知和望尘莫及的。

（2）最早的成功学大师拿破仑·希尔（1883—1969）提出了十三项成功法则，代表作有《思考致富》、《人人都能成功》、《成功规律》[7]，这些著作问世后，曾一度充斥了美国的“成功学”和“致富学”的图书市场。

（3）现代管理学之父彼得·德鲁克（1909—2005）提出目标管理的概念，代表作有《德鲁克论管理》、《21世纪的管理挑战》、《九十年代的管理》等。在他的著作中，提出了很多管理学的理论，如关于自我管理的理论：“有伟大成就的人向来善于自我管理，但在今天，即使资质平庸的人，也必须学习自我管理。”关于目标管理的理论：“不是有了工作才有目标，而是有了目标才有工作。”关于时间管理的理论：“如果不对时间进行管理，那么任何管理都没有必要了。”

（4）世界潜能学权威，新一代的成功学大师安东尼·罗宾（1960—）创立了潜能成功学，代表作有《无限的权利》、《唤起心中的巨人》、《巨人的脚步》。他提出了思维潜能、情绪反应潜能与决断潜能等许多新见解。

我国学者也对成功学进行过许多研究，如陈安之撰写的《自己就是一座宝藏》[8]等20多部著作，郭君编著的《现代成功学》[9]，王小平著的《大成成功学》，刘墉著的《成功全书》[10]，陈泰先编著的《35岁之前成功的十六条黄金法则》[11]，肖剑著的《成功心理学》[12]，苏杨编著的《成功之道》[13]，君子编著的《做人做事羊皮卷》[14]，成果编著的《哈佛成功课——成功人士是这样修炼的》[15]，邢桂平著的《你为什么不成功——突破人生困境的锦囊妙计》[16]，闻国椿编著的《关于处事的十大规则》[17]，王宝霞等编著的《成功者的足迹》[18]，他们都对成功学提出了有意义的见解，作者也对现代成功学和成功及高效做事方法学提出了自己的看法[19~44]。

当今人类社会的发展在很大程度上是以智力为依托的，与卡耐基所处的时代相比，已经发生了巨大的变化。此外，卡耐基的“成功学”对科技工作者、教育工作者和行政管理者来说，有些内容和提法是不完全适合或适用的。卡耐基认为，一个人的成功，只有15％是由于他的专业知识，而85％则要靠人际关系和待人处世的能力[1]，这一结论对经营者可能是适当的，但对科技工作者或教育工作者是不适用的。卡耐基把“致富”作为成功的主要目标，这对广大教育工作者、科技工作者和行政管理者来说，也是不适用的。当然，他提出的许多观点，对于科技工作者、教育工作者和行政管理者是十分有益的，对提高每个人做事取得成功的概率和工作效率也会发挥积极的作用。

作者对成功学方法论的理解和卡耐基的“成功学”在目标、内容和方法方面有着较大的区别。作者认为现代成功学应以哲学的思想为指导，以现代科学技术成就为基础进行研究。现代成功学首先应以国家教育事业、科学技术事业和经济的发展及全人类的利益作为其主要目标，不能把“个人致富”作为“取得成功”的唯一目标，应该把个人的成功和国家的成功及人类的发展紧密结合起来。除了成功的目标不同之外，“成功学”研究的具体内容和方法也有很大的差别。

过去编辑出版的成功学书籍中的大多数是从心理学角度讨论成功学，而且对“成功学”的一些法则和要素的讲述，多数是想到哪一点重要就讨论哪一点，较少或零星地采用现代科学技术成就，很少运用系统工程的思想方法去研究成功学。作者在长期实践和学习前人经验的基础上，总结自己工作的经验，并构建了现代成功学的体系和框架，在“成功学”内在规律的研究中，提出了做事的三原则或三要素、主观方面的四项潜能和客观方面的三维时空、两件要事等规则。撰写的《成功做事方法学 现代成功学浅论》、《现代成功学 谈做人 做事 做学问》、《产品设计方法学——兼论产品的顶层设计与系统化设计》、《成功之路的探索》、《从追逐梦想到实现梦想》、《奋斗的人生》等[19～44]著作，都是对科学方法论研究的一种尝试。

假如任何个人能坚决执行方法论的规则，做事的成功概率及做事的效率和效益可以大大提高，因此作者认为，大家应该拿出一部分时间去研究成功及高效做事方法论，这不仅不会浪费时间，还会提高每个人从事科学研究和教学工作及行政工作的成功概率和工作效率，是一项具有重大意义的工作。

三、提出的科学方法论的时代背景和特点

本书是以时代为背景的一部方法论方面的著作，主要突出“现代”这个特点，它广泛采用现代科学技术成就和科学方法，如现代科学的哲学思想和方法、系统论和系统工程的理论和方法、逻辑学原理和方法、现代心理学、工作过程中经常要采用的先进的信息技术（计算机技术、网络技术、智能化技术和数字化技术等）、各种优化的理论和方法、创新思维及创新的原理和方法、预测学的理论和方法等。在本书中，特别强调要用科学方法论的理论和方法去处理各种事情，来提高大家做事的成功概率和做事的效率和效益。

在21世纪的今天，假如不用“现代”这个重要的概念来谈成功，将会脱离时代的特点和要求。本书以“科学方法论”为名就是突出了现代这个特点，与几十年以前的成功学方法论有着本质的区别。

在这里，还要进一步说明科学方法论为什么特别重视对现代科学技术成就的利用。它不仅要求完成所做的工作，即所做的事要正确无误，符合最广大人民的利益，还要达到所要求的质量标准，所做的事所花费的成本较低，时间较短，达到环保要求，后续服务工作量少。要全面达到这些要求，不采用现代科学技术成就是难以满足的。

为此，在成功学方法论的研究中，除了继续应用现代心理学的原理和方法外，还应该重视现代科学技术成就的运用。

(1) 现代哲学思想和方法。用现代哲学思想和科学发展观的思想来指导，即坚持以人为本的思想，重视做事的实践性、科学性、创新性、协调性、可持续性等，并严格按照客观规律来办事，使工作得以全面、协调、稳定和可持续开展。

(2) 逻辑学。学习和掌握逻辑学的原理和方法，要遵照各类规则：现象和本质、原因和结果、内涵和外延、归纳和演绎等开展思维活动；要采用比较推理等推理形式对事物进行推断；要掌握对事物外部表现形式，通过分析、推断、论证、总结、决策等程序来处理各类事物。

(3) 现代心理学。现代心理学是对研究人的各种心理状态，使之与内部和外部影响因素保持协调与和谐，要在学习、工作和生活过程中克服各种心理障碍，以保证工作的正常开展，要充分发挥人性的优点、克服人性的弱点，使各项工作得以顺利开展。

(4) 系统论和系统工程的理论和方法。遵照系统论和系统工程的理论和方法来办事，所考虑的问题就比较全面和系统，还能点面结合，突出重点，这样就不会在工作中出现主观性、片面性、随意性和盲目性等问题。

(5) 信息技术。在工作中采用现代信息技术，如计算机技术、网络技术、智能化技术和数字化技术等，同样可以使工作取得更好的效果。假如在现阶段工作中不采用先进的信息技术，就会浪费大量的时间，从而降低工作效率，也就不容易使事情取得成功。

(6) 优化理论和技术。在某些工作中，特别是在科学研究或产品设计中，要采用优化的理论和技术，可以在保证质量的前提下，做到省和快，以较少的代价去做较多的事情。

(7) 试验方法。通过试验验证理论研究结果的正确性和用试验方法选定最合适的一种方案。

(8) 创新的原理和方法。了解和掌握更多的创新思维形式及创新原理和方法，便会在继承前人成就或成功经验的基础上，取得更多的创新成果。

(9) 预测学理论和方法。在最大可能的情况下，在工作中应用预测学的理论和方法，紧抓各种机遇，以提高做事的成功概率并获取最高的效益。

前面所述的仅是现代科学技术的一部分内容(详见第七章)，还有更多现代科学技术成就有待我们去利用。

集体或个人做事能否成功，会受一个国家或一个地区经济发展的影响，而一个国家和地区的经济发展又会受国际经济的影响。因此，研究现代成功学还必须了解当今世界经济发展的特点及其对各类企事业单位的要求和影响。人类社会已进入知识经济时代，全球经济一体化的格局已经形成，一个国家的经济和国际经济的发展正处在相互渗透和相互交融的过程中。近来，欧洲一些国家如希腊、意大利等出现了债务危机，美国政府正试图提高国债的比率来解决面临的经济困难，中东和北非的政治动乱、日本的严重自然灾害影响了这些国家甚至全球经济的发展。从目前来看，国际经济的发展正处在不断动荡的过程中，一些国家经济发展中的泡沫现象也严重影响了国际经济稳定、协调和可持续的发展。我国一些企事业单位以及个人，也必须正视国际经济动荡的现实，并设法减轻国际经济的动荡对企事业单位发展的影响。2008年爆发的金融危机，由于不少国家经济不景气，使得我国不少企业出口遇到了很大困难，其影响是相当严重的。因此，研究成功学也必须观察并考虑当前国内和国际政治与经济形势的现状及发展趋向。

由此可见，科学方法论是以现代科学技术成就为基础的。如果在成功学的研究中缺乏这些特点和时代背景，就会失去现代成功学的真实含义。假如把几十年以前戴尔·卡耐基和拿破仑·希尔等创建的成功学也称为现代成功学，这就会出现概念上的混乱。“现代”这个词是和过去的时代相对而言的，再过几十年，近期出版的“现代成功学”有关著作也会成为过去，书中所指的“现代”仅仅是和这些书籍的出版年代相一致，所谓现代不可能永远地存在下去，过了一个时期，当今时代的书籍就会失去“现代”的真实含义。

当然，戴尔·卡耐基和拿破仑·希尔等创建的成功学在不少国家通过培训使成千上万的人受益，并使他们成为成功的人士，这些经验并没有过时，到目前还是值得人们仿效和学习的。与此同时，他们创建的成功学给人们的启示是：只要坚定地按照成功学的规则去做，就会取得良好的效果。只不过是因为时代的改变，应该对成功学注入新的内涵。

本书的特点如下。

(1) 将方法论和素质教育的内容密切结合起来，每个人在学习过程中不仅了解和掌握方法论的知识，还了解如何做人和做事，进而把自己的学习、工作和国家及人民的需要紧密结合起来。

(2) 使人们深刻认识现代科学技术成就对于提高成功做事的概率和获取最高效益有重要作用，进而从体系上了解和掌握做人、做事和做学问的方法。

(3) 使人们更清楚地了解我们国家要实现的总目标，进而将自己的学习和工作融入到为实现中华民族伟大复兴“中国梦”的总目标之中。

(4) 使人们清楚了解要使所做事取得成功并获取最高效益，必须要有远大的理想和目标，有正确的态度和理念，有良好的思想和品德，还要有坚韧的毅力和良好的心态，要采用合理的战略战术，在此基础上，学习好知识，培养好能力，才能为国家经济和科学技术的发展作出贡献。

(5) 将科学方法论的应用向人工智能方向扩展，以便进一步提高做事的成功概率和功效。

四、科学方法论的体系和特点

科学方法论的体系和总体框架如图 1.1 所示，它由以下几个方面内容构成。

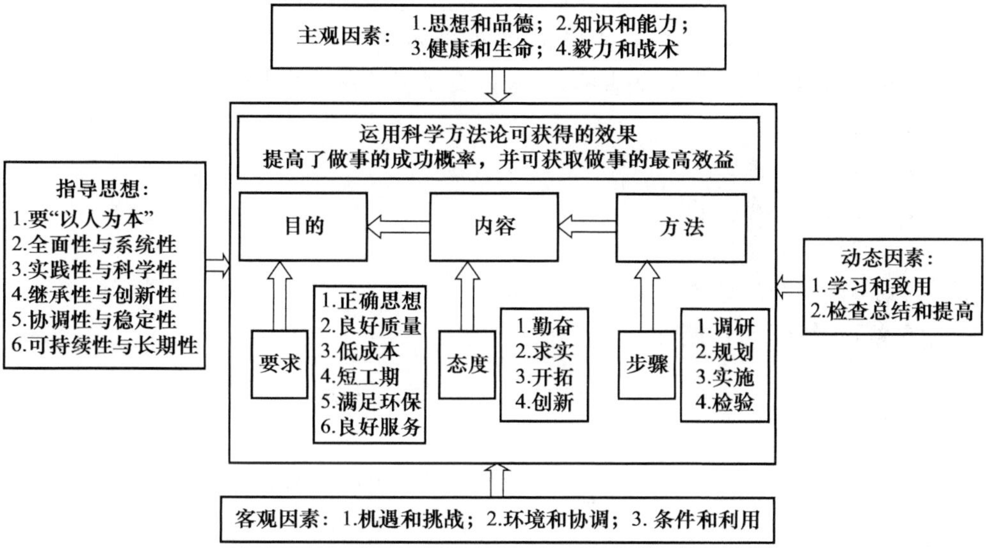

图 1.1　科学方法论的体系

（1）科学方法论要以辩证唯物论或更具体地说要以科学发展观的思想作指导。

（2）研究科学方法论的目的是除提高做事的成功概率外，还要获取最高的效益。

（3）科学方法论体系所规定的六项要求，即思想正确、质量好、成本低、工期短、环保良好和服务方便周到。

（4）科学方法论的体系包括四个方面的内容，即①做任何事的三对核心要素；②做任何事在主观方面的四项潜能；③做任何事在客观方面的三个影响因素；④做事过程中的两个动态因素。

（5）做任何工作都应持有的态度，即勤奋、求实、开拓、创新。

（6）做任何工作都应遵照理想的步骤和程序，即调研、规划、实施、检验。

（7）做任何工作都要广泛采用科学技术成就，即系统论及系统工程的思想和方法、现代信息技术、优化的理论和方法、创新思维及创新的原理和方法、预测学的理论和方法等。

（8）做任何工作，要充分发挥主观方面的四项潜能：思想和品德、知识和能力、健康和生命、毅力和战术。

（9）做任何工作，要考虑三个外部影响因素的影响：机遇和挑战、环境和协调、条件和利用。

(10) 做任何工作,要重视两个动态因素:学习和致用、检查总结和提高。

由此构建了一个较为完整的科学方法论的体系。

做任何工作没有正确的思想作指导就会迷失方向,就会做错事,也就不会取得做事的成功。那么,应该用怎样的思想指导做事呢?做事首先要从广大人民或国家的利益出发,甚至从全人类的利益出发考虑问题,要用辩证唯物论,更具体地说要以科学发展观和创新的思想作指导,来处理问题。

根据作者对科学发展观的理解,它应该有以下的几个特点(表 1.1)。

(1) 以人为本。

(2) 全面性与系统性。

(3) 实践性与科学性。

(4) 继承性与创新性。

(5) 协调性与稳定性。

(6) 可持续性与长期性。

表 1.1　现代科学哲学或科学发展观的几个特点

序号	名称	具体内容
1	要"以人为本"	考虑问题要以最广大人民利益或国家的利益为出发点
2	全面性与系统性	要全面考虑问题,以系统工程的思想作指导
3	实践性与科学性	尊重实践,要按照事物的内在规律办事
4	继承性与创新性	在继承先进经验的基础上做好创新和创业
5	协调性与稳定性	要做好事物内部各单元间的协调关系,以促进稳定的发展
6	可持续性与长期性	重视绿色保护和资源的合理利用,保持长期的协调与和谐

最近,我国国家领导人特别强调要在各项工作中,做好创新、协调、绿色、开放、共享五个方面的工作,前面提出的六个特点与这五个方面的工作内容是一致的。

从事各项工作的人都应该用科学发展观的思想去指导工作,这是做好工作的基础。

做事缺乏科学的哲学思想作指导,很难使工作得以全面、系统、科学、创造性、和谐、可持续地开展。如果做事没有正确的方向,其成功概率就会大大降低。

前面介绍的科学方法论体系可以用以下公式表示:3+432+1,最前面的 3 就是做事的三个核心要素:为什么要做,"Why";做什么,"What";如何做,"How"。这三个问题不解决,成功和高效做事应是没有希望的。上述三个核心要素通过谁来解决以及和哪些因素有关呢?即要让做事者主观方面的四项潜能(公式中的 4)得到充分发挥,要充分考虑客观方面的三个外部因素(公式中后面的 3)的影响,要充分发挥两个动态因素(公式中的 2)的作用,以及各种工作都要用科学哲学思想来指导(公式中最后的 1)。这个公式简洁明了,很容易让人们了解做事过程中各个方面的作用及其关系。公式中的1在第一对核心具体要求中及第三对核心要素科学方法中都已提及，所以不作为单独一个规则来考虑。

五、科学方法论的十二对规则

任何集体和个人，要做好科学技术研究，应该努力遵循科学技术研究的十二对规则，其中包括科学方法论的三对核心要素（表1.2）、主观方面的四项潜能、客观方面的三个影响因素和两个动态因素。

表1.2　成功及高效做事的三对核心要素

序号	次属	名称	具体内容
目的和要求	目的	明确做事的目的	四种理想目标：远大的或长远的、短期的、糊涂的、错误的
	要求	了解做事的具体要求	六项具体要求：正确思想、良好的质量、较低的成本、较短的时间、良好的环保、方便的服务
任务和态度	任务	确定所做事的基本内容	六个方面考虑：国家需要、个人特长、环境因素、理论及应用价值、实现可能、预计结果
	态度	端正正确态度	四种态度理念：勤奋刻苦、严谨求实、改革开放、开拓创新
步骤和方法	步骤	选择合理步骤	四个理想步骤：3I调研、7P规划、m+n+X实施、5A检验
	方法	采用科学方法	科学方法：哲学、心理学、逻辑学、系统论、信息技术、优化理论、试验方法、创新原理、预测学

首先介绍科技哲学方法论的三对核心要素。

(1) 目的和要求。要成功和高效做事，首先要有明确的目的，要了解做事的必要性和重要性。没有明确目标的任务是盲目的、糊涂的，自然不会有好结果。做任何事都要有具体要求，即通常所说的IQCTES（正确的思想I、良好的质量Q、较低的成本C、较短的时间T、良好的环保E、方便的服务S）等。

(2) 任务和态度。有了明确的目标，就必须通过切实的内容和任务予以实现，任务是实现目标的基础。选择任务要根据国家的需要，要选择适当时机，还要依据个人的条件和特长；执行任务时，必须要有奋斗的精神、求实的态度，有勇于实践和敢于创新的理念，才能把任务完成好。

(3) 步骤和方法。合理的步骤和科学的方法可以使所做的事有效地完成，可以很好地实现做事的六项要求，即正确的思想（创新符合广大人民的利益）、良好的质量、较低的成本、较短的时间、良好的环保和方便的服务，进而可获得较高的效益。

要做好任何事，首先必须了解做事的三大核心问题，即为什么要做、做什么、如何去做。做事的三大要素是：目的和要求、内容和态度、步骤和方法。

成功和高效做事还必须充分发挥主观方面的四项潜能、客观方面的三个影响因素、工作过程中的两个动态因素，以及用科学哲学的思想和方法来指导所做的一切工作。

如何尽最大努力发挥内因的积极作用是成功和高效做事的基础，个人潜能见表1.3。

(1) 思想和品德。一个人或集体要想把科学技术研究工作做好，并获取高的效益，必须首先树立正确的指导思想、良好的品德、正确的学风和作风及良好的生活习惯，这是成功和高效完成任务的基础。

(2) 知识和能力。做任何事情必须首先要了解和掌握相关任务的特点及所需的基本知识和技术，了解和掌握事物的内在规律，根据事情的特点采用正确的方法去执行和完成任务；同时，还要具备各方面的能力，才能把事情做好。

(3) 健康和生命。做任何工作都要有健康的身体，这是保证完成任务的前提；生命是最宝贵的，没有良好的身体条件，就难以深入工作并取得好的业绩，没有了生命，成功和高效做事就是一句空话。

(4) 毅力和战术。做任何事都会碰到各种困难和挫折，在困难和挫折面前，要有坚韧的毅力，要有百折不挠的奋斗精神，同时还要有灵活机动的战略战术，做任何事情同外部及内部因素之间的关系往往是错综复杂的，因此必须采取最有效的措施和方法去执行任务，才能把事情做得更好。

表1.3 主观方面的四项潜能(对个人)

序号	次属	名称	具体内容
思想和品德	思想	端正正确思想	人生观和价值观、集体主义思想、敢于坚持真理
	品德	培育良好品德	良好的品德、严谨的学风作风、良好的生活习惯
知识和能力	知识	学习所需知识	文化知识、科学技术知识、专业知识
	能力	练就所需能力	自学、分析、实践、创新、组织、协作、宣传能力
健康和生命	健康	保持身体健康	注意身体锻炼、注意疾病预防、重视疾病治疗
	生命	珍爱宝贵生命	注意安全、珍爱自己和他人的生命
毅力和战术	毅力	培养坚韧毅力	坚韧的毅力、良好的心态、顽强的斗志
	战术	采用灵活战术	选用合适的措施、采用灵活机动的战略战术

对于集体，主观方面的四项潜能见表1.4。

(1) 组织和领导。组织和领导是一个集体的灵魂，没有领导的集体，就会迷失方向，就无法开展工作。

(2) 技术和管理。技术和管理是一个集体单位完成任务的基本条件，它包括集体的技术力量和管理能力。

(3) 团结和协作。团结和协作是一个集体的纽带，没有团结协作的精神，集体就是一盘散沙，缺乏凝聚力，很难高效地完成工作。

(4) 斗志和战术。斗志和战术是一个集体单位完成任务的精神支柱，是一个集体高效做事的生命源泉。

表 1.4　主观方面的四项潜能(对集体)

序号	次属	名称	具体内容
组织和领导	组织	善于组织群众	善于组织群众,沿着正确的方向前进
	领导	坚强的领导能力	领导要把握大方向,完成既定工作任务
技术和管理	技术	掌握先进的技术	掌握先进的科学技术,特别是本专业的技术
	管理	培育管理的能力	做好各个方面的管理工作
团结和协作	团结	团结是集体的生命	有集体主义思想,人人重视团结
	协作	做好协作	搞好分工和协作
斗志和战术	斗志	有顽强的斗志	坚韧的毅力、良好的心态、顽强的斗志
	战术	灵活机动的战术	选用合适的措施、采用灵活机动的战略战术

任何工作的外部条件或三维时空是成功做事不可忽视的重要因素。如果没有良好的外部环境和条件,可能会导致做事的失败。客观方面的三个影响因素见表 1.5。

(1) 机遇和挑战。任何工作都必须重视机遇,机遇是难能可贵的,没有合适的时机,很难取得成功,要千方百计地去寻找良好的机遇,有了机遇,就必须抓住机遇,接受机遇的挑战,经过不懈努力才能使做事取得成功。

(2) 环境和协调(包括保护和利用)。对各种环境既要加以保护,又要充分利用。在保护环境的前提下,让环境在工作中发挥积极的作用,不能对环境造成破坏及产生不良影响。

(3) 条件和利用。工作的外部条件十分重要,相关的人、财、物等外部因素在许可情况下,应该最大限度地发挥作用,使这些外部因素对工作产生积极和有利的影响。

表 1.5　客观方面的三个影响因素

序号	次属	名称	具体内容
机遇和挑战	机遇	紧抓良好机遇	重视十大机遇
	挑战	迎接严峻挑战	注意切入点、重视生长点、积极地投入
环境和协调	环境	重视外部环境	自然与社会环境、资金环境、技术环境、市场环境
	协调	保持协调关系	既要考虑保护环境,又要考虑利用环境
条件和利用	条件	创造良好条件	学习、工作、生活、基础及试验条件等
	利用	予以合理利用	充分和合理利用条件

任何工作过程中的两个动态因素见表 1.6。

(1) 学习和致用。在任何工作过程中,都要不断地学习,学以致用。要不断地学习新知识、新技术,并将所学知识和技术应用到实际工作中,使它们在实际工作中发挥积极的作用。

(2) 检查总结和提高。做任何工作都要经常进行检查,要及时发现问题,解决问题，使工作得以顺利地开展；要定期总结经验和教训，使下一步工作少走弯路。

表 1.6 工作过程中两个动态因素

序号	次属	名称	具体内容
学习和致用	学习	学习有用知识	学习新知识及他人的成功经验
	致用	做到学用结合	学以致用，获取创新成果
检查总结和提高	检查总结	定期检查总结	经常检查，定期总结
	提高	提高创新效益	汲取经验和教训，提高工作效益

前面所述的科学方法论的十二对规则比较全面和系统，有利于读者学习、掌握和运用。

这里特别要加以说明的是，“以科学哲学思想来统领一切工作”这一内容，已经在第一对要素“目的和要求”的 IQCTES 中的“第一项要求”中予以讨论，还在第三对要素“步骤和方法”中“要以现代科学哲学的思想和方法作指导”对这一内容重点地加以说明，因此没有必要再将这一要素作为一项规则予以考虑。

六、科学方法论应用的智能化是其发展方向之一

为了取得更好的成果，除了进一步完善科学方法论的体系和规则之外，另一个重要方向就是将科学方法论的应用引向智能化的方向。做事的智能化可以显著提高做事的准确性及其效率和效益。众所周知，机器人技术可以在很大范围内代替人的工作，而且机器人的智能化程度将越来越高。所以，科学方法论的应用向智能化方向发展是一种必然的趋势。

科学方法论应用和发展的主要方向之一是采用具有一定智能程度的专家系统。本书提出了一种较为完整和科学的科学方法论的体系和规则，它是辩证唯物论的两个主要方向——世界观和方法论的方向之一。科学方法论既是一种完整和科学的方法论体系，又是一种经过提高和总结的科学知识。

专家系统一般由人机接口、知识库、推理机、解释程序、知识获取和数据库六个部分所组成，其中十分重要的一个组成部分是知识库。

在专家系统中，知识占有十分重要的地位。科学方法论既是一种方法，重要的是它又是一种系统的高效的并可用来指导人们工作，以及可用来提高做事成功概率及其效率和效益的方法，同时也是一种重要的和科学的知识体系。这种科学的和完整的体系为专家系统知识库提供了共性核心知识，从而解决了专家系统存在的知识积累的困难，用科学方法论的规则作为专家系统知识库的一般共性知识，就可以用来处理许多实际问题，可以认为，这是科学方法论对专家系统的重大贡献。

在专家系统中，对信息的调查和掌握也是十分重要的。所以，除知识库和推理机外，综合数据库也是专家系统的重要组成部分。

总之，专家系统就是用智能化的手段和工作方式来代替人的工作，专家系统能协助人们科学地和高效地工作。

目前，专家系统已经应用到社会的各个领域，如商业、金融、工业、农业、教育、科技、文化、艺术等。用来处理各种事务，已取得了良好的效果。可以预计，专家系统从事任何一种工作，如有科学方法论的指导，都将会取得良好的效果。

七、运用科学方法论可取得的效果

据统计，用科学方法论来指导做事和不用科学方法论指导做事，其工作效果有着十分明显的区别。

据统计，运用科学方法论体系和规则之后，做事的成功概率一般可提高10%～30%，而工作效率和效益可提高20%～50%，也就是说，一个人原先做事的成功概率为10件事能成功7件事，运用科学方法论后可提高到10件事可成功8～9件事，而其工作效率和效益从原来需要的100个单元减少到80～50个单元，由此可见，执行方法论规则，意义十分重大。

每一位工作人员要想使自己的一生过得有意义，并取得成功并获取高的效益，都应该认真学习、深刻理解和灵活运用科学方法论体系和规则，全面和客观地认识主、客观因素及动态因素对做事的影响，准确地进行自我定位，设定合理的发展目标，并制订相应的学习和工作计划，采取各种积极的行动去实现发展的目标。同时，还应定期检查影响工作效率的制约因素，并采取有效措施让那些消极因素转变为积极因素，让科学方法论规则充分发挥积极作用，所承担的工作就会取得较大的进展。

科学方法论可以有效地用来指导科学技术的研究和创新，对于任何集体和个人也都是适用的。因为生活在世界上的每一个人天天都要做事，不管是大事还是小事，不管是年轻人还是老年人，只要做事就会碰到方法学的问题，就会牵涉到以下一些问题：为什么要做这件事？具体要做什么？如何去做？做事过程中如何发挥主观方面的四种潜能？如何使客观方面的三个因素在做事过程中发挥积极的作用？如何在工作实施过程中发挥两个动态因素的积极作用？这些问题都和科学方法论有密切的联系，弄清楚这些问题，做事就容易成功，就会大大提高做事的成功概率和做事效率和效益。

科学方法论对于哪些人不会取得好的效果呢？有如下三种人。

(1) 那些没有决心执行科学方法论规则的人。科学方法论对那些没有决心去执行的人，不会发生积极的作用。前面已经说过，要想把事情做成功，最重要的一点就是决心和毅力，没有毅力的人，什么事都不会成功，他们常常是社会上的失败者，他们既不会有理想的工作，更不会有优越的生活。

(2) 不实事求是、缺乏诚信和虚假对待事物的人。执行科学方法论的基本条件是要实事求是，要诚信，不能虚假地对待事物、别人和自己，所以对于学习、工作和生活态度不端正的人，也不会取得效果。

有的人学风不正派，抄袭别人的东西，他们想通过一些虚假的做法，使自己取得成功，这是违背事物客观规律的，当然不会成功。

更严重的是，目前社会上有少数人，置法律于不顾，到处行骗，做一些不法勾当，以获取非法利益，最终必会受到法律的惩处。

(3) 过分自信和自卑的人。有的人十分自信，觉得自己做事比任何人都有本事，认为做事成功与否要靠自己，自己有一套做事的方法，他们认为科学方法论虽然有它的特点，但每个人也有自己的一套办法，每个人可以通过自己的努力，总结出学习和工作的经验及方法，并可以按照自己总结出的经验来行事。

此外，有人认为科学方法论讲得很有道理，但因他们做任何事缺乏信心，他们存在着严重的自卑心理，认为自己做不好任何事，科学方法论对于他们也不会有好的效果。这些人只有在解决好心理方面的障碍后，再去学习科学方法论，才能取得良好的效果。

可以这样说，目前社会上有不少人，由于没有认识到运用科学方法论规则的重要意义，每天都在不同程度地浪费宝贵精力和时间。

第二章　成功及高效做事要有明确的目的

成功做事目的是提高做事成功概率，并获取做事的最高效益。
理想和目标是推动事业取得成功的原动力。
自强不息，知行合一。
做事能否成功，关键问题是能否坚决执行方法论的规则。

一、引　　言

成功及高效做事的三对核心要素的第一对要素“目的和要求”中的目的，即理想和目标(理想和目标是做事目的的具体化)。任何集体和个人做事没有明确的目的，即理想和目标，能行吗？本章就来回答这一问题。

首先举出实现理想和目标的两个典型的例子。

2013年4月5日，《光明日报》上报道了一则重要消息：“丁肇中或将解开宇宙的奥秘”，这应该是科学技术研究中的一个特大事件。丁肇中是美国MIT(麻省理工学院)的教授，美籍华人，诺贝尔奖获得者，国际著名的实验物理学家，他在物质最小粒子的研究中取得了杰出的成就。这一次，他领导的国际研究团队利用阿尔法磁谱仪在国际空间站上对宇宙线进行检测，经历一年半的时间，对宇宙射线中的正电子进行了收集，通过对250亿个宇宙射线事件的观测得出以下结果：发现40万个能量级别较大的正电子，并意欲通过这一检测，来证明宇宙空间存在着大量的暗物质。据推测，宇宙中的暗物质，即人们肉眼看不见的物质，占90%以上，如果能通过实验把暗物质的来源找到，那么宇宙构成的物质是什么就有了答案。在这一点上，其意义是非凡的。从科学研究的角度看，这是一个十分重大的事件，科学家为了揭开宇宙的奥秘花了约20年的时间。可见丁肇中教授和他的科研团队为揭开宇宙的秘密献出了自己的毕生精力，这是难能可贵的。

我国是一个拥有十多亿人口的国家，解决全国人民的温饱问题是这个国家的头等大事，政府的各级领导、科技工作者和全国人民都在为解决这一头等大事而努力。中国工程院院士袁隆平，是世界上第一个研究水稻杂交取得巨大成功的人，在国际上被称为“杂交水稻之父”。在我国这样一个人口众多的大国，能够解决温饱问题，做到丰衣足食，在较大程度上还要归功于他。他使过去亩产只有300多公斤的水稻产量提高到500多公斤，现已培育出亩产达800多公斤甚至产量更高的杂交水稻。这是一个了不起的成就，袁隆平和他的团队为此付出了辛勤劳动和不懈努力。

我们国家当前的理想和目标是什么？党的十八大报告提出了两个百年的奋斗目标，一个是在党成立一百年时全面建成小康社会，一个是在新中国成立一百年时建成富强、民主、文明、和谐的社会主义现代化国家。要实现这两个目标，即实现中华民族伟大复兴的中国梦，必须依靠全国人民的共同努力，要“力戒空谈、真抓实干”。

我们国家在建设纲要中提出从国家层面要建设一个“富强、民主、文明、和谐”的国家。要富强，首先要从发展国家的经济开始，没有高度发展的经济，国家哪能富强；要民主，就要允许人民群众发表自己的见解，为国家的发展出谋划策；要文明，就要抵制那些不文明的行为和举措，做到文明礼貌；要和谐，就要在人与人之间建立起互相尊重、互相协作的精神，树立和衷共济和团结协作的思想。将自己的利益和国家的利益统一起来。

可是有些人，在公共场所，甚至是国际场合，碰到不符合个人要求的事，就随意地制造是非，寻岔闹事。最近由泰国飞往我国南京的民航班机上，就有两位中国公民和机组人员吵架，还将热水泼向乘务员，促使飞机被迫返回曼谷。这种不文明的行为所造成的不良影响是难以挽回的，大家有事要好好商量，问题就容易得到解决，在遇到问题时，也应该理解别人的困难。

党的十八大已提出实现中华民族伟大复兴的中国梦，制订了我国包括经济建设、政治建设、文化建设、社会建设和生态文明建设在内的“五位一体”的总计划，我国要在工业化、信息化、城镇化、农业现代化几个方面的建设取得明显的进步和提高。在实现国家富强、民族振兴、人民幸福的三大目标上，展现了中国梦在国家、民族、个人梦想上的高度一致。

我国各级政府、各个部门、各个单位及全国人民都在为实现这个总目标和总布局而贡献自己的一份力量。

目前社会上有不少人对高度发展的美国经济和科学技术十分崇拜，由此也就产生了一种仿效美国经济发展模式来发展我国经济的幻想。对此，必须充分了解和认清我国经济的特点及发展模式和其他国家的区别，我国走的是中国特色社会主义道路，而美国走的是资本主义道路。经过几十年的奋斗，我国已开辟出一条具有中国特色的社会主义道路，形成了一套具有中国特色的社会主义理论体系，确立了一种具有中国特色的社会主义制度。实现中华民族伟大复兴的中国梦必须走具有中国特色的社会主义道路，因此要求全国人民将自己的工作融入国家经济建设的总目标中。

在每个集体和个人每天做的事，既有大事，也有小事。大事包括对自己的人生规划，也包括每个人学习、工作和生活方面的重大事件；小事就是学习、工作和日常生活中的各种琐事。

1. 有关集体和个人发展规划等重大事情

对每个集体和个人而言，发展规划应该说是头等重要的事情。每个集体和个人都应该有远大的理想和具体的目标，假如没有远大的理想和具体的目标，他们的工作将是盲目的和糊涂的，不会取得好的结果。

树立远大理想应该从具体情况出发，不然就会成为空想或幻想，空想和幻想是没有意义和不可能实现的。有了理想和目标，就可以为所确立的理想和目标的实现而进行不懈努力。可以说："理想和目标"是推动事业取得成功的原动力。

每个集体和个人应该有自己的奋斗目标和努力方向。特别是青少年，应该早立志，立大志，因为志向是人生的灯塔，是指路的明灯，是航船的方向。一个人有什么样的理想和信念，就会有什么样的人生。一个有作为的人，应以国家建设和发展作为自己的奋斗目标，立志为中华民族的伟大复兴而奋斗，也就是说要为实现中华民族伟大复兴的中国梦而坚持不懈地努力学习和工作，在这个进程中实现自身的价值。

一个集体和个人要对自己的发展做出规划，即通常所说的做好自己发展的顶层设计，这是关系到集体和个人的事业能否取得成功的重大问题。但发展规划不是立刻就能确定下来的，而是要经过一段时间的观察、调查、详细分析和研究，逐步地加以完善。

2. 学习、工作和日常生活中的各种小事

完成学习、工作和日常生活中各种小事，也应该有明确的目的。有了明确的目的，就要努力做好，并希望取得较高的功效。

虽然学习、工作、生活中的各种零碎的事情属于小事，但从总体来说，这些小事也常常成为实现总体目标的一个组成部分。例如，青少年的学习，是依靠一点一滴积累而成的，对于日常的工作和生活，也常常是和实现总的目标联系在一起的，所以对于小事也应该努力地将其做好。

对于各种零碎的小事，同样需要对它进行必要的调研、合理的安排和处理，只不过不一定像人生规划那样要经过十分周密的考虑、详细和具体的规划。把各种小事做成功，也是考验每一个人如何按照科学方法论的规则做事的具体实践。有不少事虽然表面上来看是件小事，但可能会影响到全局，影响到人的一生，所以不要轻易地放过小事，想把大事做成功常常要先从小事做起。

科学方法论就是在不断总结经验和教训及学习他人经验的基础上逐渐形成的成功及高效做事的方法论体系，假如每个人都能按照科学方法论的规则去规划和完成自己的工作，那么就会对完成国家经济建设的总目标发挥积极的作用和影响。

二、有成就的人常常有远大的理想

一些有成就的人常常有远大的理想。

孙中山先生是香港大学医学学科的第一届毕业生，为了推翻腐败的晚清政府，救国救民，他弃医从政，经过艰苦卓绝的斗争，终于推翻了腐败落后的封建王朝，建立了中华民国。

鲁迅先生刚开始留学日本时也是学医，他后来之所以弃医从文，据说是因为一部日本纪录片刺激了他。纪录片中反映日本军队抓住一个中国人砍头示众，而周围围观的中国人虽然身材魁梧健壮，但表情麻木，没有同情，没有悲伤，没有愤慨。这件事使他意识到：一个民族不管有多少人、有多么强壮的体格，但如果没有强大的民族精神，这个民族“只能做看客”。从此，鲁迅先生为振兴中华民族的民族精神而献出了毕生的精力。

著名科学家钱学森，20 世纪 50 年代冲破层层阻挠回到祖国怀抱。他热爱祖国，把中华民族的伟大复兴作为自己的远大理想，并全心全意地投入系统论、控制论及我国航天科学事业的研究中，为我国航天事业的发展做出了很大的成就。

大科学家爱因斯坦提出了相对论，对宇宙宏观世界的一些规律做出了正确的解释。

数学家陈景润夜以继日地钻研哥德巴赫猜想，他在这一领域的研究成果达到了最高峰。

发明家爱迪生虽然在小学阶段学习成绩一直不理想，学校甚至要开除他，但他对发明十分感兴趣，潜心创造发明，终于获得许多发明成果，成为世界上伟大的发明家之一。

马来西亚前总理马哈蒂尔从小十分聪明，是十个兄弟姐妹中最小的一个。他先是学习医学，但他喜爱政治与文学，在中学与大学期间，阅读了大量的西方书籍，后来弃医从政，当上总理。他坚持独立自主政策，敢于对西方国家说“不”。他当政十多年，把这个国家变成亚洲国家的“四小虎”之一。

南宋名将岳飞从军前，母亲在他的背上刺上“精忠报国”四个大字，确立理想，以示激励。他非常努力地读书，长大后既有武功，又有文学才能。他忠于国家，远征北方，收复失地，成为后人敬仰的一代忠臣。他的不朽之作《满江红》中有一名句“三十功名尘与土，八千里路云和月”，在杭州中山公园旁的岳庙门口就有这副著名的对联。虽然他在年轻时就已功成名就，但他把功名置之度外，把国家领土的完整、民族的统一作为自己的神圣任务与奋斗目标，这是他的远大理想。

所有这些有成就的人士，首先都确立了一个远大的理想和目标。

正是由于这些成功人士有远大理想和梦想，并将个人梦想牢牢嵌入国家的梦想之中，又具有爱国、敬业、诚信、友爱和忘我劳动的精神，才使社会充满温暖，更加和谐，这是实现“国家富强、民族振兴、人民幸福”远大理想的力量源泉。

三、确立远大的理想和具体的目标

任何集体和个人都应该有自己的理想和目标，这些理想和目标应该和整个社会的发展紧密联系在一起。因为任何人都与整个社会有着不可分割的联系。人类社会发展的过程，也是依靠每位劳动者逐步创造人类的物质文明与精神文明的过程。对每个人来说，离开人类社会，就无法生存。一个人对社会的贡献有大有小，一般来说，成功者对社会的贡献要比一般人大一些。因此，确定自己的理想一定要和社会的发展和国家的需要密切结合起来。大家都知道“时势造英雄”，而不是“英雄造时势”。如果不适应时代的条件，一个人是很难做出成绩的。但一个英雄人物会对社会发展作出杰出的贡献，推动社会的发展。

任何集体和个人都有各种各样的理想和目标，理想的树立既要考虑自身的情况，也要考虑外部的环境和条件。理想和目标可以是一般性的，也可以是具体的。一般来说，理想和目标是为国家科学技术的发展和经济的发展、为人类的文明进步作出自己力所能及的贡献。对个人来说，具体的理想和奋斗的目标可以是社会活动家、政治家、军官、企业家、科学家、发明家、教育家、医师、艺术家、文学家、诗人、体育明星，也可以是普通工作人员。他们都可以对社会发展作出贡献，因而这些工作都可以作为每个人的奋斗目标。

目前我国正处在全面建设小康社会的过程中。当今时代，科学技术的发展对整个社会经济的发展起决定性的作用，所以我们科技工作者要为我国科技的发展作出最大贡献。新中国成立以来，我国的科学技术和经济有了很大的发展，但与发达国家相比，还有较大的差距。拿装备制造业的情况来说，在多个领域，机械设备还有 30%～80%依赖进口。我国使用的芯片大概 95%从国外进口；能源设备、高精度机床、大型石化设备、高速车辆等有相当一部分依赖国外，在技术上还存在较大差距。为了迎头赶上，必须做大量的科学研究工作。从我国制定的中长期规划来看，确实需要做出极大的努力。这在客观上为科学研究人才的迅速成长提供了良好的条件。因此，一个人的理想和目标应该与国家的发展和人民的需要结合起来，如果简单地说为了个人的“发财致富”似乎不很适当，但又不能说个人“发财致富”的梦想是不正确的，这要看他是否和国家需要及人民的利益密切结合在一起。

有人说，“理想是远大的，目标是现实的”。当然每个人要根据自身的特长，确定远大的理想。在确定理想以后，要制定自己奋斗的具体目标。在 20 世纪五六十年代，多数大学毕业生的工作分配首先服从国家的需要。现在的博士毕业生、硕士毕业生、本科毕业生，选择工作首先看工资待遇，其次还要看地理条件与生活条件。

这样就很难把个人理想与国家的需要统一起来。当然，在目前，个人的要求也应该予以充分考虑，个人的兴趣也十分重要，兴趣是取得成功的重要条件。特别在知识经济时代，要遵照“人尽其才、才尽其用、物畅其流”的原则，使每个人的聪明才智都得到充分发挥。

因此，每个人可以选择自己最愿意做的工作，去实现自己的理想。因为在这样的条件下，他们在工作中可以产生浓厚的兴趣，夜以继日地投身到工作中去，并可以高效率地完成工作任务。理想应该与社会需要相结合，一旦自己的理想与社会需要密切结合在一起，其工作效率就有可能远远高于平常的工作效率，这是十分有益的。

本书作者在1955～1957年从事研究生的学习和研究工作时，苏联专家要求他们要把“科学院院士对科学事业的贡献作为自己的奋斗目标”。他当时认为苏联专家提出的目标太高了，简直是“望尘莫及”。他对自己做了分析，认为对钻研业务有一定的潜质，于是在苏联专家指导下，确定了自己的研究方向——振动的利用，在30多年的时间里，他在这个领域对未解决的问题进行了一个又一个的研究，一点一点去积累成果，提出了上百个理论计算公式，研究成功十多种新型机械，并用7年时间写出了《振动机械的理论与应用》这本专著。该书是国际上这一领域出版的第一本专著，很多人认为这是一部经典著作。后来，这本书获得全国优秀科技图书奖二等奖。由此看来，成功是个循序渐进的过程。

因此，每个人要在自己的本职工作中取得成绩，必须目标明确，持之以恒。可以这样说，“理想和目标”是推动事业取得成功的原动力。

四、理想和目标有四类

要为工作设定目标，全力以赴地去达成。一个人如果没有目标，就没有方向感。在工作上如果没有标准、没有计划而只是按照上司的吩咐，说一句动一下，这样的人是无法获得领导的赏识和大家的认可的。有目标是百米赛跑，无目标是饭后散步。每个人必须制定自己的工作目标，这是工作的基础、是根本。事先应当考虑最终目标、阶段性目标和办法措施三要素。在制订计划时，要认真思考，追求的是什么；以什么目标开展业务活动。然后清晰地记录在卡片上，把它真实地记录下来。要遵循工作流程，脑子里应该时刻存有工作。要依循目标，坚持今日事今日毕这一大原则，按照正确的步骤做事，学会消除工作倦怠症。做任何事情都要提前做好充分准备。头一天做好准备工作，可以了解第二天工作可能发生的问题并能采取预防措施，防微杜渐。第一天准备第二天的事，每一天的事都为将来做准备，当充分做了准备，机会来到时就会抓住，否则，任何机会都会错过。所以，机会永远都是给有准备的人准备的。

任何集体和个人都有自己的理想和目标。对个人来说，理想和目标大体可分为以下四类。

1. 有远大的理想和具体的目标

一些伟人及取得较大成就的人通常都有远大的理想和宏伟的目标，如毛泽东同志在小时候就有着拯救天下穷人的远大理想。

理想不是一开始就形成的，而是经过不断实践，并根据自己的特长和情况予以选择和认定，也可以对原先的想法加以修正和逐步地完善，最后才建立起远大的理想和宏伟的目标。

在树立远大理想的过程中，有雄心壮志是十分必要的。拿破仑有一句名言："不想当将军的士兵，不是好士兵。"这是对雄心的最好诠释，不少成功的人都是因为自己有一颗"想当将军"的雄心而最终如愿以偿。雄心是以获得好成绩的诱惑来鞭策人。从心理学的角度来看，成绩有提升自我评价、增强自信心的作用，所以强大的雄心或许是靠成绩隐藏自我不足的心理反应，一个人缺乏争取好成绩的激励，就很难产生工作热情，也就难以取得事业的成功。

2. 为解决个人生活基本需求所确定的目标

对大多数人来说，他们的理想是找到较合适的工作，能有足够的工资待遇就心满意足了。这些人考虑的首先是能维持自己的生活，能让自己较好地生活下去。这种想法的确是现实的，但是过低的奋斗目标不容易使自己激发出更高的奋斗热情；或者说，有了较远大的理想，才更容易激发出更高的奋斗热情，才容易做出一番成绩。有远大抱负的人，必须通过不懈的努力，才能实现自己的远大理想。一旦这个理想得以实现，就会对社会作出较大贡献，而所取得的报酬也会远超出生活中必要的支出。

因此，应该把个人的理想和奋斗目标与国家的需要、民族的振兴，甚至是全人类的物质文明和精神文明的建设紧密结合起来，这样可以使自己有更高的思想境界，并更加容易激发自己的工作热情，投身于国家与人类的伟大事业，进而取得更突出的工作成果，为国家和人类作出更大的贡献。在目前按劳取酬的分配原则下，一般说来，这些成功人士所获取的报酬与他们所取得的成功是成正比的。

年轻人应该树立远大的理想，不能只停留在找到一份较高工资待遇的工作。应该出去闯一闯，把自己的理想变成现实，用辛勤的汗水去浇灌理想的花朵。如果拥有梦想却不敢去争取，那么梦想只是个空想。要想获取成功，就要敢想、敢闯、敢干。趁着年轻闯一闯，不管是辛酸苦辣还是暴风骤雨，为自己的生命留下一点色彩，别等年老之后再懊悔。每一个人在年轻时是最有进取心的，如果在这个时候都不敢闯，那么人生就不会有大的成就。不要过早地给自己戴上枷锁，给自己一个机会，也给成功一个机会。“年轻”是生命的黄金时段，这个时段是最短暂的，我们不能让它白白地流逝。勇敢地站起来，为了理想，趁着年轻去闯荡。勇敢地去闯荡，我们才能收获成功。

3. 目标糊涂或好高骛远而产生的一些不切实际的幻想

有一些人，他们没有明确的奋斗目标；还有一些人，整天东想西想，一心想找一条发财致富的捷径，又不肯下苦功夫，不努力去实践自己的想法，完全脱离了“实践”与“创造”是通向成功的必由之路这一基本原则，也忘却了“一分耕耘，一分收获”，只有通过勤奋和刻苦才能使事业取得成功这条人人皆知的“公理”。

没有目标的人生就像是没有舵的船，永远在大海里漂浮不定，没有方向。

很多年前，报纸上有一则关于大量的鲸死在一个港湾内的报道。有 300 条鲸在追逐沙丁鱼时，不知不觉被引到一个浅水湾里。一群不起眼的小鱼竟把这些“巨人”带向了死亡，鲸为了追逐不值一提的蝇头小利，不但白白地耗费了自身的力量，还丢掉了生命。那些没有目标的人，就像这些鲸一样，虽然他们身上有巨大的能量和潜力，却全都浪费在小事上，而这些小事让他们忘记了自己应该去做的事情。也就是说，要发挥潜能，就必须集中精力，做自己最擅长并且能得到高回报的事情。

4. 没有目标或与社会发展和进步不协调的思想和目标

有两种情况：

一是有的人没有目标，另一些人仅考虑个人利益而有着和国家利益相违背的目标，在某些情况下他们不会对社会造成直接的危害，但发展下去有可能走上损害国家和人民利益的道路。

二是有少数人的目标是错误的。例如，企图通过偷盗、诈骗、抢劫、绑架等不合法的手段来解决自己的生活问题，走上犯罪的道路，他们常常是扰乱和破坏社会秩序的不法分子。

2011 年 12 月 31 日中央电视台第一套节目播送了一则消息，广东有一伙诈骗分子通过网络和电话购物骗取了一名妇女的 24 万元，不久被公安机关抓获。2012 年 1 月 8 日电视节目中播送了这样一则消息，一个男子从银行取出 20 万元，出门后被一名歹徒枪击致死，抢走 20 万元。这个歹徒曾在长沙、重庆等地以类似的手法作案，公安部门悬赏 200 多万元来捉拿这个罪犯，这个犯罪分子最终被抓获并被处决。这些不法分子不通过自己的劳动来获取生活费用，而总是想采用欺骗、敲诈、抢劫等手段来非法牟利，这些违法乱纪的不法分子最终将受到国家法律的制裁。

由此可见，每个人都必须具有最基本的社会公德，通过自己勤奋的工作和劳动来获取报酬，“不义之财”在任何情况下都不可取。

关于理想和目标，哈佛大学曾对学生进行过一项跟踪调查（表 2.1），调查对象是一群在智力、学历和环境等方面条件差不多的年轻人，调查结果发现：27%的人没有目标；60%的人目标模糊；10%的人有着清晰但比较短期的目标；其余3%的人有着清晰而长远的目标。25年后，哈佛大学再次对这部分学生进行调查。结果发现：3%的人经过25年的不懈努力，几乎都成为社会各界的成功人士，其中不乏行业领袖和社会精英；10%的这部分人，他们的短期目标不断地实现，成为各个领域中的专业人士；60%的那部分人，他们安稳地生活和工作，但都没有特别的成绩，大部分生活在社会的中下层；其余的27%的人，他们的生活没有目标，过得很不如意，并且常常抱怨社会和他人。由此可见，确立远大的理想和宏伟的目标对每个人来说都十分重要。

表 2.1　哈佛大学对四种不同理想的人的调查结果

理想和目标	有远大理想和长期目标	有短期目标	目标比较糊涂	没有目标或错误的目标
入学时调查占总数的百分比	3%	10%	60%	27%
25年以后的调查结果	社会的精英 行业的巨头	专业人士，生活在社会上层	生活过得去 成就都不大	生活得不如意 常常怨天怨地

要做成一件大事，必须先从做成无数件小事开始，做每件小事都应该有正确思想的指导，尽可能地不要做错事，不要走错方向，最终就会把大事做成功。

五、理想和目标在实践过程中可进行必要的调整

任何集体和个人，要确定好符合客观实际和本身情况的理想和目标不是一件容易的事。理想和目标确定得合适就容易被实现，确定得不适当可能经过巨大的艰辛和努力也很难完成。这是因为每个集体和个人都有自己的特点和具体情况，都有适合实现理想和目标最理想的环境。

在实现远大理想和宏伟目标的过程中，应该分阶段去完成，可以分为近期目标和长远目标。出现新情况，可对原有的目标进行必要的调整。

20多年前，某课题组接受了一种产品的研制任务，开始时认为这种产品很有发展前途，一方面可以为某使用部门研制出急需的新产品，提高企业的生产效率，另一方面可以为课题组增加经济收入。当执行一个时期之后，发现这种产品的关键零件很难达到规定的质量要求，而解决这个问题需要较大的投资，根据课题组的具体情况和能力，很难完成此项任务，于是，课题组采取了紧急措施，改变原来计划去研制另外一种产品，幸亏动作迅速、决策及时，所造成的损失不大。

当遇到了不可克服的困难时，必须对原来的计划进行调整，不然可能会造成重

第三章　成功及高效做事要有具体的要求

评定成功和高效做事的第一要素是要有正确的指导思想，这样才会使做事正确无误。

成功和高效做事首先要达到质量要求，还要考虑所付出的代价和花费的时间等。

做事的最终目标就是要实现好、省、多、快。

一、引　　言

“做人、做事、做学问”除了要有理想和目标，还要对所做的工作提出具体的要求，根据具体要求来检查工作的情况，即所完成工作的优劣。

一个集体或个人是否已把工作做好，把工作做成功，主要看做事的具体要求是否已经达到。做事的六项要求是全面衡量所做事情好坏的准则。做事不仅是完成工作任务，还要把事情做“对”，即把事做得正确无误。做事应以最广大人民的利益为出发点，所做的工作对国家经济和科学技术的发展能产生积极的作用，不能只考虑个人和企业自身的利益，更不能损害广大人民群众的利益，要做到多、快、好、省，满足环保和后续服务要求。

在实现基本要求的过程中，要解决做事过程中的多、快、好、省问题，必须重视做事的六点要求（表3.1）：I（做事要有正确思想的指导）、Q（做事应达到的品质或质量）、C（做事付出的成本或代价）、T（做事所花费的时间）、E（做事是否会影响环境）、S（做好事后的服务工作）。有不少人和一些企业常常只注意做事技术方面的要求，或只考虑个人和本单位的利益，而忽略了其他几方面的要求，如国家利益I、环境保护E、后续服务S等。

表3.1　成功及高效做事的六项要求

要求	要求的方向	要求的具体内容
1	指导思想（做得对）	做事要有正确的指导思想（符合广大人民群众和国家的利益）
2	工作质量（做得好）	做事要达到质量要求
3	付出代价（做得省）	做事付出的代价较低
4	工作时间（做得快）	做事花费的时间较短
5	环境保护（考虑环保）	做事要达到环保要求
6	后续服务（做到方便）	做事要考虑服务方便

1. 做事的指导思想是否正确

人们做事要有正确的指导思想，即所做的事首先要符合国家和人民的利益，甚至是全人类的利益，要做得“对”，做得正确。对于个人和集体，有时没有正确思想指导也能把事情做成，但常常会产生其他的不良结果。一般来说，有正确思想指导的事和没有正确思想指导的事相比较，除了做得“对”或做得“正确”和不损害人民大众的利益外，还会做得好、省、快(多)等。

据媒体报道，2008 年发生的国际金融危机的起因是，雷曼兄弟公司大搞泡沫经济，弄虚作假，结果产生了连锁反应，许多金融机构和企业在资金上出现严重困难，进而给世界经济带来了严重的损失，他们只顾及本单位和本部门的利益，根本谈不上有正确思想的指导。这类例子比比皆是。

现在社会上有不少个人和一些生产单位，为了获取最大的利益，不择手段地把生产的产品加上有害的物质或添加有害的化学成分等；还有的单位，为了获取更大的利润，一而再、再而三地抬高商品价格，他们在思想上就缺乏社会公德和职业道德，更谈不上有正确思想的指导。由此可见，在产品的开发和销售过程中，没有正确思想的指导，必然会产生一些严重的不良后果。因此，目前在国内外的许多教科书上对产品设计只提 QCTES 的五项要求，而忽略了正确思想的指导，这应该是产品设计理论上的一个不足。

2. 做事的质量标准是否达到

做事的质量标准达到了，这是基本要求，如果这一点都达不到，事情就算没有成功。达到了基本要求，即满足了“好”的要求。但是提高产品的质量会提高产品的制造成本，这些要素之间是互相约束的，必须采取协调和平衡的措施予以解决。

3. 做事付出的代价是否合适

完成一件事所付出的代价多或少，是检验事情做得好坏的一条重要标准。一件事所付出的代价少，就可以用同样的成本，多完成几件事。通过这一要求，可以知道做事是否达到了“省”的要求。

4. 做事花费的时间是否适当

完成一件事所花费的时间多或少，也是检验事情做得好坏的一条重要标准。一件事所花费的时间少，就可以用同样的时间，多完成几件事，多完成几项工作，其意义是十分重大的。通过这一要求，可以了解做事是否已经达到“快”的要求。做事比较快，单位时间内所做的工作就比较“多”，所以“快”和“多”是统一体。

5. 做事对环境有无不良影响

所做的事应该与自然和社会始终保持协调与和谐，即不能对自然环境和社会环境造成不良的或有害的影响。做到了这一点即达到了环保要求，可用“保”字来表示。

6. 做事的后续工作是否较少

有时候做完一件事，很不利索，后续性的工作接二连三，这样的事，就不能说做得很好。当然必要的后续工作也不能不去考虑，如必要的维修、产品的升级、一些检查工作等。做好了这一点，使服务工作更为方便，用“便”字来表示。

做事要求做成功，这里面包括做得对，做得好，做得省，做得快（做得多），达到了“保”、“便”要求等，即通常所称的六项要求。

为什么在这里特别提出做事要有正确的思想作指导呢？因为做事只考虑个人或一个单位的利益，在不少情况下会出现各种各样的问题，即一个集体和一个人的利益有时会与国家和人民的利益产生矛盾，甚至有时和国家利益背道而驰。有些企业生产的产品或在生产产品过程中，会损害人民和国家的利益；有些金融机构只考虑本单位的利益，虚假地经营，造成这些机构的破产，损害人民群众的利益，或对周围环境造成不良影响。因此，用 IQCTES 来取代 QCTES 是完全正确和十分必要的。

由此可见，不管这些企事业单位的动机如何，只要其后果危害了人民的利益，他们的做法就是错误的，所以企事业也好，个人也好，做任何事或从事任何一项工作都要有正确思想作指导。

做事正确与否应该是衡量所做事优劣的前提条件或首要标准。

二、成功及高效做事要求之一：有正确的指导思想

做事没有正确的思想作指导就会迷失方向，就会做错事，也就不会取得成功。那么，做事应该用怎样的思想作指导呢？做事首先要从广大人民或国家的利益出发，甚至从全人类的利益出发考虑问题，要用科学发展观和创新的思想作指导，也就是用科学的哲学思想和科学发展的角度来处理问题，正确的指导思想用 I 加以表示，要突出做事做得“对”或做得“正确”这个词。

科学发展观最重要的一点是“以人为本”的思想，即从人民的利益出发考虑问题，也要基于发展的思想，基于创新的理念。创新思想也应该在哲学思想的指导下，全面地看问题，重视事物发展的内在规律。有了创造，才有发展，才能前进，才能取得全面、稳定、协调和可持续的发展。

根据我们对科学发展观的理解，它应该有以下的几个特点：以人为本、全面性与系统性、实践性与科学性、继承性与创新性、协调性与稳定性、可持续性与长期性。

从事各项工作的人都应该用科学发展观的思想去指导工作，这是做好工作的基础。

做事缺乏科学的哲学思想作指导，很难使工作得以全面的、系统的、科学的、创造性的、和谐的、可持续的开展。做事没有正确的方向，所做的事的成功概率就会大大降低。

2008 年的世界金融危机最初是由次贷危机，即泡沫经济引起的。由于某些金融机构进行虚假地经营，单纯地为了获取经济利益而不顾整个社会的利益，对整个社会的发展造成了严重的影响和难以估计的重大损失。由此可见，正确的指导思想对任何部门或企事业单位来说都非常重要！不管是资本主义国家还是社会主义国家，都应该把整个社会的发展和利益作为头等大事来考虑，要顾全大局，不能只顾本单位的利益。

大家都知道，几年前我国发生过一桩轰动全国甚至全世界的企业倒闭的事件，在奶粉中加入三聚氰胺，使许多儿童吃了这种奶粉之后患上肾结石，其中一些儿童患病致死。最后，生产这种奶粉的企业因此而倒闭。

再如，十多年前国家曾下令关闭了淮河流域的数百个小造纸厂。原因是这些小造纸厂将生产后排出的污水排入淮河，使淮河流域的鱼类等灭绝，还对当地百姓的饮水造成威胁。从本企业和企业职工的利益来看，这些企业的存在可以解决职工的生活问题，但从国家和全国人民的利益，以及全人类长远利益来看，不应该让这些企业继续存在下去，也就是当企业的利益和国家及人民利益相矛盾时，首先要服从国家和人民的利益，这是衡量做事是否正确的准则。

资本主义国家过分提倡自由经济的经营模式，没有突出国家利益、人民利益及全人类的利益，没有将国家、人民和全人类的利益放在首要位置上，而导致世界金融危机和经济危机的产生，特别是这些国家对金融资本管理的软弱无力和缺乏应有的严格管理制度，是导致 2008 年国际金融危机发生的根本原因。

2013 年 4 月 2 日，《辽沈晚报》报道了一则消息："针对问题洋奶粉，昨日中国消费者协会发布警示：'美素丽儿'昨起网络销售纷纷下架。这个生产奶粉的企业，竟然将外国生产的过期奶粉，加上部分国内生产的奶粉，以'美素丽儿'的品牌向外出售，对这些缺乏职业道德的企业不仅要制止其商业活动，还应处以惩罚。"

在社会上经常会遇到一些做事"不诚信"的人，不诚信做事的原因应该引起大家的重视，作者认为主要原因多数是出于个人的利益。例如，有些企业为了扩大销售，常看到一些商品一层一层的包装，十分精致，而有用的东西只有很少的一部分。有些企业还进行一些虚假的宣传，极力推销其产品。这些不诚信的行为受到广大使用者的批评，所以目前社会上也极力宣传企业工作人员应该要有良好的职业道德，企事业单位不能损害消费者的利益。

不仅仅是企事业单位的工作人员，社会上所有人都应该提倡诚信，树立良好的职业道德，不应该有虚假的和伤天害理的行为，这是社会上每一个人所必须遵循的社会道德。

总之，有少数的企事业单位和个人仅考虑自身的利益，而损害国家和人民大众的利益，采取了一些不正确的手段和做法，在这个过程中他们获取了不应获得的利益，应该说这些都是不义之财，对任何集体和个人来说，不义之财不可取。

由此可见，不管这些企事业单位的动机如何，只要其后果危害了人民的利益，他们的做法就是错误的。所以，企业也好，个人也好，做任何事或从事任何一项工作都要有正确思想作指导。

从前面的几个例子想到一个问题，这些单位和个人所从事的工作的指导思想是否正确？所做的事是否符合人民的利益？因此，做事正确与否应该是衡量所做事优劣的前提条件或首要标准。

任何集体和个人，经常用正确的指导思想来检验自己的工作，就可以使自己始终沿着正确的方向前进。

三、成功及高效做事要求之二：达到质量的要求

从做事的好坏角度来看问题，即做事或所生产产品的品质。这是对所做的事和所生产产品的基本要求，要突出一个“好”字。

做任何事首先应该保证满足做事的基本要求，即满足所做事的质量标准，这是最起码的条件，也是重要的条件之一。所做的事或生产的产品如果达不到要求，将成为一件失败的事或一件废品。

对做事质量的要求也不能过高，否则，就要付出更高的代价，或会增加更多的成本，或花费更多的时间。这就像加工一个机器零件一样，要加工出一个精度高的零件，就要用精密的机床来加工，安排更多的加工工序，这样会花费更多的时间，付出更高的成本，会影响所完成的工作量。

尽管如此，对做事的质量要求应该在略高于基本要求之上，要略高于质量标准。

人们所做的工作，从狭义的角度来看可分为两种类型：一是事；二是物。“事”通常是无形的，如完成一件事情；“物”通常是有形的，如生产出一种产品。如果从广义的角度看，生产出一种产品也可以算完成了一件事。

如何去衡量所做事的好坏呢？首先要看所做的事是否达到了基本要求，达到了基本要求，实现了预定的质量标准，就取得了成功。

接着，就要看这件事做得出色与否，还要看是否做得“妙”做得“巧”。即做得好，做得省，做得快，做得多，不对周围环境产生坏的影响，事后的服务工作量要少等，也就是通常所说的六项基本要求。

但是，对于某些工作，付出的代价常常已经确定，这时就应该尽可能地去提高做事的质量。

对于企事业单位的工作人员，比较简单的工作质量，检查起来比较容易。对工作人员工作质量的检查，常常按照相关规程或标准中规定的要求进行。

下面以产品的设计为例，说明质量体现在以下几个主要方面。产品的质量是它的全部功能和全部性能的总和。功能即所处理对象的功用或用途，包括主要功能和辅助功能；性能是产品所具有的各方面的特性，包括技术性、社会性和经济性等。技术性能有安全性、可靠性、使用耐久性、运行稳定性、操作和使用的舒适性、制造工艺性、设备规范性、容差合理性、维修方便性、可回收性等。

1. 基本功能

对于一般机械设备，其基本功能通常是对某种物质进行处理，改变其几何形态、物理形态、化学组成和生理机能等。

2. 辅助功能

一般机器除基本功能外，还有辅助功能。对于不同的产品，其辅助功能可以转化为主要功能。通常的辅助功能有以下几个。

(1) 物质的输送功能。绝大多数机器的基本功能是用来处理某种物质，因而机器中常常包含有物质的传输系统，即物质流。

(2) 物质的夹装功能。有些机械设备，如各类机床，在加工之前，被加工工件及刀具都必须进行装卡。

(3) 执行机构的运动功能。机器在工作过程中，有的执行机构运动状态单一，而有的却需要专门的辅助设备进行控制，如振动筛的工作筛体就是在一定的振动幅值内运动，而打桩机则需要多个机构的配合，包含行走机构。

(4) 执行机构的动力功能。执行机构都需要动力来驱动，有的机器采用直接驱动方式，有的采用间接驱动方式，但其动力功能性质都是一样的，有电能、液压等。

(5) 操纵系统的指令功能。

(6) 信息传输与处理功能。

性能包括技术性能、社会性能和经济性能等。对于机械产品，从设计、制造和使用角度来划分，其性能可分为结构性能、使用性能和制造性能。

(1) 结构性能。①人机安全性；②工作可靠性；③使用耐久性；④材质适应性；

⑤结构紧凑性；⑥环境无害性；⑦造型艺术性；⑧设计经济性。

(2) 使用性能。①工效实用性；②工作稳定性；③指标优越性；④操作宜人性；⑤设备动力性；⑥状态测控性；⑦故障可诊性；⑧使用经济性。

(3) 制造性能。①制造工艺性；②零件规范性；③容差合理性；④生产时间性；⑤设备维修性；⑥装运可行性；⑦报废回收性；⑧制造经济性。

生产一种产品首先要满足它的功能要求。有人说，买一种产品主要是买它的使用功能，因为企业生产的产品是为用户所使用的，为用户所服务的。假如产品的功能达不到用户的要求，那就失去了产品的使用价值，这种产品必然会被市场所淘汰。除了产品的功能外，产品要有能满足用户使用的必要性能，如安全性、可靠性、工作耐久性、对环境无害性、操作方便性、维修性、经济性、艺术性等。产品的性能是为产品长期使用服务的。产品的功能与性能是相辅相成的，它是产品质量的综合体现。

此外，任何产品都有其能满足用户使用的质量要求，即质量标准。对产品的质量要求过高，就会提高产品的加工成本和花费更多的生产时间，产品制造成本就会提高，所以不能对产品质量要求过高，在保证产品质量基本要求的前提下，应尽可能地降低产品生产成本和缩短产品生产时间，目前许多企业都是针对这样的目标安排生产的。

产品的技术含量对一种产品来说至关重要，技术含量高的产品通常有较高的技术性能，所以企业常常千方百计地来提高产品的技术含量。

四、成功及高效做事要求之三：付出较低的代价

做任何事都要付出代价，所以从做事获得成功所付出代价的角度来看问题，即成本的高低，用 C 来表示，要突出一个“省”字。

我国台湾留美学者高希均教授曾在一个杂志上发表一篇重要文章，题目是“天下没有白吃的午餐”，他的基本思想是任何人应该依靠自己劳动来养活自己，应该通过勤奋工作给社会创造财富。但到目前，社会上还有相当多的人不通过自己的辛勤劳动，采取各种不合法手段来获取非法利益。因此，这一提法在目前社会中还有重要的意义。

每位学生的学习和每位工作人员完成一项工作都会付出不同的代价，掌握了学习方法的学生或懂得工作方法的工作人员，他们常常用较低的代价来完成学习和工作。

如果对所做的事的质量要求过高，就要付出较高的成本或代价。

生产出的产品要计算其成本的高低，生产成本加上所要求的利润就是产品的销售价格。一般来说，对于价格低、质量好的产品，大多都能争得市场，企业就会得

到更快的发展。

加工机器的一个零件所花费的工时和所采用的机床，与对该零件所要求的精度有关。一般所要求的精度越高，就会花费越多的工时，就要安排更多的加工程序对该零件进行加工，产品的成本就会随着提高，产品的价格也会随之上涨，价格过高，其市场的竞争力相应下降，一连串的连锁反应就会出现。

完成一项工作或生产一种产品，可以采用不同的方法和技术来完成，所采用的方法有效，就可以少付出代价；所采用的技术先进，就可以支付较低的成本。所以，付出的代价和支付的成本是和采用的方法与技术有着密切的联系。很多单位和企业都要在工作方法及采用的技术上花功夫，其目的就是要付出较低的代价和成本。

五、成功及高效做事要求之四：花费较短的时间

从做事所花费时间的角度来看问题，即花费时间的长短，用 T 来表示，要突出一个"快"或"多"字。

完成各项工作，必须付出相应的时间，对一个人来说，时间是常数，但完成工作的多少取决于单位时间所完成的工作量，即工作效率。在一定时间内，人人都可以创造财富，但对于不同的人，其所创造的价值是不同的。因此，从一定意义上来说，劳动者从事有益的劳动，会创造更高价值的成果。所以，要利用好时间，在单位时间内创造出更多的成果。

对于某些事情，时间十分重要，时间是激烈竞争条件下重要的因素之一。例如，一种新产品早些面世，就能较早占领市场；一项同样的科学研究成果，谁较早发布，谁就是第一发明人。

如果一个人做一件事只需要别人做事的一半时间，他的工作效率就会比别人高出一倍，他对社会的贡献也就比别人大。所以，任何人都应该千方百计地去提高工作效率。对于企业，假如在同样的条件比其他企业多生产出一倍的产品，这个企业就会获得更多的利润。

有人说："时间是金钱，效率是生命。"这句话的意义是十分重大的，在市场竞争激烈的年代，时间是一个十分重要的因素。

时间如同金钱，越是懂得利用的人，越能感受到它的价值。管理学大师彼得·杜拉克曾说："不能管理时间，便什么也不能管理。时间是世界上最短缺的资源，除非严加管理，否则就将一事无成。"

善用时间是一件非常重要的事，倘若不能把一天的时间妥善地加以规划，就会白白浪费宝贵的光阴。根据经验显示，成功者与失败者在如何安排时间这方面的差异十分明显。人们往往认为几分钟或是几小时并没有太大的不同，但事实上，即使一分钟也能发挥很大的作用。富兰克林就曾说："你热爱生命吗？那么别浪费时

间，因为时间是组成生命的材料。”他甚至还说过：“失败与成功的最大分水岭只有五个字——我没有时间。”

确实，浪费时间就等于是在自杀，珍惜时间就是珍惜生命。凡是在事业上有所成就的人都有一个共同的特点：抓住生活中的分分秒秒，不图清闲，不图安逸，敢于同时间赛跑。明智而节俭的人不会浪费时间，他们把点点滴滴的时间都看成是不能浪费的珍贵财富。

六、成功及高效做事要求之五：达到环保的要求

从所做的事对周围环境的影响角度来看问题，即对环境要进行保护，不造成坏的影响，用 E 来表示，要突出一个“保”字。

在目前的形势下，所做的事对环境的影响已引起社会的极大关注。人们所做的工作不能对环境产生不良的影响，对于资源也不能造成过度的使用，要与环境保持协调和谐。我国政府早已提出要将我国建设成一个环境友好型和资源节约型国家。

企业生产过程所造成的污染，以及产品运行过程中所产生的污染，已对人类生活和继续生存产生了严重的威胁。例如，二氧化碳排放量的增加使地球的温度不断地升高，当温度升高到一定程度之后，人类将无法继续生存。假如不及早采取措施，问题将会十分严重。

地球上的资源是十分有限的，人类的文明只有 5000 多年，如果人们不断对地球上的资源进行大量挖掘，未来人类的后代如何生存呢？

十多年前，淮河流域有许多小造纸厂，这些工厂排放的污水给这条河流造成重大污染，河中的鱼类死亡，农作物的生长也受到严重影响。为了减轻污染，我国政府曾下令关闭了淮河流域相当数量的小造纸厂，这一决定是十分英明和正确的。

对环境的影响不只包括自然环境，即绿色环保所考虑的问题，还要考虑人类生活的社会环境，即政治环境、经济环境、人文环境、法律环境、国际环境和人际环境等。

七、成功及高效做事要求之六：做好后续的服务

要说后续的服务，海尔集团为企业作出了榜样。海尔集团顾客服务部秉承“用户永远是对的”的服务宗旨，真诚为用户服务，将用户的满意作为工作标准，买海尔家电，就是把舒心、放心买回了家。为了让海尔用户更好地享受自己的权益，海尔家电售后服务承诺：①用户永远是对的，只要用户一个电话，剩下的事由海尔来做。②随叫随到，到了就好。③“五个一”升级服务模式。一证件：上门服务时出示“星

级服务资格证”。二公开:公开出示海尔“统一收费标准”;公开一票到底的服务记录单,服务完毕后请用户签署意见。三到位:服务后清理现场到位;服务后通电试机演示到位;服务后向用户讲解使用知识到位。四不准:不喝用户的水;不抽用户的烟;不吃用户的饭;不要用户的礼品。五个一:递上一张名片;穿上一副鞋套;配备一块垫布;自带一块抹布;提供一站式产品通检服务。所以,使海尔产品具有市场竞争力。

从所做事的后续性服务工作角度来看问题,即后续性的服务工作是多还是少,用 S 来表示,要突出一个“便”字。

人们所做的工作应该使后续性的工作更少。例如,机械产品应该便于维修,或者是维修工作量很少,应该尽量避免或减少“烂尾”工程。

目前很多企业都十分重视产品的售后服务工作。产品在使用过程中,常常会出现各种各样的问题,这些问题不解决,会影响企业的声誉,进而影响产品在市场中的竞争力。为了避免出现这些问题,企业要求科技人员在设计时,尽量采用模块化的设计来提高产品的可维修性、操作宜人性、产品升级性等,尽量减少产品的售后服务工作量。

目前许多人完成的工作任务,常常只顾及一个方面,而忽略了其他方面。前面提出的几方面的要求往往没有引起足够的重视,这必然会造成一些不必要的浪费和损失。前述的六个具体目标,应该根据具体情况予以充分重视,并应对这几方面的目标进行综合评价,以便取得良好的综合效果。即既保证工作质量,又不浪费金钱和时间,还不会对环境有负面影响等。这几个要求在不同的条件下各有侧重,只有通过综合的评价,才能获得较为理想的结果。

八、实现六项要求最终目标是取得最高的效益

前面已经讨论了做任何事都应做到“对、好、省、快(多)、保、便”六项要求。在这些要求中,指导思想“对”、对于环境“保”、售后服务“便”这三项要求,主要检查它们有没有达到,而且必须要达到规定的要求。

接下来的重要问题是做事的质量“好”、付出的代价“低或省”、花费的时间“短或快”三项要求,就是要考虑这三项要求是否都能达到,要考虑它们之间的协调与和谐。

我国国家领导人曾指出:“中国将把推动发展的着力点转到提高质量和效益上来,下大气力推进绿色发展、循环发展、低碳发展。”即在考虑环境保护的前提下,实现“好”、“省”、“多”的要求。

实现六项要求最终目标就是要获取最高的效益。最高的效益可以是一项重大发明,也可以是达到事情的完美结果。无论哪一个目标的实现,都具有重要的

意义。

例如，光导纤维的研究成功，网络技术的研究成功及其推广和应用，正在改变整个世界，它对人类进步的影响是无法估量的，其意义十分重大。

本书研究和提出的科学方法论的目的就是希望社会上更多的人和更多企事业单位的职工能深入了解、牢固掌握和灵活运用科学方法论的体系和规则，提高人们做事的成功概率，并获取做事的高的效率和效益，这是一项富民强国的有效措施，应该引起全社会所有人的关心和重视。

第四章　成功及高效做事要有切实的内容

任务的选择首先要考虑国家和人民的需要，还要考虑自身的条件和特点及环境和条件。

突出重点，紧抓难点，集中精力，各个击破。

一、引　　言

做事的三要素或三原则，即做事的目的、内容和方法。弄清楚这三要素或三原则，就容易把事情做成功。

在做事的三要素中，选择好切实和具体的任务是成功及高效做事的重要条件。没有切实和具体的任务，只有那些空洞和抽象的概念，就不会有好的结果。

先从整个社会的角度来看，社会上每个人所承担的工作任务，可以认为都是国家经济发展所制定规划中工作总目标的组成部分。因此，人类社会中的每个成员虽然社会分工不同，但其工作总目标是相同的，在确定每个人的工作任务时，必须考虑国家的需要。

但是，对于每个集体和个人，都要通过具体的工作任务来实现已制定的发展规划及要完成的大事，直接或间接地将所从事的工作融入国家和人民事业的总目标中。发展规划也好，要做的其他大事也好，常常是由各个具体的工作内容组合而成，而这些具体的工作内容，通常包括学习、工作及在日常生活中所遇到的各种事情。每个集体和个人在不同阶段都有不同的任务。

1. 学习

知识的多少和能力的强弱会直接影响到今后承担社会上各种工作的情况，知识较广博和工作能力较强的人可以为国家完成难度较大或较为重要的工作，这是客观上对每个人工作的一种安排。企事业单位的工作人员为了承担难度较大的或较为重要的工作，必须勤奋地学习相关知识和培育各种能力，以便更好地完成本职工作，提高业务水平。学习的优劣取决于他们的学习态度和所采取的学习方法。学习好各种知识和培养好各种能力，是人们的最基本任务，也应该是他们人生规划的组成内容之一。

2. 承担一份社会工作

企事业单位的工作人员，由于所从事的工作性质不同，承担的工作任务也不相同。每项工作都有其内在规律，必须根据工作的特点和要求进行分析和研究，提出解决问题的办法和措施，并妥善加以解决。每个人工作完成的好坏，不仅取决于他们所掌握的知识和工作能力，还取决于他们在工作中不断地学习新知识，了解和运用别人取得的经验和书刊中介绍的先进工作方法，以及在工作中用创新的思维和理念去解决工作中的各种问题的能力。同样，他们所完成的各种工作也应该是他们人生规划的一部分内容。

确定和选择任务要考虑的问题列于表 4.1 中。

表 4.1　确定和选择任务应考虑的问题和应做的工作

序号	应考虑的问题
1	考虑如何将自己的工作融入国家总目标之中
2	考虑集体和个人的具体情况及特长
3	考虑客观环境和条件
4	寻找机遇，紧抓机遇，选择合适的切入点
5	对任务进行剖析
6	找出任务的重点、难点及创新点
7	抓住重点，突出难点，研究创新点
8	集中力量解决存在的问题

二、如何将自己的工作融入国家的总目标之中

事实上，社会上每个人所承担的工作都是人类社会中所必须完成的工作的一个部分，只是他们的社会分工不同，因而其重要程度和贡献度也有所不同。多数人都希望自己能为国家和人类社会作出较大的贡献，希望自己能承担更重要的工作。不少重要的工作需要掌握较深的专业知识，也需要能够完成相应工作任务的能力，所以目前各类学校专门设置了各类专业。

尽管如此，人们可以在一定范围内选择工作或通过学习相应的专业知识，根据自己的爱好，重新选择工作，再根据需要学习相应的专业知识。

从每个人对国家任务所应采取的态度来看，首先应该尽最大可能来考虑国家的需要，也就是说在可能条件下，要将自己融入国家所要实现的总目标之中，并在具体工作中，卓越地完成所承担的工作任务，为人类的文明、社会的进步、民族的振兴、国家的发展做出自己的最大贡献。

三、根据自身条件和能力选择任务

远大理想和奋斗目标必须通过具体的工作内容予以实现。在确定具体工作内容时，要结合工作的具体要求和个人能力，能力较强的人可以去完成重要的工作任务，能力一般的人去完成一般的工作任务。

对于个人，要根据一个人的具体情况来选择任务；执行任务者有哪些长处，又有哪些不足，这些不足是否可以通过努力转化为优点和长处；在充分发挥四项潜能的条件下，是否可以保证所承担的工作顺利地完成。

对于集体，要根据该集体的具体情况，即组织领导、技术能力、团结协作、奋斗精神四方面的情况，对所承担的任务进行分析，有哪些优点和不足，特别是对不足之处如何通过一些有效措施使之逐步转变为长处。在充分发挥四项潜能的情况下，保证顺利完成所承担的任务。

在科研工作中，不少人主动要求去承担国家的重大科研项目和工作任务，因为完成这些重大任务，会对社会作出重大贡献，他们也会获得较高的奖励和待遇。但是，承担重大的科研和工作任务，必须要有较强的工作能力，掌握必要的专业知识。掌握相关文化知识和科学技术是承担重大科研任务的前提条件。

此外，对每个人来说，都有自己的特长，要根据自己的特长和能力确定所承担的工作任务。

工作任务的选择也要考虑个人爱好和兴趣，因为爱好和兴趣可以使人以极大的热情投身到工作中去，甚至夜以继日地去执行所承担的任务，这样更有利于国家科技事业的发展。

莎士比亚有一句名言："世界是一个大舞台，每个人都扮演一个重要的角色。"一个人要在社会上取得成功，首先要明确自己在社会上所扮演的角色。明确自己的人生目标，在社会生活中给自己定位。

当卡耐基从密苏里州的乡下到纽约去的时候，先进入美国戏剧学院，希望能做一名演员。他当时有一个自以为非常聪明的想法——这是一条成功的捷径。这个想法非常之简单，非常之完美，他不懂得为什么成千上万富有野心的人居然没有发现这一点。这个想法是这样的：他要去问当年那些有名的演员怎样演戏，学会别人的优点，然后把每一个人的长处学为己用，使自己成为一个集所有优点于一身的名演员。

卡耐基通过自身经历，明白了原先想集他人的优点为一身的想法是不现实的，一个人一定要维持本色，不可能变成任何人。他明确了社会角色之后，从自己的角度来从事社会活动，开始研究"成功学"，写出了《人性的弱点》、《人性的优点》等十多部著作。在国内外广泛地组织培训，数十万人受益，成为名副其实的"成功学"的创始人,他是 20 世纪前半期对美国乃至国际社会都有重要影响的一位显赫的人物。

知彼知己,百战百胜。正确认识自己是面对人生和事业、解决一切问题的第一步。只有了解自己的优点,知道自己适合做什么,才能扬长避短,充分发挥自己的潜能。然而"知己"如同"知彼"一样,都不是容易的事。著名的作家贾平凹,曾深有感触地说:"要发现自己并不容易,我是花了整整三年时间!"

人无全才,各有所长,亦各有所短。所谓了解自己的优点,就是要充分认识自己,扬长避短。常言道:"人怕入错行"。在如今的社会里所有的人都怕"入错行"。

随着时代进步、科技发展,社会劳动分工日趋精细,社会上的行业与职业的划分也越来越细。究竟要经营什么行业的生意为好?通常这并不是人的主观愿望所能决定的。也就是说,并非一个人自己想干什么,就一定干得了,还必须考虑这个人本身的经验、学识、财力以及社会需求等条件。通常人们应该做的是:懂哪行干哪行,哪行有把握就干哪行,直到干好为止。

要分析完成此项任务在主观方面存在的有利因素和不利因素,以及存在的困难和问题,还有这些主观方面的困难和问题是否可以得到合理的解决。

四、考虑客观环境和条件

选择任务不仅要根据自身的情况,即内部因素,还要考虑外部因素,要考虑哪些外部因素对所承担的任务是有利的,哪些是不利的,有利的和不利的因素所占的比重如何,哪些不利因素可以转化为有利因素。因此,确定任务必须经过详细的调查研究。

做事的环境包括社会环境、自然环境、技术环境、资金环境、政策环境、市场环境等。做事的条件包括学习条件、工作条件和生活条件等。环境和条件属于做事的外部因素,在某些情况下,外部因素有时也会对所做的事产生重要的影响。还要特别注意在完成整个工作的过程中环境因素是否会发生变化,要充分利用环境和条件对做的事产生积极的影响。

对于一个企业,技术、政策、资金和市场等环境因素对企业的生产发展都会产生重要影响。社会环境如政治、经济、人文、国际、人际环境,以及自然环境有时会严重影响企业的发展,有时对企业的生产和发展会有重要的约束和限制,而有时又会对企业的生产和发展产生有利的影响。所以,在选择工作任务时,要充分了解周围的环境和条件,让环境和条件在企业发展中发生积极的作用。

我国在 20 世纪七八十年代,为了推动国家经济的发展,在广东珠江三角洲及深圳设立了特区,国家给予这个地区以特殊的优惠政策,促使这些地区的经济快速发展。可见,政策环境对经济的发展会产生积极的影响。

在选择任务时，既要考虑环境的约束，又要充分利用有利的环境和条件，这也是现代成功学要研究的重要议题之一。因此，研究、学习和运用现代成功学具有十分重大的理论意义和实际价值。

有关环境和条件在第十三章中将做详细的叙述。读者可参考这个章节中的内容进行分析和研究，要分析完成此项任务在客观方面的有利因素和不利因素，以及存在的困难和问题，应该使环境和条件在完成任务过程中发挥积极的作用，对那些不利的环境和条件，通过努力使之转化为积极因素。这些客观方面的困难和问题是否会出现连锁反应，是否会自行消灭，或者在采取有效的措施后使问题得到合理的解决。

五、选择任务要紧抓良好机遇

一些集体和个人之所以能够取得成功，与他们树立远大理想和具体目标及完成具体的工作任务的成效是分不开的。由于工作内容的多样性，每个集体或个人必须根据自身的情况并考虑环境因素去寻找理想的工作内容，理想的工作内容和任务需要通过详细调查确定。此外，选择任务还要紧紧抓住良好的机遇。

下面介绍可能存在的十个方面的良好机遇。

1. 机遇来源于对某一事物的迫切需求

对某一事物的迫切需求，往往孕育着良好的机遇，敏锐地发现和抓住这个机遇，是事物取得成功的重要外在条件。

1）移动电话产业的发展

20 世纪 80 年代，一些报纸刊登了这样一个消息：由于固定电话存在不能移动的缺点，能够随人移动的个人电话将会得到快速的发展。微电子技术在许多工程部门的成功应用，已经为研制个人移动电话提供了良好的条件和必要的技术基础。这不仅可为人们提供十分方便的通信条件，还将在人类文明进步的进程中出现一个飞跃。

国内外一些信息灵通的科技工作者和企业家敏感地发现了这一良好的机遇，他们迫不及待地行动起来。芬兰的一些企业组织了大量的人力，开展这方面的研究，并以极大的努力开始筹建这一产业。仅几年的时间，他们就成功研制出多种形式的新手机，诺基亚手机就是在世界上最先研究出的手机产品，该手机产量一度位居世界第一，创造了巨大的利润，而且使这个国家的创新能力在世界各国的排名中名列前茅。

2）风电技术的应用

由于对清洁能源的迫切需要，世界各国正在大力发展清洁能源，风电是清洁能源中的一种，目前许多国家正在大力发展和建设。

几年前，我国许多企业紧抓这个机遇，开始投资风电生产，发展风电技术，短短的时间内，我国风电产业的发展迅速，产量超过了原来的计划。但由于生产企业过多涌入，相互掣肘，一部分企业被迫停止了对风电的生产。在风电发展初期，发展风电具有很大潜力，这对一些企业来说自然是一个极好的机遇。但一时发展过快，产量超过了需求，便形成一个新的问题。所以，抓机遇要抓得早，抓得及时，过了时间就不再是一个机遇。当一个国家遇到了良好的机遇时，也要制订相应计划，确定其需求总量；当快要到达需求总量时，应及时调整规划发展战略，以适应市场的变化。

3）风靡世界的牛仔裤

牛仔裤的发明人德国施特劳斯，是赚淘金人的钱成为巨富。他从德国移民美国时，恰巧当地掀起了一股“寻金热”，人们蜂拥而至。施特劳斯也在这支队伍中，他时常听到矿工抱怨穿细布衣服下矿既不耐磨，也不方便。他脑子一转，便开起了制衣厂，以做帐篷的厚帆布为料子，用金属钉子钉裤袋，使裤袋便于装工具，既耐磨又便利，“淘金者”纷纷抢购，他就是这样利用机遇赚了大钱，接着他扩大了规模，将产品推向更广阔的市场，直至风靡世界。

2. 机遇存在于新技术的形成和发展过程中

一种与产业密切相关的新技术的出现，必然会孕育出一种新产业。

1）光导纤维产业的发展

光导纤维技术的研究成功，可以认为是通信领域的一次重大革命。因为以往通过电导线来传递信息，一根电导线只能传递一种信息，而光导纤维因波长的不同，一根光导纤维可以传递多个信息。此外，光的传递不会受磁场的干扰。自发明光导纤维以来，信息传递领域出现了全新的局面，通信与网络产业及随之而来的相关产业也得到了飞速的发展。通信领域在这个时期出现了一个极好的机遇。若在这个时候抓住了这个机遇，就会获得极高的成功概率。

我国武汉市东湖新技术产业开发区的光谷，就是抓住了光导纤维这一新兴产业，2010 年这个产业的年产值达到了 1000 亿元。

2）我国高速列车动车技术的发展

高速列车动车新技术的运用，大大地加快了列车的运行速度，缩短了列车运行的时间。在已经运行的线路上其速度比普通的列车快三四倍，经济效益和社会效益都极为显著。我国是一个人口大国，假如只靠汽车和飞机来输送，一方面很难满足十多亿人口大国交通的需求，另一方面在经济上也是很不合算的。发展和应用高速列车动车技术完全符合我国经济发展既快又省的原则，还能满足人口大国对发展交通运输的迫切需求。

在这一新技术的推动下，我国各地区迫切要求发展这一技术。高速列车动车技术的发展与应用史无前例，达到了国际领先的水平并且要把这种技术推向世界。高速列车动车技术的发展为材料工业、机车、通信、新能源的发展带来了新的机遇。

3）关于“漂浮肥皂”的诞生

“漂浮肥皂”的诞生源于一个偶然的机遇。一天，因为把肥皂搅拌完毕还要半小时，负责搅拌机的约翰就离开去吃饭了。回到车间时，约翰惊呆了，只见搅拌机成了一个大泡沫堆。约翰想，要是这些泡沫还能用，也许能挽回一些损失。于是约翰和工友一起在泡沫中加了些原料，制成了肥皂降价出售。一个月后，公司接到了大量客户批量订购“漂浮肥皂”的订单，这“漂浮肥皂”正是约翰那次因失误而生产的肥皂。宝洁公司又按照约翰的失误做了一次试验，结果表明，由于泡沫肥皂里充满了气泡，每一块肥皂可以漂浮在水面上，免去了肥皂不慎落入水中需要“海底捞月”的烦恼。于是，宝洁公司抓住了这个机遇，开始大量生产这种肥皂，并迅速占领了整个市场。

3. 机遇存在于一些地区滞后发展的过程中

在世界各国经济发展的过程中，滞后几乎是一种常见的和不可避免的现象，有的国家发展得快，有的国家发展得慢。也就是说，一些国家的经济发展超前于另一些国家，或者说有些国家的经济发展滞后于另一些国家。对于某一产业或某一事业，同样有这种情形。对投资者来说，由于地区间经济存在的发展不平衡，给他们带来了极好的机遇。

1）我国轿车产业的发展

1986 年作者去日本访问时，看到日本几乎家家有轿车，西方国家也是如此。由于当时我国经济不够发达，老百姓还没有钱去买轿车。随着经济的发展，生活水平提高了，家用轿车的发展成为我国经济发展的一种趋势。

吉利集团预测到了这一发展的必然趋势，他们于 1998 年投资汽车产业，并且提出了这样一个口号：“要让中国老百姓买得起汽车”。经过 13 年的经营，这个企业的轿车年产量达到了 50 万辆，年产值达 300 多亿元，已经跨入全国 500 强，还并购了美国的沃尔沃汽车公司。可见，抓住机遇是十分重要的。

2）我国民办教育事业的发展

我国是一个十多亿人口的大国，教育的发展负担沉重，发展教育事业是国家和人民的需要。由于我国人口众多，单纯地依靠国家投资来兴办学校会限制教育事业的发展，因此多渠道办学应该是发展我国教育事业的正确方向。

从 20 世纪 90 年代开始，我国政府开始提倡发展民办教育事业。许多企业或有识之士看到了发展机遇，纷纷投资民办教育事业，并获得成功。例如，吉利集团从1998年开始，在浙江临海开始兴办浙江经济管理专修学院，并于2000年在北京兴办了北京吉利大学，又在海南三亚兴办了三亚学院，学生人数达6万多人，不仅为吉利集团提供了所需人才，还为国家培养了大量的科技人才。他们正是抓住了这个良好机遇，在发展我国民办教育事业的过程中作出了自己应有的贡献。

4. 机遇存在于各个国家和地区不平衡的环境中

1) 各个国家和地区对原料生产的不平衡

各种产品有各种不同原料的需求。有的企业为了便于生产，将企业设置在原料产地，这样可以减少对原料的输送费用，从而降低产品的成本。一些企业还常常把厂址设在原料较便宜的国家和地区，从而降低了产品成本，获取了较多的利润。

2) 各个国家和地区劳动力价格的不平衡

为什么前些年中国香港、中国台湾地区和一些外国的企业家都来中国内地兴办企业，其中一个主要原因是内地有廉价的劳动力，而中国香港、中国台湾地区和西方国家劳动力十分昂贵。假如企业在这些国家和地区办厂，就会大大提高生产成本，企业所获得的利润就会大大降低。

5. 机遇存在于事物不断振荡过程中

事物发展过程的振荡现象是人人皆知的，事物的量随时间推移出现的或大或小的变化就是振荡，这个量有时高，有时低，这是客观存在的规律。机遇就存在于事物不断振荡的过程中，就看谁能找到它、抓住它，并很好地利用它。一般情况下，不少人都不会去寻找这样的机遇，即使有人去找而且找到了，也常常把它束之高阁，不能很好地利用。不管是从事一项科学研究也好，或是做一件有益的事也好，谁能很好地利用这些机遇，谁就容易取得成功。我们找科学研究项目，最好不要找振荡曲线上的最高点切入，而应该在曲线的较低点切入，这才容易取得成功(图4.1)。

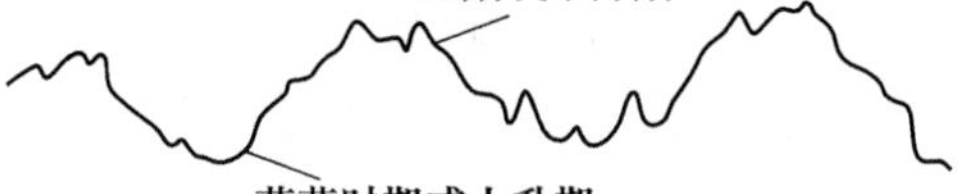

图4.1 选题理想区段——上升区段

从2008年开始，在国际上发生了十分严重的金融危机。这次金融危机波及世界上许多国家，甚至可以说波及了整个世界。由美国次贷危机引起的金融危机直接影响到世界各国经济的发展，许多国家经济衰退十分严重，许多企业出现很大的困难。从振动的角度看，经济发展正处在曲线的波谷阶段，许多企业由于市场疲软，产品销售出现了严重困难，几乎没有办法生存下去，并濒临倒闭。在这种情况下，不少企业设法将自己的企业出售，以解决出现的困难。在这个时期，如果有的企业拿出一些资金，并购这些濒临倒闭但有发展潜力的企业，应该是一种机遇，因为在这个时候，这些企业出售的价格常常是比较低廉的。

6. 机遇存在于某些空白研究领域或交叉领域

前面分析了急需发展与研究的科学研究领域，除此之外，还有一些新的研究领域，这些新的研究领域同样孕育着机遇。

1）空白领域

对深地、深空和深海的研究等，属于研究的空白领域。目前一些工业先进的国家正在向地球的深处、海洋的深处和天空的深处发展，寻找可以利用的资源。在深地、深海和深空有许多待开发和利用的资源，地球和海洋深处还蕴藏着许多有用矿产，月球表面还存在大量可用元素——氦。如何去开采和利用这些资源是值得研究和探索的问题，其中蕴含着无数的机遇。

2）交叉领域

科学技术的发展常常存在于某些交叉领域，由于两种学科的发展，必然会产生相应的相交学科。交叉学科产生于两种学科的集成和融合过程中，在某些情况下，可以用集成创新的方法予以解决。例如，信息与医疗相结合的交叉领域是目前医疗技术的发展方向；又如，航天与医学相结合而形成的航空医学新学科等。

7. 机遇蕴藏在一些尚未解决的科学技术和工程难题中

对基础科学和工程技术来说，国际上尚未解决的难题一旦得到解决，就会成为一项突破性的成果，所以也可以说，机遇存在于尚未解决的难题中。

1）基础科学领域的难题

20 世纪 70 年代，陈景润等多名数学家对哥德巴赫猜想进行了深入的研究，达到了国际领先的水平，把“1＋1”即“任何一个大偶数都可以分解为两个质数相加”的世界数学难题推进到“1＋2”即“一个质数加两个质数乘积之和等于一个偶数”的世界最高水平。这虽然是一个机遇，但他们付出的辛勤劳动和不懈努力是有目共睹的。

2）工程技术领域的难题

工程技术领域中也有许多难题或关键技术问题没有得到解决，成为工程技术发展过程中的瓶颈。一旦这些难题得到解决，就可以加快工程技术及产业发展的步伐，并加速经济的发展。

例如，光导纤维技术的发展，解决了信息传输的难题，成为 20 世纪末通信技术领域的一次重大革命。其研究者英籍华人高锟也因此获得了 2009 年诺贝尔物理学奖。

8. 机遇来源于可利用的人、财和物

人、财、物等资源的有效利用可以创造出新的机遇。

一个国家、一个地区、一个单位或一个部门,如果它蕴含可以被利用的人力、财力和物力,那将是一个极好的机遇。

1) 关于人力

人类已进入知识经济时代,掌握先进科学技术的人才本身就是一种财富,为什么许多单位要到别的单位去挖掘有技术能力的人才呢?为什么我国要实行千人计划、长江学者“特聘教授”和“讲座教授”的计划呢?一句话,为了吸引人才和利用人才。因此,发现并利用人才,是社会经济发展的重要机遇。

2) 关于财力

许多有眼光的企业家或一些单位的领导,想发展生产,创办企业,其首要问题是解决资金问题。采用合理、科学的融资手段,不仅能降低投资风险,还能推进新兴产业的发展,这是另一个必须把握的重要机遇。

3) 关于物力

物力是指劳动工具,如加工设备等。有了劳动工具,就应该让它们充分地发挥作用,创造价值。这也应该是一种极好的机遇。例如,一个企业拥有交通工具,就可以用来运送物资,创造出可以创造的价值。

一些单位苦于没有人、财、物的资源,无法扩大再生产和创造新的价值。

9. 机遇来源于某一国家或地区所制定的特殊政策

一个国家常常会制定一些特殊政策,促进一些地区的经济发展。例如,对某些企业给予资金方面的支持;对某一地区给予免税的优惠;出口产品可以享受退税的优惠待遇等。

众所周知,为了促进珠江三角洲地区经济的发展,我国曾在20世纪七八十年代制定了一系列特殊政策,使这一地区的经济得到了快速发展。例如,设置了深圳、珠海等特区,并给予一些优惠政策,吸引了国内外大批企业前来投资办厂。这些企业获得较好的收益后,又引来更多企业,使特区经济快速发展,也带动了珠江三角洲乃至整个广东省经济的发展。这个事例说明抓住特区发展机遇,就能给企业带来效益。

10. 机遇产生于对某些经济规则的调整过程中

一个国家经常要根据需要,对它所实施的政策进行调整,其目的是引导下属部门向国家所需要的方向发展。在国际上也常常为了本国的利益,采取一些措施,使一些经济规则产生相应的变化。

例如,一些国家为了本国的利益,对别的国家施加压力,促使两国间的汇率发生变化。在这个时期,如果人们预测这种情况即将出现,便买入这个国家的货币,并从中获利。

我国近年来人民币与美元的汇率从1∶7.8增至1∶6左右，投资者可以从中获利20％～30％。

如上所述，对工作任务的选择既要看个人的特点和具体条件，又要看事物发展的切入点和生长点，即做事的机遇。紧紧地抓住做事的机遇是事业取得成功的重要条件。

选择任务要寻找最理想的切入点和事物的生长点，寻找合适的生长点和切入点常常和事物的机遇紧密地联系在一起。机遇是不容易得到的，它是有时间性的，所以要不失时机地抓紧机遇。机遇往往会给人们创造极高的做事成功概率，不管是开发新产品还是进行金融投资，只要抓住机遇，就可以取得较高的功效，获取更高的利润。

对每个人来说，都可参考前面介绍的这些机遇，来选择自己的任务。

本书作者在过去的几十年时间里，紧抓了遇到的许多机遇，并取得了成功。

(1) 1955年当苏联专家来我国时，他能作为一名研究生向专家学习，这应该是一个十分难得的机遇。

(2) 读研时，选择了“振动利用工程”作为主要研究方向，也是一个机遇。

(3) “文革”后期能抓紧时间来研究当时工程技术部门迫切需要解决的科学研究问题，取得一系列成绩，并对以后的工作产生了重要的影响，当然也是一个重要的机遇。

(4) 在1983年发生的296客机被劫的事件中，他挺身而出做了他力所能及的事情，紧紧抓住了这个机遇。

(5) 在70岁以后能利用这一宝贵时间积累的经验和成果撰写出了50多部著作，不能不认为这也是一个重要的机遇。

(6) 最近，撰写的著作《成功做事方法学　现代成功学浅论》、《产品设计方法学——兼论产品的顶层设计与系统化设计》、《现代成功学　谈做人 做事 做学问》、《顶层设计　理论 方法 应用》和《学位论文撰写方法学　怎样写好硕士和博士论文》、《科技创新方法论浅析》及即将出版的《科学方法论　体系 规则 应用》等多部方法论方面的著作，既考虑了目前读者的迫切需求，又考虑了自身的条件及已具有的基础，当然这些都是良好的机遇。

因此，发现了机遇就应该紧紧抓住它，绝对不能让它从身边溜过。

六、对确定的任务进行详细剖析

为了能把所确定的工作任务做得更好，必须对所要完成的任务进行分解。分解的内容包括以下几个。

第一，将工作任务分解为若干子系统，分清主次。用科学发展观及现代哲学思想，对工作任务进行分解，将工作任务从横向角度分解为若干子系统，也就是将任务分为几个组成部分，但必须找出重点和难点，找出主要的和次要的，要分清主次，重点突出，兼顾一般；要攻克难点，抓住关键问题和关键环节。

第二，将工作任务分解为若干个层次。用系统工程学的方法，将具体内容从纵向的角度分成几个层次，即任务的总层、第一层、第二层……例如，对于一项任务的规划，首先是确定总体目标和要求，然后把它分为几个方面，进一步将各个方面的要求细分为更加具体的要求等。

第三，分析工作任务所要达到的要求。因为所承担的工作任务是否已经完成要通过具体的指标予以衡量，所以对该项任务所要实现的广义目标（或总体要求）要有详细的了解，即第三章所介绍的IQCTES，还要了解该项任务所要实现的具体目标（或称技术要求），即所完成工作的主要功能和辅助功能，以及它应达到要求的性能，详见第三章。有了完成任务的目标和要求，就可以按照这些要求检验任务是否已经完成。

第四，确定完成此项任务应具有的态度。要想把工作任务完成好，必须要有正确的态度和理念：要有实事求是的工作态度，要有坚韧不拔的奋斗精神，要有创新的理念等，因为正确的态度和理念是顺利完成任务的重要条件，没有正确的态度和理念是很难完成任务的。这些内容将在第五章中进行详细的讨论。

第五，制定所完成任务的步骤和方法。在确定任务时，要对完成此项任务的步骤和方法做详细的规划，这是做好工作和顺利完成任务的关键，科学和有效的方法与合理的步骤是完成任务的重要条件，现代成功学讲的是做人、做事的一些规则，就是完成任务的有效方法和途径。有关做事的步骤和方法将在下面两章中讲述。

在分解的基础上，要制定出实施规划和方案，也就是通常所说各项工作的顶层设计。在顶层设计中要规划出完成这项工作的具体实施方案，此项工作将在后续章节中叙述。

七、找出任务的重点和难点

要想把事情做成功，必须要抓住重点和难点。重点和难点的问题解决了，其他一般的问题也就容易得到解决，所以要从所处理的事件中找出重点和难点。

重点也就是事情最重要的部分，是事关全局的重大问题，它在所做的事情中有很大的权重，或在所做的事情中有较大的影响。如果这个重点问题得到了解决，其他相关问题也就容易得到解决。所以，做任何事必须抓住重点。

难点是指所做事情中最难解决的问题，难点问题常常很难用一般的方法予以解决，而必须采取特殊的办法和措施，或者是需要依靠较大的人力、精力和时间才能得到解决。用一般方法可以解决的问题就不是疑难问题，不需要太多时间和精力就可以解决的问题也不是疑难问题。要解决疑难问题首先要对事物的内在矛盾进行分析，找出其关键问题所在，然后采取相应的措施予以解决。

在做任何事情时，应该找出事情的重点和难点，这是一种战略思想在做事过程中的具体贯彻，也是成功及高效做事的有效措施和方法，必须引起足够的重视。

八、系统成果必须依靠不断积累

很多人之所以能够取得成功，与他们树立远大理想和具体的目标是分不开的。有了理想和目标，就会以百倍的努力来完成工作任务，每一阶段有每一阶段的任务，完成一项工作就算取得了一份成绩，成绩是靠不断的积累而成的，只有在不断创造、不断积累、不断前进的过程中，才能创造出一番成功的事业。

本书作者在“振动利用工程”的研究中，完成了八大创新：发现了新原理，发明了新机构，建立了新模型，发展了新理论，提出了新方法，研发了新技术，研制了新机器，在国际上首先创建了“振动利用工程”新学科。

这些都源于作者的不断创新和不断积累，这是一个艰苦奋斗的过程。

第五章　成功及高效做事要有正确的态度和理念

要想把工作做好，必须要有正确的态度和理念。

要做到勤奋、求实、开拓、创新。

一、引　　言

不管是集体还是个人，要把事情做成功，要想获取高的效益，在做事前或做事过程中，都要有正确的工作态度和与时俱进的思维和理念。

一个有作为的人，应以祖国建设和发展作为自己的奋斗目标，立志为中华民族的伟大复兴而奋斗，同时在这个进程中实现自身的价值。有了正确的目标，才会有正确的态度和价值取向。所以，正确的态度和理念是顺利完成任务的前提和必要条件。

那么，什么是正确的态度和理念呢？“勤奋、求实、开拓、创新”应该是成功做事的正确态度和理念。“八字理念”可用表 5.1 来描述。

表 5.1　成功及高效做事的八字理念

八字理念	勤奋、求实、改革、创新(对集体)	勤奋、求实、开拓、创新(对个人)
对勤奋的表述	勤奋和刻苦	勤奋和刻苦
对求实的表述	严谨和求实	严谨和求实
对开拓的表述	改革和开放	开拓和奋进
对创新的表述	实践和创造	实践和创造

大家都知道这样一副名联：“书山有路勤为径，学海无涯苦作舟”。在这副对联里有两个关键的字，一是“勤”，即勤奋；二是“苦”，即刻苦。由此看来，没有勤奋和刻苦，学习和工作不会取得好的成绩。

此外，要想把工作做好，要有严谨求实的态度，做事要实事求是。

要想把工作做好，还必须要有“改革、开放”、“开拓、创新”的精神。在目前的形势下，对于一个国家、一个地区、一个企业，改革和开放是不可缺少的；开拓就是在实践活动中发现问题、分析问题和解决问题，创新就是用创造性的思维、创新的原理和方法提出新问题、研究新问题并得出新结果。

时下流行一句话：“做事先做人。”这句话确实道出了人生成功的真谛。如果一个人能力很强，在做人方面却很糟糕，在通往成功的道路上，必然会遭遇极大的困难;反之,一个人能力很强,又很会做人,他的事业便如顺风扬帆。

大家都知道,“做事”需要才能;但并不是每个人都知道,“做人”也是一种才能。没有专业技能,仍有可能成功;做人方面有失水准,成功的希望就十分渺茫。所以,做人是成功做事的基本条件,本书重点阐述的是成功做事的方法学。

二、勤奋和刻苦

一个人要想在事业上取得成功,必须做到勤奋和刻苦。

在不少著名大学里,如哈佛大学,看不到偷懒、投机的人。哈佛大学的教授告诉学生:“生命的意义不仅仅是活着,而是要为这个世界做些什么,留下些什么。”他们认为,要想有所成就,就要勤奋,就要努力。

美国历史上首位华裔内阁成员、劳工部部长赵小兰谈到在哈佛大学学习的经历时,深有感触。

赵小兰一贯以智慧和勤奋见长,通过努力她进入哈佛商学院学习。该商学院世界闻名,其研究所的 MBA 硕士学位尤其难念,能跨进 MBA 大门的学生,都是各大学毕业的顶尖学生,即使考上 MBA,如果不用功也很容易被淘汰。赵小兰大学毕业后,虽然获得了斯坦福大学、沃顿商学院、芝加哥大学等名校的入学许可,但仍渴望进入哈佛大学,可是哈佛大学女生录取比例只有 5%,实在非常之难。1977 年 4 月 15 日,她在数以千计的竞争者中脱颖而出,被哈佛大学录取。

她回忆两年的研究生学习时光时说:“那真是时时刻刻战战兢兢,教室如战场。商学院的课程每天只有 6 小时,但准备起来至少要 10 小时,所有的课程都相当复杂,无论是财政还是市场问题。哈佛训练学生,就是要在混乱中把问题整理出来,归纳演绎得有条有理,让大家参与讨论并寻求解决问题的途径。”

人们对学习和工作必须有正确的态度,必须勤奋,不能懒惰。懒惰会使人一事无成。虽然人们都知道懒惰是一种有害的习惯,但是一旦沾上了,就不容易摆脱。懒惰在控制人们的意志和行动的同时,会让人们沉浸在懒惰的氛围中不能自拔。即使人们想要摆脱懒惰的控制,也是有心无力。因为懒惰有的时候就像是鸦片,明明知道它的害处,还是情不自禁地陷进去。

懒惰的本质就是追求短期的快乐,但这种肤浅的追求会产生长期的痛苦。

懒惰虽然看不见摸不着,但其危害是巨大的。因为懒惰会吞噬人的心灵,并使人对勤奋之人产生嫉妒,懒惰就像是产生异变的“病毒”,可以使一个人变成好吃懒做的“废人”。

古今中外,大多数新政权的建立者都是在苦难中成长起来的,“艰难困苦是幸福的源泉,安逸享受是苦难的开始”这句话是由无数的事实论证出来的。

我国有句老话“富贵传家,不过三代”,虽然不是放之四海而皆准的真理,但

第二，要有新思路和新举措。要开启新思路，提出新举措，提出解决问题的办法。在此基础上，有针对性地提出解决问题的办法，所出现的问题就会迎刃而解。

由于咖啡店尽量满足顾客“舒适、温馨”的要求，不仅使翻台率没有提升，还挤占了其他销售机会。星巴克却打破常规，敢于创新，一改咖啡室原先那种深沉舒适的色调，而是采用了简单清爽、线条明朗的基调来改变咖啡室内风格，座位专门使用一些木质椅、高脚凳、墙边桌等不甚舒适的家具，而让顾客无法久坐，从而缩短了顾客停留咖啡室内的时间，增加了顾客的流动量，实现了金钱的大量流入，这就是善于创新的效应。

这一做法是在学习前人经验并进行反复比较和不断改进的基础上提出的。做事不能墨守成规，不能总是停留在原有水平上，要有所发展，有所发现，有所创造，有所前进。

五、勤于思考和善于创新

实践是创新的基础，只有在实践基础上才能做好创新。因此，为了做好创新工作，首先应该重视实践，在不断实践的过程中搞好创新和创造。

1. 创新是一个人和一个集体进步的灵魂

翻开人类的历史就会知道：人类的历史是一部奋斗的历史，也是一部创造的历史，有奋斗才有发展，有创造才有进步。所以，奋斗与创造是历史赋予我们每一个人的光荣责任和义务。

创新是一个人、一个集体、一个民族、一个国家进步的灵魂。我国的领导人一而再、再而三地强调创新的重要性，并提出了我国要建设成为一个创新型国家的宏伟目标。我国要成为创新型国家，不仅是经济发展的需要，更是把我国建设成世界强国的需要。我们要树立起这样一个明确的目标，并通过不懈的努力来实现这个目标。中国的近代史即从19世纪中叶开始的一百多年里，饱受世界各列强的欺凌，并有着沉痛的教训，要摆脱别国的侵略和欺凌，必须大力发展经济及建设强大的国防力量，要成为世界强国！我国正以极大的努力向这个目标迈进，创新是实现这一目标的必要手段和途径。

2. 要勤于思考、善于创新

美国前总统罗斯福曾说：“如果你想成功，必须打开自己想象力的闸门。”生活中人们总会遇到难题，要学会思索与创新，唯有这样，才能把握生活的转机。

成功学导师拿破仑·希尔认为，创新并不是某些行业的专利，也不是超常智慧的人才具有创新的能力。要打破常规，不按常理出牌，突破传统思维的束缚，即使是一个小小的创意，也会产生非凡的效果。所以，不要小看一个简单的建议，它的效果可能是惊人的。

每个人都有可能成为具有创新能力的人，关键是人们有没有创新意识和观念，能否掌握创新的思维方法和运用创新的基本技法。推陈出新绝非一味求新求异，而是要在掌握基本技能和知识的基础上，在已有成就的基础上逐步寻求更大的收获，这才是创新的真正意义。

第六章　成功及高效做事要有合理的步骤和程序

合理的程序是顺利完成任务的重要条件。

没有调查，就没有发言权；做好规划，可以使所从事的工作有条不紊地开展。

科学实施是成功及高效做事的最重要阶段。

一、引　　言

绝大多数集体的领导或个人都知道做事有四个步骤，但是他们很难将这四个步骤的具体内容讲清楚。本书针对做事的四个步骤的内涵做详细的分析和解释，提出了若干新的看法。

四个步骤的内涵分别如下。

首先，调研阶段要完成3I(investigation)调研，即需求调研、环境调研和风险调研。许多书中只讲需求调研，而忽略了对环境和风险的调查，这是不全面的，忽略了环境调研和风险调研，在某些情况下会产生严重的后果。

其次，规划阶段要完成7P(planning)规划，即工作目标的规划、指导思想的规划、工作环境的规划、工作步骤的规划、工作内容的规划、工作方法的规划和工作质量检验和评估的规划。一般书上只提所要做的事的目的、意义、内容、步骤和方法，在这里，我们特别强调要做好指导思想的规划、工作环境的规划和工作流程的规划等，以这个方面的规划代替三个方面或四个方面的规划。

再次，实施阶段要完成m＋n＋X的具体实施工作。

对于所要完成的事情，其中m为所做事情功能方面的几个要求，n为所做事情性能方面的几个要求，X为所做事情的特殊要求。

对于所完成的工作是产品设计，其中m为主辅功能的具体实现，n为几种主要性能的具体实现，X为特殊性能的实现。

最后，检验和评估阶段要完成5(C＋A)(check＋assessment)工作质量的检验和评估，即用理论方法、经验方法、专家系统、试验方法和通过用户使用后给出的信息反馈进行检验(表6.1)。

由此可见，这里提出的四个阶段的内涵和常规的几个工作阶段的内涵有显著的区别。

表 6.1　做事理想的四个阶段

阶段	阶段名称	阶段内容
1	3I 调研阶段	需求调研、环境调研、风险调研
2	7P 规划阶段	所做事的目标、指导思想、环境、步骤、内容、方法、工作质量的检验和评估
3	1+3+X 实施阶段	所做事的功能，所做事的结构性能、使用性能和制造性能，所做事的特殊要求
4	5(C+A)检验和评估阶段	采用理论方法、经验方法和试验方法进行检验，或通过专家系统进行检验，通过用户使用给出信息反馈进行检验

二、成功及高效做事要做好调查研究

在进行调研之前，要制定好调研的规划，也就是要写好调研提纲，写出调研的目的、内容和方法。

1. 调研的目的

毛泽东同志曾说："没有调查研究，就没有发言权。"要做事，首先要做好调查研究，没有调研，就不了解做此事的必要性和重要性，也不知道所做的事包括哪些内容，应该采取哪些有效的方法。因此，没有调查就不会把工作做得很好，更不会实现好、省、多、快，甚至是以失败而告终。由此可见调查研究的重要性。

2. 调研的内容

1）需求调研

做任何事，例如，企业生产某种产品，首先要满足用户的需求，没有需求，就没有研究和开发的必要，所以做任何事都要了解和掌握实施这项工作的必要性。

要了解国内需求和国际需求、近期需求和长远需求、各个时期的需求和总的需求。在了解上述需求的同时，还要进一步了解对该项工作的具体要求是低层次的还是高层次的。总之，在了解需求的同时，还要对那些需求进行详细的分析，进而得出一般性的结论。在一些特殊情况下，还要分析这种需求是向良性的方向发展还是向不良的方向发展。

2）环境调研

环境的调研是多方面的，如自然环境、社会环境（政治、经济、人文、法律、国际、人际环境等）、资金环境、技术环境、市场环境和政策环境等。对这些环境进行全面调研的同时，要分析各种环境对所做工作会产生好的影响还是坏的影响。好的影响因素会对所做的工作产生推动的作用，坏的影响因素会对所做的事产生约束。此外，还要考虑这些环境对所做工作发挥积极作用的程度，以及这些环境可能对所做工作的约束程度，即关联度的大小。

除对外部环境进行调研外，对内部环境和条件也必须进行详细的调研，如本单位已具备的人、财、物的情况，生产条件、加工设备、技术力量、工作人员情况等。

对于那些对工作能起积极影响的环境因素，应引导它们向更好的方向发展；对那些有约束作用的，要采取积极的措施加以预防。环境因素的好与坏，不是一成不变的，是可以随着时间和条件而发生变化的，是可以通过一些办法将不利的影响因素转变为有利的因素。有时一些有利因素也会转变为不利因素，承担任务的单位应设法使它们向好的方面转化，防止它们向不利的方向转变。

由于2008年国际金融危机的出现而引发国际的经济危机，我国许多出口企业也遇到了极大的困难。2009年在重庆召开的中国科协年会上，不少企业要求参加会议的代表替他们向政府呼吁，希望政府能给他们以特殊的政策，使他们走出困境。本书作者在这次会议上做了“略论影响企业生存与发展的环境因素”的报告，希望上级部门给他们以支持，帮助他们解决出现的暂时困难。可见，在新产品开发之前对环境进行全面调研是十分必要的。

3）风险调研

任何工作都有可能出现风险，在调研阶段，要对可能出现的风险进行调研和分析，及早了解和掌握所做工作可能出现的风险。要预估这些风险可能出现的时间，并对其采取有效的预防措施，限制这些风险的出现和进一步发展，以避免对所做事情产生不利的影响。

2011年3月在日本东北部福岛等县发生的7.0级大地震，致使核电站发生爆炸。这说明在核电站设计之前，没有对其风险进行详细和深入的调研和分析；在设计核电站时，也没有对可能出现的故障采取预防和保护措施，使得核电站在遇到特级地震和海啸时发生了爆炸，并造成引起核辐射这样严重的后果。这个教训是十分沉痛和深刻的。这也说明在一个重大项目实施之前，进行风险调研和分析十分重要，是绝对不容忽视的。

3. 调研的方法

调研的方法是多种多样的，应该根据调研项目的要求和内容来选择调研的方法。因为通常是在调研基础上确定工作目标，所以调研的准确性会影响到所确定工作目标的准确性。信息调研过程和方法通常有以下几种。

（1）根据调研内容确定调研方法。调研的内容有三个方面：需求调研、环境调研和风险调研。由于调研工作要花费一定的成本，所以要选择理想的调研方法，如选择通讯调研、现场直接调研和网络调研等，其中网络调研是一种比较经济的方法。

（2）对调研信息进行聚类和合成。在获取大量的需求信息、环境信息和风险信息后，要对这些信息进行科学的分析、合并、归类，才能提炼出能够代表这些信息的真实需求，并尽量采用树枝形结构加以描述，使信息体系清晰明确。归类的方法有两种：一种是传统的归类方法，是以经验、直觉为依据的实际操作方法；另一种是现代的模糊动态分类和合成技术，把信息分类置于数量化处理的基础上，使这种方法更为科学、更加合理。

(3) 通过推理自动生成所需的需求信息、环境信息和风险信息。在对所需的几种信息进行分析和综合的过程中，在知识库和数据库的支持下，对输入的各种信息进行推理和判断，生成所需的工作信息和目标。

三、成功及高效做事要做好规划

规划也可以说是对所做的事进行顶层设计。顶层设计，顾名思义，是一种从宏观角度对所做事的目标、思想、环境、程序、内容、方法及质量检验和评估进行全面和系统的规划，即 7P 规划，进而形成所做事的基本框架。有了这个框架，所要做的事就可以在所构建的框架下，实现所做事的基本目标和要求，并采取理想的基本步骤和方法，完成其基本内容，还要对所做事进行检查和评估，以便了解所做事的优劣。顶层设计实际上就是在具体工作之前，在正确思想的指导下，先做一个详细的规划，再在规划的基础上，确定其工作要点、难点和重点，从根本上解决所做事的一些主要问题，以避免在工作时常常会出现主观性、片面性、盲目性和随意性等弊端。

1. 规划的目的

实际上，做任何事情首先要做好规划，或者说要做顶层设计工作。这个规划或顶层设计可以采用书面的形式，也可以通过仔细的思考，将它存储在自己的脑子里，但对于较为重要的工作，必须写出书面的规划。

规划的内容应该包括指导思想、工作目标、工作内容、工作环境、工作过程、工作方法和工作效果评价等方面，规划过程中所考虑的问题越全面和越仔细越好，而且要突出重点和难点，这样可以在实施过程中使可能出现的主观性、片面性和任意性等问题显著减少。

规划也就是对所做的一项工作进行顶层设计，即在实施之前把要做的事进行全面和系统的考虑，并制定出较详细的、能较好地指导该项工作的实施框架，这个实施框架的内容应该包括工作目标和指导思想、工作内容和工作环境、工作步骤和工作方法以及对所做工作的检查和评估等详细计划，这就是顶层设计。由此可见，顶层设计对于完成一项工作具有重要的意义。

一件事的工作规划或一种产品的设计规划，是一项十分重要的顶层设计工作，因为工作的实施阶段和检验阶段都要根据这个规划来具体地执行，规划是实施阶段的工作指南，即要根据顶层设计的具体内容和要求开展相应的具体工作。

许多人都把成为一个企业管理的行家作为成功的标志。如果作为其中的一员，就必须先安排相关基础知识的学习时间和社会实践的时间。因此，需要计划一下，完成一门课程需要花多长时间，什么时候进入管理实践，向内行学习。

制订计划，也包括对预算的检验督促。应经常检查某一短期目标是否如期实现，也可以通过记工作日志，将完成每件事花的时间记录下来。

有的人似乎一天到晚都很忙，并且常常加班。为何非得加班不可呢？那多半是由工作管理拙劣所致，避免加班的关键在于日程表的制订。

制订日程表，让自己的工作行程、同事的活动、上司的行动计划、公司的整体动向等事情一目了然。

最近一个时期，欧洲如希腊、西班牙、意大利等国家出现国家债务危机，就是因为这些国家没有对其金融收入和支出进行具体的规划，大量地进行消费，使支出和收入失去平衡，无法偿还到期的贷款，最终使这些国家的经济陷入濒临崩溃的危险境地。

做好规划可以避免工作的盲目性和随意性、片面性和主观性，可以科学地和有条不紊地去完成所要完成的工作，使工作目标、工作内容和工作方法都能在较理想的条件下有计划和有步骤地予以实现。

2. 规划的内容

现在以产品设计为例说明对设计内容的规划，对于做事，同样可以参照所述方法进行规划。

本书中的 7P 规划是在汲取前人经验的基础上提出的，较之目前沿用的设计规划更加全面和系统，按照 7P 规划的模型进行产品设计的规划，可以避免设计中的漏洞，避免设计过程中的主观性、盲目性、随意性、片面性等各种弊端，减少所研发的产品在使用过程中出现的问题。

1）工作目标的规划

工作目标应该是十分明确和具体的，本书对工作提出了六项要求，即 IQCTES。而目前在一般书中只提后面的五项要求：QCTES，忽略了正确的思想，就会迷失方向，也就是说所做的工作会缺少“灵魂”，一个企业或个人单纯考虑自己的利益，采取了一些虚假的做法，忽略了国家和人民的利益，这会给国家甚至是全人类带来严重的有害影响和不良后果。

只有对工作目标有全面的了解，才有可能消除工作的主观性、片面性、随意性和盲目性。

2）指导思想的规划

任何工作应该有正确的指导思想，没有正确的指导思想，就会迷失方向。例如，要按照科学发展观开展设计工作，要有自主创新设计的理念。因此，可以这样说，没有正确思想作指导的设计是一种没有灵魂的设计，没有灵魂的设计会使设计工作偏离大方向，甚至会给国家和人民造成重大的危害和损失。

3）工作环境的规划

在开展工作之前，应对所做工作的主观条件和客观环境做全面的了解。主观条件包括承担工作的集体和个人的技术能力和创造精神，以及所具有的研究基础等；客观环境包括自然环境、社会环境、技术环境、资金环境和市场环境等。如果对其中一个环节没有充分了解和掌握，也有可能对整个工作产生不利的影响，甚至有可能使工作遭受重挫或完全失败。

4）工作程序和步骤的规划

对整个过程进行合理的安排也是高质量完成任务的重要条件。本书介绍的基于系统工程的总体规划模型就是对工作过程所做的较全面的思考。因此，也可以说，对工作过程没有进行具体规划的工作是一种无计划的工作任务。

5）工作内容的规划

所做工作因其具体情况的不同而具有不同的内容。以产品设计为例，产品设计的内容因情况的不同而有其不同的内涵，目前以设计内容而命名的设计方法多达 20 余种，设计时根据所设计产品情况的不同，对设计的主要内容相应地做具体的规划和安排，这是保证所生产的产品实现安全、可靠、经济、有效运行的重要措施，也是争取市场的重要条件。因此，可以说，没有具体内容的设计是一种只有皮没有肉的空洞设计。

6）工作方法的规划

在工作过程中的工作方法和手段有多种，选择好这些方法并加以有效地利用，对保证所承担工作有效地完成具有十分重要的意义。例如，在产品设计中采用优化设计、智能化设计、虚拟设计、数字化设计、稳健设计都是理想的设计方法。因此，可以说，没有理想方法和正确手段指导的工作是一种低效的工作任务。

7）工作质量检验和评估的规划

在完成工作任务后，对其质量应进行检验和评估，通过检验可以发现工作中存在的问题，进而可对工作中的某些不足进行改正。因此，可以说，对工作情况不进行检验和评估的工作是一种效果未知的工作任务。

由此可见，所承担的工作总体规划模型的建立对于有效地完成工作至关重要。有了规划，就必须坚决地去执行这个规划，而且在执行规划时要坚持实事求是的原则，不能有虚假的行为。有些企业、机构、部门、个人由于采取了一些回避和虚假的做法，使问题越积越多、越来越严重，最终导致企业倒闭或破产，类似这类事件屡见不鲜。

3. 规划的方法

制订规划要在调查研究的基础上，根据规划的目标和内容来选择较理想的规划方法。

制订规划就是要把工作目标、指导思想、工作环境、工作程序、工作内容、工作方法和所做工作的检验和评估说清楚，讲明白。规划中要说明如何用正确的思想来指导工作，如何实现工作的目标和具体要求，如何在考虑环境的情况下完成所规定的工作内容，如何确定工作程序和选用理想的工作方法，如何突破工作的难点和重点，以及如何将创造性的思维和技巧应用于具体工作中，如何对所做工作进行检验和评估等。

在规划过程中应该采用哪些理想的、有效的方法？首先要用科学和哲学的思想作指导，运用系统工程的理论和方法来完成规划的制订。要处理好人-事物-环境之间的协调关系，这样才有可能使制订的规划便于正确和有效地实施，使工作少走弯路，并能使所实施的工作得以全面、稳定、协调和可持续地开展。

四、成功及高效做事要做好科学实施

1. 实施的目标

实施过程通常按照制订的规划具体地进行，要分别针对广义目标和技术目标及具体的工作要求完成相应的工作内容。在工作过程中还要采用理想的工作方法，将目标、内容和方法有机地结合起来，才能把工作做得更好，才能使工作取得良好的效果。

人们所做的工作通常有两种不同的类型：一是事；二是物。平时所做的一般工作即为第一种，产品的研究、开发及设计属于第二种。

对于事，其工作目标和要求可分为三个方面：一是功能目标或基本要求；二是性能目标和补充要求；三是特殊要求。例如，教师给学生讲一个章节的课程，其功能目标是要把这一章的知识传授给学生，这是教师主观上必须完成的工作。同时教师讲课要完成性能方面的要求：教师要有正确的指导思想，要达到所讲课程的质量标准，备课要付出相应的精力，要花费必需的时间，在课堂上不能向学生渲染不良的思想；为使学生掌握课程内容，教师还要进行辅导工作。此外，还可能有其他的一些特殊要求，对班里的个别特殊的学生进行辅导，以使全班同学都能很好地掌握教师讲课的内容。

对于物，其工作目标和要求包括三个方面：一是功能目标或功能要求；二是性能目标和性能要求；三是特殊要求。例如，企业生产一种产品，其功能目标是要让这种产品满足用户使用的要求。而对企业生产的产品的性能要求是:产品应该有良好的结构性能(产品的安全性、可靠性、工作耐久性、材质适用性、机构紧凑性、环境无害性、造型艺术性和设计经济性等)、使用性能(工效实用性、工作稳定性、指标优越性、设备动力性、状态测控性、故障可诊性、操控宜人性和使用经济性等)和制造性能(结构工艺性、设备规范性、容差合理性、装配合理性、生产时间性、装运可行性、报废回收性和制造经济性等)。此外,还可能有一些特殊性能要求,对该产品的特殊性能进行优化设计,以便使该产品有较高的性价比。

因此,对所做的事和物既要达到基本要求,即功能要求,把事情做成功,又要做得好,做得妙,要达到多、快、好、省的要求。这就是做事的主要目标和具体要求。

2. 实施的内容

前面已经说过,所做的事可分为两大类:一是事,如完成一个学术报告,证明一个定理,完成之后看不到实际的东西,这是无形的;二是物,如完成一种产品的制造,是有形的。下面分别加以说明。

1) 对所做的事

对于所做的事,在实施阶段要围绕所做事的主要目标和具体要求来进行,要安排好工作的各个环节,要完成好各个部分的工作。

以教师讲授某一章节的课程为例来说明所做的事的目的、内容和方法。教师讲课的目标,即六项要求(IQCTES),这是检验讲课好坏的标准。教师在讲课时,对这六项要求要具体贯彻,通过讲授的各种方法,如课堂讲授、课堂练习、课后作业、课程实验、课后答疑等,将课程内容传授给学生,来完成自己所承担的教学任务,力争使全班学生取得较好的学习效果。

2) 对生产的产品

产品设计的内容包括主辅功能设计、三大性能设计和特殊性能设计。主辅功能设计是指产品的初步设计或方案设计,这一阶段要完成几大系统的设计、几类参数的设计、几类机构的设计、几类结构的布置、机器的整体布局等。

三大性能设计是产品详细设计,包括结构性能、使用性能和制造性能的设计,要通过产品的动态优化设计、智能优化设计和可视优化设计等方法来完成。

本书提出的 m+n+X 实施阶段的基本公式,是对针对做事或产品设计的技术目标提出的。其中,m 为所做事的基本功能和辅助功能;n 为所做事的各种性能;而 X 为所做事的特殊性。这样的设计框架所包含的内容比较全面和系统,所做的事就不会出现太大的漏洞,也就是说可以使所做的工作克服片面性和主观性等种种弊端,进而可以提高工作质量。

人们在学习、工作或生活过程中,都可能有一些不良的或不理想的情况和事件发生,对于这些不良情况和事件,一旦让它发生或发展,就有可能造成不良的后果,甚至会酿成大祸，所以要坚决予以控制。

例如，学习和工作中常常会出现一些不良情况，这些情况一旦扩展，就会对学习和工作造成不良的甚至是严重的影响，因此必须采取紧急措施，限制其扩展或扩大。又如，一个人假如染上了一种不良的习惯，要想改掉十分困难，甚至会影响人的一生，所以必须限制和远离这些不良习惯；社会上也会出现恶性事件，这些事件一旦发生，就有可能造成严重损失，所以也必须及时予以控制。再如，疾病一旦发作，会给人体造成有害影响，也必须予以防止。总之，应该将这些要发生的不良事件消灭在萌芽状态，当这些事件还没有扩大和发展到严重程度时，即予以控制，这是做事的一种重要策略，必须充分重视。

3. 实施的方法

完成好一项工作所采取的方法十分重要，方法是多种多样的，要选择较为理想和有效的方法。

在科学技术高度发展的今天，前人已经为后人研究出许多有效的工作方法。

（1）现代哲学。现代哲学思想和方法是指导我们做好工作的一般方法，在工作过程中要努力地加以贯彻。例如，用实践论和矛盾论的思想指导我们的工作，用创造性的思维和技巧去实现创新。

（2）各种优化方法。例如，黄金分割法、运筹学方法、工程优化方法、数学规划优化方法、专家系统方法、数字化方法和试验方法等。

（3）现代成功学。本书所介绍的现代成功学是提高做事成功概率的一种有效的方法，只要努力去贯彻成功及高效做事的一些规则，就容易使所做的事取得成功，对做好工作会产生积极的效果。

在工作的实施阶段，要特别重视目的、内容和方法之间的关联性。

五、成功及高效做事要做好检验和评估

1. 检验和评估的目的

在完成各个阶段工作后，要对所完成的工作进行检验和评估。通过检验和评估可以发现工作中的成功经验及存在的问题，进而对下一阶段的工作进行必要的调整。

检验和评估工作首先要根据所制订的规划，针对工作目标和要求，去检查所做工作的全部内容和方法，检查所做工作的完成情况，从中发现问题，找出不足，还要挖掘优点，总结成功的经验。

检验和评估的根本目的是为下一阶段的工作提供经验，使工作少走弯路，以便

好、省、多、快地完成下一阶段的工作。

2. 检验和评估的内容

在完成某一项工作或某一产品设计工作后，对所做的事或产品设计进行检验和评估，通过检验和评估可以发现所做的事和产品设计中存在的问题，进而可对所做的工作或产品的设计进行必要的修改。因此，对工作情况进行检验和评估是一项具有重要实际意义的工作。

检验和评估的内容依据所做事的目标和要求而定。

1）对所做工作的目的、内容和方法进行检验和评估

分别对“事”和“物”加以叙述。

（1）对所做的事。对所做的事进行检验和评估，从所做的事的主要目标、具体要求及特殊要求三个方面进行检验和评估，还要对所做事的目标、内容和方法进行检验和评估。

（2）对所研制的产品。对所研制的产品进行检验和评估，除了要对所要实现的目标，包括主要目标、具体要求和特殊要求三个方面进行检验和评估外，还要对产品的技术目标和要求进行检验和评估，即所研制产品的主辅功能、三大性能及特殊性能等进行检验和评估。

2）对执行现代成功学中的一些规则进行检验和评估

为了进一步提高成功及高效做事的效果，对执行做事方法学的情况也应进行检验与评估，以便在以后的工作中更好地执行现代成功学的一些规则，以便把事情做得更好、更省、更快、更多。

3. 检验和评估的方法

检验和评估可以通过以下方法：理论方法、经验方法、试验方法、专家系统、用户信息反馈等来完成。

这里所说 5A 检验是在以往经验积累的基础上提出的，除了经验方法和理论方法之外，还有专家系统、试验方法及用户信息反馈等，这些检验和评估方法能帮助人们更好地完成对所做的事或产品设计工作进行全面的检验和评估，从中可以总结优点，找出缺点，使下一阶段的工作少走弯路。

1）理论方法

可采用价值工程法、系统分析法等对所完成的工作或工作方案进行检验和评估。

2）经验对比评分法

根据以往经验，对将完成的工作或工作方案所要达到的指标进行评分，与已完

成的任务进行对比,并予以评分。

3) 试验方法

对实物进行试验,检验其功能和性能是否已达到规定的质量要求,这项工作十分重要。有些企业对产品中的外购零部件都要进行严格的检查和试验,以免因这些零部件质量没有达到要求而使整个产品出现问题,这样做是完全正确的。

4) 专家系统的方法

建立相应的专家系统,对已完成的工作或工作方案进行检查和评估。专家系统必须建立相关问题的知识库和数据库,再利用信息技术对所研究的问题进行评价和检验。

5) 用户信息反馈的方法

这也是一种理想的方法。因为研制出的实物是供用户使用的,用户从使用过程中可以了解该产品功能和性能的好坏,即其品质的高低。

在检验和评估之后,假如该项任务尚未付诸实施或部分付诸实施,还可以对所做事的方案进行必要的修改。

某些单位和部门的领导常常对自己所做的工作十分自信,有时不能用客观规律来指导认识客观事物,当他们的工作出现问题和造成严重损失时,才真正从内心领悟到按照客观规律办事的重要性。

不久的将来,由于科学技术的发展,会促使人们在四个阶段的工作中通过智能化的专家系统予以具体执行和管理:如智能化调研专家系统、智能化规划专家系统、智能化科学实施专家系统、智能化检验专家系统等,同时在每一阶段的工作中,都能发现工作过程中存在的问题,并能采取有效措施解决出现的问题,使各方面的工作得以正常和有效地进行。

上述系统化的工作程序和步骤可以帮助人们做事少出错误和问题,使所做工作有条不紊地展开。表 6.2 列出了正负两方面的结果。

表 6.2　执行或不执行 7D 总体规划的正负面效应

序号	1	2	3	4	5	6	7
规划内容	工作目标	工作思想	工作环境	工作过程	工作内容	工作方法	工作质量检验和评估
正面效应正能量	全面性、规范性、正确性	协调性、客观性	计划性、规范性	目的性	具体性	科学性、有效性	结果清晰性
负面效应负能量	盲目性	片面性、盲目性	主观性	随意性、缺乏计划性	内容空洞、抽象	缺乏科学性、失效性	模糊性
可能出现的问题	①功能和性能达不到要求;②返工、误工、延期;③产品出厂后出现问题;④产品经济性差,造成不必要的浪费						

第七章　成功及高效做事要有科学的方法

科学方法论是一把开启成功之门的钥匙。

要想把事情做好，要广泛采用先进的科学技术成就。

创新，创新，再创新。

一、引　　言

本章讨论工作过程中应该采用的科学技术成就和方法。

不论是集体还是个人，要提高做事的成功概率和效益，就应该严格按照十二对规则去做。在十二对规则中的三原则，即目的、内容和方法。处于知识经济时代或知识网络时代的今天，科学技术的发展、社会的进步，在很大程度上依赖于科学技术，因此用先进的科学技术来指导做事，具有特殊重要的意义。

做事要最大限度地采用已取得的先进的科学成就和科学方法。

有许多现代科学技术的成就在工作中可以加以利用，如科学的哲学思想和方法、系统论和系统工程的理论和方法、信息技术和方法、各种优化的理论和方法、创新的原理和方法、预测学的理论和方法等都是成功做事的重要方法。工作中要根据事情的特点和性质来选择这些方法。

1. 科学的哲学思想和方法

科学发展观是科学的哲学思想的组成部分，按照科学发展观的思想去做事，可以使工作得以全面、稳定、协调和可持续地开展。

2. 逻辑学

学习和掌握逻辑学的原理和方法，要遵照各类规则：现象和本质、原因和结果、内涵和外延、归纳和演绎、分类和比较等开展思维活动；要采用比较推理等推理形式对事物进行推断；要掌握对事物外部表现形式，通过分析、推断、论证、总结、决策等程序来处理各类事物。

3. 现代心理学

现代心理学是研究人的各种心理状态，使之与内部和外部影响因素保持协调与和谐,要在学习、工作和生活过程中克服各种心理障碍,以保证工作的正常开展,要充分发挥人性的优点、克服人性的弱点,使各项工作得以顺利开展。

4. 系统论和系统工程的思想和方法

系统论和系统工程的思想和方法[45]指导我们做事要全面地和系统地考虑问题。很多人做事十分重视各个细节,重视具体问题,但不能从全局角度去看问题,这样就有可能在做事时顾此失彼,使工作出现漏洞。

5. 现代信息技术

20世纪七八十年代,人类已进入信息时代,信息时代的最大特点是广泛采用信息技术,即计算机技术、网络技术、智能化技术[47]和数字化技术[46]等。

6. 各种优化理论和方法

人们做任何工作,包括日常的学习和工作,常常要对各种工作方法、方式、方案进行选择,找出较为理想的方法、方式和方案,采用优化的技术和方法。优化的理论和方法有工程优化和数学规划优化[48]、数字化技术,后者实际上是一种数字化方法。

7. 试验方法

实践是检验真理的唯一标准。通过试验来证明理论研究的正确性或找出一个理论的方案,是人们经常采用的一种方法。

8. 创新思维及创新原理和方法

创新是一个国家的灵魂,一个民族的灵魂,一个集体的灵魂,一个人的灵魂。一个国家和一个民族要发展,必须依靠创新;一个集体要发展,必须依靠创新;一个人要取得成功,也要依靠创新。做好创新就要了解和掌握创新的原理和方法[49~51]。没有创新思维的人,是不会取得很大的成功的。

9. 预测学的理论及其应用

预测学是基于科学哲学、逻辑学、信息科学和技术等,对即将发生的事情进行分析、推理和判断的一门新兴的、具有宽广发展前景的科学。

要做事,并要成功及高效做事,预测事态的发展十分重要,预测出一件事的发展趋势和结果,预测做事的成功概率,再按照理想的步骤和方法去做,就容易把事情做成功。

表 7.1 列出了目前得到广泛应用的先进科学理论和技术。

表 7.1　成功及高效做事应该广泛应用现代科学技术成就

序号	科学技术名称	主要内容
1	现代哲学	现代哲学的思想和方法，包括科学发展观
2	逻辑学	学习和掌握思维规则及推理方式
3	现代心理学	充分发挥人的潜能，充分发挥人性的优点，消除弱点
4	系统论和系统工程学	系统化的理论和方法，系统的优化技术
5	现代信息技术	计算机技术、网络技术、智能化技术、数字化技术
6	优化理论和方法	黄金分割、统筹学、工程优化和数学规划优化、专家系统
7	试验方法	通过试验证明理论研究的正确性或找出最理想的方案
8	创新的原理和方法	创新思维、创新原理和创新技法
9	预测学的理论和方法	未来学、预测的理论和方法、预测专家系统

二、现代科学哲学思想和方法

现代科学哲学的思想和方法有两个主要的特点：一是实践性，要从实际情况出发来考虑问题；二是要了解事物发展的内在规律，以此为基础，去解决需要解决的各种问题。

哲学思想是指导一切实践活动的指针，要用现代哲学的思想和方法来指导各种工作。做事首先要重视实践；做事要想取得成功，还要遵循事物发展的内在规律。掌握了事物发展的内在规律，各种问题就容易得到解决。

毛泽东同志的实践论和矛盾论详细地叙述了哲学思想和方法，为我们运用哲学思想和方法指明了方向。关键是做事者如何巧妙地运用这些方法。

科学发展观隶属于现代科学哲学的范畴，可以用来指导各项工作。

科学发展观有以下特点。

(1) 以人为本：在各项工作中，都要贯彻以人为本的指导思想，要充分考虑所做的事是为人所需，为人所用的。要从人民和国家的利益，甚至全人类的利益出发来考虑问题。

(2) 全面性与系统性：全面、客观地按照系统工程的观点和方法，去处理事物各方面的关系。

(3) 实践性与科学性：尊重自然、经济和社会的客观规律，坚持实践是检验真理的唯一标准。

(4) 继承性与创新性：在继承已有科学成就的基础上，开展创新研究，要用创造性的理念和创造性的技巧来完成工作。

(5) 协调性与稳定性:使所承担的工作与自然和社会保持协调与和谐,避免对环境产生有害的影响。近年来在产品设计中兴起的“绿色设计”、“和谐设计”等设计理念皆源于此。

(6) 可持续性与长期性:可持续性与长期性不仅是指所做的事和生产的产品的使用寿命的长短,还包括所做事的长远发展及其更新换代,以及重视其质量的进一步提高,使其具有强大的生命力。

遵照科学发展观的思想和方法去做事,就容易把事情做成功,并会获取最高效益。

三、逻辑学的原理和方法

逻辑学是研究人的思维活动的学问,因此为了更好地开展思维活动,应该努力学习逻辑性学原理和方法。

思维的规则包括现象和本质、原因和结果、内涵和外延、归纳和演绎、分类和比较、分析和综合、个别和一般、共性和特性、继承和创造等,在一般情况下,应该按照上述规则开展思维活动。

正常工作过程中常常要对事物的发展进行预测和判别,对事物发展的推理有比较推理、归纳推理和演绎推理三种形式,根据具体情况可以采用不同的推理形式。例如,在对设备故障进行预测和识别过程中,比较推理是一种较为简单和方便的推理形式,目前已经在设备故障诊断工作中得到应用。

在事物的发生和发展过程中进行处理和提出决策时,常常采用以下程序:了解和掌握事物的外部表现形式作其特征;通过分析、推断、论证得出相应的结论;进而进行决策等程序。

四、现代心理学原理

现代心理学是研究人的各种心理状态,使其对事物内部和外部环境等影响因素保持长期的协调与和谐。

因此,要在学习、工作和生活中克服各种心理障碍,以保证工作正常开展。

在各项活动中,要充分发挥人性的各种优点、克服人性的弱点,使各项工作正常开展。

据初步统计,在一般人群中有5%左右的人患有不同程度的心理疾病,不正常的心理状态常常会影响人们的学习、工作和生活,通过对不正常心理状态的治疗,使患有不同程度心理疾病的人向健康的心理状态转化,以保证所承担工作的顺利完成,使人们的生活和学习更加舒畅、更加有效。

五、系统论和系统工程的理论和方法

系统论和系统工程的理论和方法在成功及高效做事过程中会起到十分重要的作用,帮助人们全面和系统地去看问题,使人们对问题的看法不会出现主观性、片面性、盲目性和随意性,采用系统分析和系统设计的方法,科学合理地处理问题,可以取得最好的效果。

系统做事的基本框架包括做事的三要素及内部因素和外部因素,要取得成功,首先要对所做事提出明确的目标和具体的要求,了解所做事的详细情况,其功能和性能等特点,了解对所做事应采取的有效方法,既要从主观因素下功夫,充分发挥其主观能动性和积极性,还要让客观因素产生积极和有利的影响。做事者应具备正确的思想和必需的业务能力及求实的态度,对所做事要制订出具体规划,并按制订的规划坚决地予以科学实施。

成功及高效做事还必须详细了解所做事的具体情况及其内部特点及外部环境,并对所做事进行详细分析,再通过系统分析和系统设计,拟订出完成此项工作应采取哪些有效的措施和方法及应采取的合理步骤。做任何事都要有一定的规则、一定的具体措施和方法,系统工程学研究的就是针对具体工作的特点拟订最理想的步骤和方法,再按照这些步骤和方法去完成工作。成功及高效做事,单纯地凭借工作经验是不够的,假如不采用科学的方法和先进的技术,将会大大降低做事成功的概率及工作效率。

系统论和系统工程的理论和方法是提高做事成功概率及工作效率的有力武器和有效手段。

六、计算机技术、网络技术、智能化技术和数字化技术

信息技术是信息的获取、处理、传输、存储等相关技术,其中包括计算机技术、网络技术、光导纤维技术、集成电路技术和传感技术。这些领域的创造发明所形成的产业在20世纪下半期得到了飞速的发展,它将人类社会引入信息时代。以光导纤维的发明为例,这一技术的发明促进了网络通信技术及其相关产业的发展,其发明者获得2009年诺贝尔物理学奖,特别是在近十多年里,网络通信的发展速度十分惊人,给人们的日常通信创造了十分便利的条件,其相关产业也得到快速的发展。

在我们的工作中,最常用到的是计算机技术、网络技术、智能化技术和数字化技术。

1. 计算机技术

信息技术中,与人们的工作和生活关系最为密切的当属计算机技术,目前计算

机技术已渗透到人们的生活和工作中，以及政治、经济、文化等各个领域，机关办公、市场营销、写作出版、信息传递等，没有计算机的配合，人们几乎无法工作和生活。一个人要想成功，不去利用这一先进技术，怎么能很好地完成既定的工作任务和提高工作效率呢？

目前人类已经由许多人拥有一台计算机过渡过到一个人拥有多台计算机，由固定计算机向移动计算机——笔记本电脑和智能手机方向转变。

2. 网络技术

人类社会已经进入知识网络时代，网络技术在社会生活和经济发展中发挥着十分重要的作用。例如，利用网络来传递信息，利用网络来查找信息，利用网络进行调研，利用网络购物，利用网络进行管理，利用网络进行宣传等。总之，利用网络技术既方便人们的学习、工作和生活，又能创造效益。网络技术对于人类生活和工作是一个十分有效的工具和手段，人们常常会听到这样一句名言："工欲善其事，必先利其器。"现在在生活中有了这种有效的工具和手段，不去利用并让其发挥作用，这是不明智的，善于学习和工作的人能充分利用科学技术成就，让其造福社会，造福人类。

3. 智能化技术

智能化是现代产品发展的主导方向，智能化技术不仅提高了产品自动化的水平，也提高了产品的性能和质量，使产品能在最理想的状态下工作。

目前智能化技术得到飞速的发展。除了智能机械，如智能机器人、智能飞行器——无人机和智能水下航行器之外，还出现了智能农业、智能电网、智能交通、智能建筑、智能家居、智能监视、智能物流、智能城市等，今后人类社会将逐渐地步入智能社会和智能世界。

人工智能技术以信息技术为主体，以电子计算机为载体，实质上是集现代微电子技术、电子计算机技术、精密机器加工技术和传感技术等科学理论于一身的高智能、高自动化技术。这一开拓性的技术在当今高技术领域占有十分重要的地位，被称为当今世界三大尖端科学之一。人工智能技术运用于军事领域后，一直沿着"军事专家系统"和"军用机器人"两个方向协调发展。

人工智能科学和智能机器人技术在军事领域具有广泛的可应用性，而且越来越受到各国军事部门的重视和青睐。目前，这门发展势头强劲的学科在军事领域里占有极为重要的一席之地，已成为军事现代化的重要标志之一。可以预见，随着时间的推移，军事高技术发展的智能化趋势将越来越明显，对 21 世纪的武器装备、作战样式乃至战略战术都将产生重大而深刻的影响。

下面来介绍专家系统（expert system，ES）。

专家系统是20世纪末开始研究并发展起来的一种新的具有重大实际应用价值的技术，它能给企业部门带来重大的经济效益。

专家系统属于人工智能的一个发展分支，自1968年费根鲍姆等研制成功第一个专家系统DENDEL以来，专家系统获得了飞速的发展，并且运用于医疗、军事、地质勘探、教学、化工等领域，产生了巨大的经济效益和社会效益。现在，专家系统已成为人工智能领域中最活跃、最受重视的部分。

专家系统一般有六个组成部分：知识库、数据库、推理机、解释程序、知识获取及人机接口。

就目前科学技术的发展情况看，智能化专家系统将会在以后处理国家、地区、各类企业事务过程中代替目前以内行人组成的智囊团而得到应用，并发挥其重要的作用。例如，应用于制订各种规划(即顶层设计)；指导各项重要工作任务的科学实施；预测和预防各种风险；实施宏观调控。

专家系统还可以应用于各个部门，如用于预测、设计、规划、诊断、控制、决策和咨询等各种工作，并能取得显著的经济效益和社会效益。

4. 数字化技术

采用数字化方法可以使所执行的工作严格地按照设计规划有条不紊地进行，不会使工作出现意外的错误；还可以使所做工作具有更高的精确性，获得更高的工作质量，从而取得更好的工作效果。例如，电视机采用数字化技术以后，其清晰度大大提高；在机床上采用数字控制的加工技术，不会出现意外的加工错误。

目前，装备制造业向数字化方向发展，包括产品设计、产品装配、性能分析以及原理样机功能模拟及数字化制造等，特别是工业4.0的出现，将装备制造业提升到全面的数字化水平。在这个大背景下，数字化技术成为必须掌握的先进技术手段。

计算机技术、网络技术、智能化技术和数字化技术可以使所做的工作实现多、快、好、省，因此可以大大提高做事的工作效率，节省出很多时间，使人们在有限时间内做更多的工作。

近年来，大数据技术在获取信息和预测事态发生及发展过程中得到了应用。

大数据是指无法在容许的时间内用常规的软件工具对其内容进行抓取、管理和处理的数据集合，大数据规模的标准是持续变化的，当前泛指单一数据集的大小在几十TB和PB之间(KB/MB/GB/TB/PB/EB/ZB/YB/BB/NB/DB，依次乘以$2^{10}=1024$递增)。

目前大数据技术已得到广泛的应用，如在宏观经济分析中的应用、在制造业中的应用、在农业中的应用、在商业中的应用、在网络广告业中的应用、在金融业中的应用、在交通管理中的应用、在旅游业中的应用、在医疗保健业中的应用、在治安管理中的应用、在科学研究中的应用、在智能搜索中的应用和在产品设计中的应用等。大数据技术可以提供各方面的服务，如提供大众热点搜索服务、提供语音识别及合成服务、提供人脸识别服务、提供机器翻译服务、提供舆论与情报服务、提供交通服务和提供人员培训服务等。

大数据技术有很高的经济价值，世界经济论坛2013年发布报告认定大数据技术是一种新财富，其价值相当于石油。大数据将为全球带来440万个IT岗位。大数据技术是下一个创新、竞争、生产力提高的前沿，数据就是一种生产资料。

一个人要想成功，其中时间是十分重要的因素，有了时间，就可以多做事，取得更多的成果。成功是成果的积累和集合。因此，要充分地利用先进的计算机技术、网络技术、数字化技术和智能化技术，使之更好地为我们的工作服务，提高我们所从事工作的成功概率和工作效益。

用网络技术、数字化技术或智能化技术创建新的产业并获取巨大利润的案例在社会上已大量出现，百度、谷歌、阿里巴巴、华为、海尔、苹果、微软等都是通过对网络技术、数字化技术或智能化技术等的利用而扬名国内外的。

七、优化理论和方法

在做事过程中，常常要应用优化的理论和方法，最常用的方法有以下几种。

1. 优选法

20世纪60年代，数学家华罗庚在一些企业积极地推广0.618法，取得了重大的经济效益和社会效益。

0.618法（黄金分割法）是优选法之一，它是在一条描述工程实际问题的有峰值的曲线上，找到最大值的最节省时间的方法，用0.618进行分割，只要做16次试验就可以找出最大值所在的位置，而如果不采用黄金分割，就要浪费很多时间。优选法是一种节省时间的有效的工作方法。

2. 统筹学方法

20世纪六七十年代，数学家华罗庚同样在一些企业中积极地推广统筹学方法，将运筹学拓展为统筹学，也取得了重大的经济效益和社会效益。

运筹学是研究从某地出发将货物运送到另外一个地方，去求解一条经济有效的运输路线的方法。选择可能的若干条运输路线，通过数学分析和计算得出最理想的一条运输路线。可以说统筹学是研究用最节省时间的工作程序来完成一件事最有效的方法。

下面举出一个运筹学的实例。有一次参加一个学术会议，从住宿的宾馆步行到会议中心开会，第一次按照会务组指定路线走，花费了20分钟时间。后来有人告诉一条近道，结果只花费了 10 分钟的时间，这就是运筹学研究的问题。一天走四次，第一次已经没有办法挽回了，但第 2～4 次走的是近道，结果节省了 30 分钟的时间。

3. 工程优化法

工程优化法已经广泛应用于工程技术部门，并取得了良好的效果。在工程技术部门中几种技术方案的选择是经常碰到和必须解决的问题，这些问题通常很难用数学规划优化法予以解决。

工程优化法有类比优化法（直接类比、象征类比、似人类比、幻想类比、对称类比和综合类比等）、直觉优化法（智暴法、635 法、列举法等）、目标树法和列表评分法等。这些工程优化法要根据所要研究问题的特点予以选择。

在实际工作中，人们常常自觉地或不自觉地对所做的事进行优化。例如，经常送顾客到沈阳北站的一位出租车司机，他第一次到车站走的是一条大家通常走的路，从东北大学到沈阳北站一般需要 30 分钟，后来他通过经验的积累，找到了一条理想的路，从东北大学到沈阳北站只需要 15～20 分钟，不仅节省了时间，还节省了燃油，既提高了工作效率，又提高了做事的效益。所以，只要大家把优化工作放在脑子里，都可以提高做事的效率和效益。

4. 数学规划优化法

数学规划优化法也称最优化方法，首先对工程问题通过数学方法建立起能反映工程问题基本特点的数学模型，这个模型应该包括三个要素：设计变量、目标函数和约束函数，然后用数学方法求出对应于目标函数和约束条件的设计变量的最优解。

目前该方法在工程设计中得到了十分广泛的应用，创造了十分重大的经济效益和社会效益。

八、试验方法

实践是检验真理的标准。通过试验可以验证理论研究的正确性和确定几个方案中的最优方案和次优方案，这里首先要确定评定所要选择方案的准则。

通过试验可以确定所做事是否正确，通过试验可以确定最理想的方案和采取的措施，通过试验可以对所采取的措施进行优化，试验是检验所选方案和措施是否最优的试金石。

科学研究等工作都离不开试验，只有通过试验才能得出正确的结论。但是试验常常需要花费大量的费用和精力。而通过和仿真配合，可以大量减少试验的费用。

仅依靠仿真来证明所做事是否正确并不合适。仿真只能在适当时候为试验提供必要的补充,减少试验的费用。有些研究生想通过仿真来证明所研究结果的正确性,这违背了实践是检验真理标准的基本原则,因而是不正确的。

试验可以直接发现某一方案的优点和缺点,并根据实际数据进行对比,确定较为理想的方案。

试验可以发现新的现象和新的问题,在这种情况下开展进一步的研究,有时会得出一些重要的结论。

许多企业从外面购入零部件,这些零部件能否满足实际工作的要求,也需要通过试验进行检验。

九、创新思维与创新的原理和方法

无论学习还是工作,都是由“不知”到“知”,由问题没有解决到圆满解决的过程。这个过程是不断思考和理解、不断解决各种各样的矛盾的过程。创新除了首先有创新的思维,还要有创新的原理和各种创新的方法。按照这些原理和方法去做,就容易取得成功。我们应该汲取这些现代科学的成就来进行学习和工作,开展各种创新活动。

1. 创新思维的种类

1) 逻辑思维与非逻辑思维

逻辑思维是按已知概念、定义和规定,通过对思考对象进行分析比较、判断、归纳和总结等,来认识事物、推断事物的思维模式。逻辑思维的特点是有序性、递推性,是一种严密的思维方式。逻辑思维包括定向思维、抽象思维等。

非逻辑思维是逻辑思维以外的各种思维。它的最大特点是思维的随意性和跳跃性,它不受任何“秩序”的约束,表现出极大的灵活性。例如,当考虑如何能在不采用倾倒的方式将水杯中的水弄出来时,用非逻辑思维可想到许多办法,如用吸管、煮沸蒸发等。

非逻辑思维包括逆向思维、侧向思维、形象思维、发散思维、联想思维、灵感思维等。

2) 定向思维、逆向思维和侧向思维

定向思维基本上属于逻辑思维一类,其思维过程总是通过寻找合乎逻辑的、成熟或常规的方法或途径,循序渐进地推断和认识事物。这种思维方式慎重、稳妥,但往往因思路狭窄、保守而缺乏新意。然而,由于其思维方向明确,且按稳扎稳打、步步为营的策略思索,这种思维模式能使创造性活动沿着最稳妥的方向发展。

例如,化学家门捷列夫在为化学元素排序时曾发现一些元素的原子量呈有规律变化,于是他大胆预言:“元素不能无序。”“其序是由原子量大小确定的。”“在跳跃的化学元素中间,一定还有未被发现的新元素。”1875 年法国科学家列科克发现了新元素“镓”,1885 年德国科学家温克勒又发现了“锗”,这是由于门捷列夫的定向思维方式和创造性理论,使后人发现了新元素。

逆向思维是一种反逻辑和反常规的思维方式,其思维常摆脱正常的思考途径,以背逆正常思索途径来寻找解决问题的方法。逆向思维的要点是“不择手段”。因此,这种思维方式没有束缚,视野开阔,具有难以形容的创造性技巧。

例如,传统的破冰船必须用巨大的动力将船头抬起,用笨重的船身将冰压破,破冰前进的速度慢,能耗大。苏联科学家运用逆向思维方法将船头潜入冰下,靠浮力将冰顶破,从而设计出一种体积小、质量轻、破冰速度快的新型破冰船。

侧向思维又称旁通思维,是一种类似逆向思维的方式。当正向思维无效时,侧向思维与逆向思维一样,都是摆脱直接指向目标的思考路径,另辟蹊径。侧向思维将问题转换为另一个等价的问题,通过对等价问题的求解而使问题得到解决。

3)形象思维与抽象思维

形象思维也称具体思维,这种思维形式表现为对事物表面特征的记忆,对感知过的形象进行加工、改造,通过联想、想象,从而创造出新形象的过程。想象是形象思维的一种基本方法。想象不仅能构想出未曾知觉过的事物的形象,还能创造出未曾存在的事物的形象。因此,想象是任何创新不可缺少的基本要素。爱因斯坦说过:“想象力比知识更重要,因为知识是有限的,而想象力概括着世界上的一切,它推动着进步,并且是知识进步的源泉。”

抽象思维是一种逻辑思维,它是凭借概念、判断、推理来概括事物的本质,提示各事物间的联系与差距,从而推断出事物具有新概念的思维模式。

形象思维和抽象思维是创新活动密不可分的两个方面,它们彼此相互联系,又相互渗透,人们通过想象提出尽可能多的设想,通过判断、推理从中找出最理想的结果。

4)发散思维与收敛思维

发散思维又称扩散思维、开放思维等。思维的特点是转移和跳跃。思维时常以要解决的问题为中心,运用横向、纵向、逆向、分合、颠倒、质疑、对称等思维方法,找出尽可能多的答案。例如,现在人们用的拉链,最早是发明者打算用来代替鞋带的,后来人们将它用在钱包和衣物上。

收敛思维又称集中思维、求同思维,它是寻求某种确定答案的思维形式。收敛思维以研究对象为中心,将众多思路中获取的信息,利用已有的经验和知识,将其逐步引导到条理化的逻辑序列中,以便最终得出一个合乎逻辑的结论。因此,收敛思维是选择设计方案最常采用的思维方式。

5）直觉思维与灵感思维

直觉思维是在无意识状态下，从整体上迅速发现事物本质属性的一种思维方式。例如，人们在读文章时常会觉察到某一句子不通顺，但这一感受并不是通过语法分析得出的。要问为什么会有这种感受，人们一时也难以说清楚其中的道理，这就是人们所说的直觉。直觉思维不是分析性的，而是大脑对客观事物及其关系的一种直接、迅速的识别和猜想。

在科学创造性活动中，逻辑思维是一种最基本的思维形式，但当有的理论不能解释新发现的事实时，直觉思维便成了创造性活动的主角。平时所说的“顿悟”就能很好地概括这种思维的特点。

灵感是直觉在创造性活动中达到高潮时产生出的一种特殊的体验。人们常说的“灵机一动，计上心来”就是对这种体验的生动描述。灵感是创造性活动中不可缺少的一部分，由灵感引发的创新产品更是不胜枚举。长期的艰苦劳动和执著追求是灵感产生的基础。爱迪生说过，发明是1%的灵感和99%的汗水。或者可以这样说，没有99%的汗水，就没有1%的灵感。

2. 创新的原理

创新有其基本原理和理想方法，这些原理和方法体现了创新过程中的一些内在规律和创新的基本法则。按照这些规律和法则去从事创新活动，就容易取得成功，容易取得好的成绩。

创新的具体方法，称为创新技法。创新技法有几百种之多，最常用的也有几十种。研究发现，任何一种创新技法均源于一定的创造原理。也就是说，任何一种创造技法的产生均有一定的创造理论基础。因此，创新原理是指导人们开展创新实践活动的重要理论基础。

许多人会抱怨自己能力不够，干不了大事，实则不然。心理学家研究发现，人们所使用的能力只是自身具备能力的2%～5%，人们可挖掘的潜力是巨大的，而打破常规的创造性思维无疑是打开这扇大门的一把金钥匙。

宋代司马光砸缸的故事可谓家喻户晓，不过人们更多的是赞赏他的机智，却忽略了他打破常规的思维方式。设想，倘若司马光陷入常规思想的枷锁，落难的孩子极有可能被淹死。在凭一己之力难以解决问题时，唯有打破常规，才有可能化险为夷，扭转乾坤。

创新原理有以下几种。

1）组合原理

组合的现象十分普遍，经过组合可以产生出新的东西。集成创新就是通过一种组合创造出新的东西，如组合家具、组合机床、组合音响等。

组合的类型有同类组合、异类组合、附加组合、重组组合和综合组合等。

像大家所熟知的彩色电视机的发明，是把已成熟的400多项技术，经过科学的组合，使得电视机从黑色到彩色产生了一个质的飞跃；将几片透镜组合在一起可组成望远镜、显微镜；将碳原子以不同晶格形式进行组合可形成金刚石墨；“阿波罗”登月计划的负责人说，“阿波罗”宇宙飞船没有任何一项技术是新突破的技术，都是现有技术精确无误组合的结果。

2）还原原理

还原原理是研究已有事物的创造起点，并追根溯源深入到它的创造原点，从原点上解决问题，或从创造原点出发另辟新路，用新思想、新技术重新创造该事物。

洗衣机的创造原理属于还原原理。它的创造是还原到洗衣这一问题的创造原点——将污物从衣物上洗掉，于是人们想到了表面活性剂，制成了洗衣粉，将衣物置于水中，加入洗衣粉，再对衣物进行搅动，就能将衣物上的污物洗去。

3）逆反原理

创造的逆反原理是从事物构成要素中对立的另一面去分析，将思考问题的思路反转过来，有意识地从相反的视角去观察事物，用完全颠倒的顺序和方法来处理问题的一种原理。

电梯就是根据逆反原理创造出来的一种设备。人在楼梯上行走是天经地义的事。有人提出“人不动，楼梯走”肯定被认为天方夜谭。然而，人们正是沿着这种逆反方向去探索，终于设计出了自动扶梯。

4）变性原理

变性原理是对非对称的属性如形状、尺寸、结构、材料等进行变化而导致发明创新的原理。

例如，容器上刻度是沿容器高度方向水平刻制的，倾倒时难以掌握容器中倒出的液体量，如果将刻度改成以倾泻口作射线方向刻制，上述问题就得到解决。

5）移植原理

移植原理就是把已知对象中的概念、原理、结构、方法等内容运用或迁移到另一个待研究的对象中。移植在大多数情况下是在类比分析前提下完成的，通过类比，找出事物的关键属性，从而研究怎样把关键属性应用于待研究的对象中，以达到移植的目的。移植过程中联想思维起着十分重要的作用。

本书作者的科研团队把惯性共振理论移植到概率筛分机上，创造出了具有新结构、新功能与新特征的惯性共振式概率筛，取得了显著的经济效益和社会效益，获国际金奖和国家发明奖。把概率筛分原理移植到厚层振动筛上，创造出了既具有概率筛的优良性能，又具有等厚筛优点的概率等厚筛，用于铁道部门的道砟清理作业中，提高了筛机产量和筛分效率。

6）迂回原理

迂回原理就是在创造活动遇到一些困难问题时，暂时停止对该问题的研究，而转入对下一步的思考,或从事另外的活动,或试着改变一下观点,或研究问题的另一个侧面,让思考带着未解决的问题前进。这时,当其他问题得到解决时,该问题就迎刃而解了,这就是迂回原理。

毛泽东同志指挥的“四渡赤水”战役是中国近代军事史上以弱胜强的伟大创举。在“四渡赤水”战役中,红军通过不断地迂回穿插前进,寻找战机,终于冲破人数超过红军数十倍、武器装备大大优于红军的多路国民党军队的合围,最终打败了敌人。

7) 群体原理

群体原理是利用群体的智慧和力量创造发明新的东西。俗语说:“三个臭皮匠,顶个诸葛亮。”意思是说群体可以形成智慧,可以形成创造力。

科学技术的发展,必须依靠群体的力量才能完成。美国在 1942 年研制原子弹曾动员了 15 万人,1960 年完成登月计划则动员了 42 万科技人员、两万家公司和 120 所大学,所以这些高水平的创造发明都是庞大的知识群体共同努力的结果。我国研制成功的“两弹一星”、中国载人航天的“神舟飞船”和(天宫一号)空间飞行器、水下蛟龙、辽宁号航母、舰载机、大飞机等,都是依靠和发挥各行各业的专家、科技工作者、管理人员、工作人员等群体的力量完成的。

8) 完满原理

完满原理又称完全充分利用原理,凡是理论上未被充分利用的,都可以成为创造的目标。创造学中的“缺点列举法”、“完美探求法”都是在力求完满的基础上产生出来的。

英国科克科雷尔在造船实践中发现,船体外表面与水之间的摩擦阻力以及船运动时的波浪阻力,大大降低了船舶性能。针对这一缺点,它不断研究、改进,终于设计出了在船与水面之间能形成一层薄薄空气垫的气垫船。这艘气垫船在 1959 年 6 月 11 日顺利横渡了英吉利海峡。

人们的愿望永远不可能完全得到满足,一种满足之后还会提出更高的要求,这种不满足是推动人们不断去进行发明创造的重要动力。

3. 创新的方法

创新的方法有多种,具体如下。

1) 智暴法

智暴法的中心思想是:激发每个人的直觉、灵感和想象力,让大家在和睦、融洽的气氛中自由思考。不论什么想法都可以原原本本地讲出来,不必顾虑这个想法是否“荒唐可笑”。为此,组织者对与会者提出四条原则规定。

(1) 不许对他人意见进行反驳。

(2) 欢迎自由奔放地思考,鼓励海阔天空地议论。

(3) 提出的设想越多越好。

(4) 允许综合地改正他人的设想。

这样可以激励大家努力思考，并可通过相互补充和启发，又增加了联想的机会，使创造性思维在与会者中产生共振和连锁反应，由此诱发出更多的创新设想。

例如，美国北部冬季气候严寒，大跨度的输电线常被线上的积雪压断造成事故。为避免这类事故发生，电力公司决定用智暴法来解决这个问题。有人提出设计一种电线扫雪机，有人提出用电来扫雪，有人提出用直升机来扫雪，会上发言十分活跃。后来综合大家的意见，设计出一种特殊的小型直升机来扫雪。

2) 类比法

类比法是运用移植创造原理进行联想比较、模拟仿效的创造方法。采用类比可以拓展人的思维，跳出定式的束缚，从而可以获得更多的创造性设想。古往今来的许多发明创造都源于人脑的类比联想。移植是指将某种产品的原理、方法、结构、材料、用途等内容运用到另一种产品中去，利用仿效移植再创造过程，可能提出比原理更好的设计方案。

类比法的类型有直接类比、象征类比、幻想类比和因果类比等。

3) 形态分析法

形态分析法又称形态方格法、棋盘格法或形态综合法。其出发点是：创新并不是一定要求创造出一种完全新的东西，也可以是旧东西的新组合。这种方法以建立形态学矩阵为基础，通过对创造对象进行因素分析，找出因素可能的全部形态，即技术手段，再根据形态学矩阵进行方案综合，从得到方案的多种可能解中筛出最佳方案。

4) 输入输出法

输入输出分析法又称“黑匣”或“黑箱”分析法。在没有获得方案的具体内容前，把方案用一个抽象的黑匣来描述，黑匣的一侧是设计方案的输入条件，即输入内容；另一侧是方案要达到的目的，即输出内容；黑匣的上、下方是外界因素对方案形成的影响和对方案的约束条件。设计者从输入内容和输出结果两个方面，在有约束的条件下对可能产生的结果和可采用的手段进行广泛的自由联想，通过思维的发散和收敛（评价）过程，对黑匣内部的未知内容进行探索，逐步深入。当多个可行性思维方向能借助目标和手段逻辑关系相互联系起来时，新的方案构思雏形就形成了。

5) 设问探求法

设问探求法是针对创造目标从各个方面提出一系列有关的问题，设计者针对提问进行分析和思考，通过思维的发散和收敛逐一找到问题的理想答案。由于泛泛地思考往往提不出设想，提问却能促进深入浅出地思考。有目的地诱导性提问，可以使人浮想联翩，产生新意。富有创意的提问本身就是一种创造，好的提问往往就意味着问题已经解决了一半。

设问探求法是由很多创造原理构成的，它的种类很多，最有代表性的是美国创造学家奥斯本的“检核表法”。

例如，要研制一种机器用来切割水泥板，首先要提出这样一个问题：有无类似的设备可以借用或者可以模仿？

山西一位建筑工人借用能够烧穿钢板的电弧机切割水泥板，结果不但切割速度快，而且切割质量又好，于是经改进最终发明了水泥制品电弧切割机。

例如，东北大学一位教师和学生一起研制的一种新型厨房抽油烟机参加全国大学生创新大赛，首先研究有关类似的技术可以借鉴与模仿，后来借用射流工作原理，利用一台轴流风机喷射原理，使抽油烟机附近形成相对真空场，完成对油烟抽吸排放功能，减少了功率消耗，提高了工作效率和效益，并获得了国家专利。

6）功能分析法

功能分析法是紧紧围绕产品功能进行分析、分解、求解、组合、优选的一种设计方法。

19 世纪 40 年代，美国通用电气公司工程师麦尔斯首先提出了产品“功能”的概念。他认为：“用户购买的不是产品本身，而是产品的功能。”既然人们购买的是产品具有的功能，功能是产品的本质，那么任何一种产品在保证实现功能的前提下，可以采用任何原理、任何形式，只要本质不变，形式可以多种多样。

十、预测学理论和方法

事物总是处在不断变化和不断发展之中，人们对事物未来发展情况及结果的估计和推断就是预测。

人们在做事之前都很难知道所做事的结局如何。虽然人们做事之前都要拟订一个规划，为了提高做事的成功概率，往往先做详细的调查研究，在调研的基础上，对事态的发展做出预测，某件事会取得怎样的结果。但是由于情况会发生变化，预计的结果有时很难达到，这样也就很难完成原先的计划。预测学可以帮助人们提高预测的准确程度，通过对事件发展的准确预测，可以大大提高做事的成功概率，因此这是一门急需发展和研究的学科。

预测是人们在日常工作和生活中，对某一事物如何发展的推断和预测。情况的发展总是有多种可能性，对可能结果的估计就是预测。我国古代易经研究的就是一种预测。

在对事物进行调查的基础上，用科学的方法进行分析和研究，找出事物发展的几种可能性，然后对这几种可能结果进行推理，对哪一种结果的概率最大作出判断。这就是预测学的基本内容。由此可见，预测学最重要的几个阶段是：①调研与真实情况提取；②分析可能发生的几种结果；③对出现几种结果的概率进行分析比较；④进行判断和预测。

大数据技术将在事态的发展和预测中发挥重要的作用，它将成为预测学中一项十分重要的技术手段。

预测结果的正确性是做事成功的重要条件和依据，这应该是科学方法论最值得研究的内容之一。

除了前面所述的科学方法和先进技术以外，还有其他的科学方法和先进技术。读者可以根据所从事工作的情况，去寻找相应的科学方法和先进技术，来指导自己所从事的工作。

十一、应用现代科学技术成就创造了六个方向的科研成果

本书作者在60年的科学研究中，广泛应用现代科学技术成就而取得六个学术方向的研究成果。

1）有关“振动利用工程学”的研究

针对国家及企业的需要，开展了诸多方面的创新研究，解决了生产中的诸多问题，开展了大量的理论研究工作，下面介绍五个方面的研究情况。

(1) 解决了生产中诸多实际问题，完成了冶金工业部门冷烧结矿大型振动筛、高炉槽下焦炭和冷烧结矿筛分、发电厂用惯性共振式概率筛、铁路部门道砟大产量概率等厚筛、平衡加隔振大长度振动输送机研制及参与国家电磁振动给料机系列化工作等。

(2) 开展了有关“振动与波利用”的理论和实际应用的研究，完成了在振动平面及锥体内物料运动的研究、硬式和软式非线性振动系统动力学问题的研究、惯性激振器激振的单质体和双质体远超共振和近共振振动系统动力学问题的研究、电磁式和弹性连杆式近共振振动系统动力学问题的研究、振动机械二次隔振的理论等，从而完善了振动机械的理论，为该类机械的设计提供了理论参考。

(3) 研究成功10余种新型振动机械，如惯性共振式概率筛、平衡加隔振大长度振动输送机、非线性近共振振动离心机、概率等厚筛和振动放矿机等，并成功应用于生产中，为国家创造了重大的经济效益和社会效益。

(4) 在理论研究和试验的基础上，发表学术论文200余篇，有不少论文发表在国内外的著名杂志上，撰写中英文专著10多部，为创建“振动利用工程”新学科创造了必要的条件。

(5) 完成了有关“振动利用工程”八个方面的创新：发现新原理、发明新机构、建立新模型、发展新理论、提出新方法、研发新技术、研制新机器、创建新学科。

从而，使我国在“振动利用工程”这一学术方向的科技创新理论与方法研究中达到国际领先水平。

2) 有关"振动同步理论及其应用"的研究

在振动利用工程的研究中,振动同步理论是一个重要的方向。

(1) 深入研究了双激振电机及多激振电机驱动的单质体和双质体系统的同步理论问题,并将研究结果应用于工程中。

(2) 研究了近共振情况下的单质体和双质体系统在非共振和近共振情况下的振动同步问题。

(3) 提出了振动同步传动的新原理和新概念,并进行了深入的研究。

(4) 将振动同步扩展为控制同步、广义同步及复合同步;研究了非线性系统的高次谐波同步问题。

(5) 解决了工程中诸多实际问题,在国内外著名杂志,如《中国科学》、*Journal of Sound and Vibration* 等发表了100余篇论文,拟订和出版了中英文著作。

从而,使我国在这一方向的研究达到国际领先水平。

3) 有关"故障旋转机械非线性动力学及诊断理论和方法"的研究

该学术方向科技创新的理论与方法及实际应用的研究包括以下几个。

(1) 对故障旋转机械非线性动力学问题进行了深入的研究,研究了故障发生和发展的非线性动力学理论,研究了多故障的耦合动力学问题,故障发生和发展的慢变非线性动力学理论。

(2) 研究了故障发生和发展的慢变过程。

(3) 研究了转子系统动平衡的问题。

(4) 对旋转机械多种故障特征进行了深入的研究,最先提出了旋转机械故障的灰色理论诊断方法等。

(5) 提出了应该采用专家系统对旋转机械进行预测和诊断,以消除故障旋转机械所发生的故障,实现故障的预防和治理。

(6) 在这一学术方向发表学术论文两百余篇,出版著作多部。

4) 有关"工程非线性振动问题"的研究

(1) 对工程中诸多的非线性动力学问题进行了深入的研究,提出了惯性力项为非线性的动力学理论,分段慢变和多参数慢变的非线性动力学理论,硬式、软式和复合形式单质体、双质体和多质体系统的非线性动力学理论,带有间隙的、具有滞回的及带有冲击的非线性动力学理论等。

(2) 将研究得到的非线性动力学理论应用于工程实际,解决了工程中诸多理论问题及产品设计中亟待解决的问题,获得了重大的经济效益和社会效益,获国际奖、国家技术发明奖、国家科技进步奖等多项。

(3) 完成了国家自然科学基金重点项目,参与完成了国家自然科学基金重大项目,发表论文200余篇,出版专著多部,特别是撰写了国际上第一部《工程非线性振动》的专著,获全国优秀科技图书奖两项。

该学术方向的研究达到国际先进水平。

5）有关“产品设计方法学”的研究

在该学术方向上开展了大量的科技创新理论与方法的研究工作。

（1）在长期参与产品设计实践的基础上，提出了在科学发展观指导下的系统化设计理论和方法及基于系统工程的综合设计理论与方法。

（2）用科学方法论的规则来指导产品设计，撰写出了《产品设计方法学——兼论产品的顶层设计与系统化设计》。

（3）完成了京沪线380km高速列车动车的顶层设计、新型振动压路机的设计、3m×9m大型振动筛的系统化设计、新型振动桩机械综合设计等。

（4）发表学术论文200余篇，并撰写并出版了这一领域的专著10余部。

（5）主编了6卷本大型工具书《机械设计手册》（第5版），共2000万字，170人参加。该手册介绍了国内外在这一领域的最新成果，编入了国家1000多个标准，该手册于2011年获中国机械工业科学技术奖一等奖和2013年中国出版政府奖提名奖。

这一领域的创新研究在国内处于领先水平，并达到国际先进水平。

6）有关科学方法论的研究

在该学术方向进行了大量的科技创新工作，取得了以下成果。

（1）研究并提出了现代成功学方法论的体系和规则，撰写并出版了《现代成功学　谈做人 做事 做学问》的专著。

（2）研究并提出了顶层设计的原理和方法，撰写并出版了《顶层设计　原理 方法 应用》的专著。

（3）遵照方法论的规则及系统化的工作程序，研究并提出了学位论文撰写的方法，编写并出版了《学位论文撰写方法学　怎样写好硕士和博士论文》的专著。

（4）从实际应用的角度出发，将方法论的研究扩展为实用科学方法论，撰写并出版了《实用科学方法论》的专著。

（5）将方法论的体系和规则应用到科技创新领域，撰写并出版了《科技创新方法论浅析》的专著。

由于方法论体系和规则的提出，还可以将方法论推广到其他方面。

上述一系列问题的科技创新研究过程，实际上也是科学方法论的实施过程，获取这一系列的创新成果，应该说，同方法论的具体应用有着密切的联系。

在完成上述各个方向创新研究的基础上，发表学术论文数百篇，撰写专著50余部。

曾获国际奖2项、国家奖5项、全国优秀科技图书奖3项、省部级一二等奖10多项，被三大检索的论文260篇，被引用3000余次，被批准的国家专利20余项。

第八章　做事者要有良好的思想和品德

要树立正确的人生观和价值观，即首先要考虑国家和人民的需要，在此前提下更好地实现个人的人生价值。

要敢于坚持真理。

严谨求实的学风和作风是胜利完成任务的重要条件。

好的习惯会帮助人们走向成功。

一、引　　言

提高做事的成功概率和获取最高效益，必须充分发挥内因的积极作用和主观方面的四项潜能，即做事者的主观能动性和积极性，包括做事者的思想素质、业务能力、健康状况和奋斗精神，即通常所称的德、智、体和工作毅力，这是工作取得成功的基础。潜能是根据每个人的学习和工作情况，使它们得到不同程度发挥的潜在能力，假如这个人十分努力并采取了有效的办法和措施，他的潜能应发挥得很好，也可能发挥得较好；假如一个人不重视潜能的发挥和积极思考，潜能的发挥就比较一般，或较差，所以对于潜能，应该以最大的努力，让它们得到充分的发挥。

思想品德可以从一个人的人生观和价值观中得到体现，主要表现在如何对待学习和工作及日常生活中遇到的各种问题，最重要的是将自己的学习和工作融入集体事业中，融入国家经济和科学事业的发展中，融入中华民族的伟大复兴和建设具有中国特色的社会主义的总目标之中，要将个人的努力和国家的发展、民族的振兴、人类的文明进步、广大人民的迫切需要统一起来，这是一个人事业能否取得成功的关键。

经济全球化形势的形成和现代传媒的广泛发展与应用，使有些人很容易接触到西方的文化和价值观念，对外来的文化和价值观念不加辨别地全盘接受。面对思想道德领域中存在的新情况和新问题，需要采取有效的方式帮助他们正确认识本民族的文化遗产，帮助他们提高辨别是非、善恶和美丑的能力和水平。

一个人既要有正确的人生观、价值观和集体主义的思想，又要有良好的品德，有严谨的学风和作风，并且要养成良好的生活习惯，才能把学习和工作搞好，才能从自己的思想和行动出发，很好地贯彻社会主义的价值观，进而实现个人的人生价值。

对于社会大家庭的每一成员，都应该努力培育正确的人生观和价值观、集体主义思想、道德、学风和作风、生活习惯等方面一些基本内容，都是十分重要的。有关思想品德建设的一些主要内容见表8.1。

表8.1　有关思想品德建设的基本内容

序号	主要方向	具体内容
1	人生观和价值观	做事以广大人民利益为出发点，将个人目标融入国家总目标之中
2	集体主义思想	以广大人民利益出发考虑问题，个人利益要服从国家利益
3	坚持真理	做事从实际出发、公正无私、坚持正义
4	思想品德	社会公德：五讲、四美、三热爱，职业道德，家庭美德
5	学风和作风	严谨求实的学风、正派和朴实的作风
6	生活习惯	勤劳节俭、爱劳动、爱科学、文明礼貌、尊敬长者、遵纪守法

二、确立正确的人生观和价值观

人生观和价值观是指一个人对人生的看法，人活着是为了什么？如何去实现自己的人生价值？正确的人生观和价值观应该是人活着就是要为国家的发展和人类的进步做出自己的贡献，在这个过程中去实现自己的人生价值。所以，一个人要将自己的工作融入国家发展的总目标之中。

我国是社会主义国家，社会主义国家的核心价值是什么？这个时代的价值观应该如何描述？最近有些报纸开展了对这些问题的讨论。党的十八大报告对培养社会主义的核心价值观做了说明，对社会主义价值观的培养分成三个层次：从国家层次看，要倡导富强、民主、文明、和谐；从社会层次看，要倡导自由、平等、公正、法治；从公民个人层次看，要倡导爱国、敬业、诚信、友善。

社会主义的价值观首先应该以是否有利于国家的经济和科学技术的发展及是否以最广大人民群众的利益为出发点来考虑问题，来处理一切事情，这是衡量一件事和一项工作正确与否的准则。所以，什么思想才是正确的思想呢？正确的思想就是以最广大人民群众的利益为出发点来考虑问题。做人、做事、做学问都应该遵照这一准则。不符合广大人民群众利益的及危害广大人民利益的事都是错误的。

做人、做事、做学问最重要的一条原则就是把个人的学习和工作同国家的利益和人民群众的需要统一起来，将自己融入集体事业中去，在完成集体事业的过程中实现自己的人生价值。

要把完成国家的任务看成是自己的一份责任和义务。人们常常会听到这样一句格言："天下大事，匹夫有责。"一个人在人类社会中所做的一份贡献就是自己对社会实现的人生价值。

三、培育集体主义思想

集体主义思想是坚持国家、集体和个人的利益相结合,促进社会和个人的和谐发展,倡导把国家、集体利益放在首位,充分尊重和维护个人的正当利益。当国家、集体和个人利益发生冲突时,个人利益应服从国家和集体利益。在日常生活中,我们在学校上班,整个学校是一个大集体,相对于学校来说,每个部门又是一个小集体,俗话说:“大河有水小河满”,只有当集体利益被最大化时,个人利益才能被最大化的保护。集体主义反映的是我们整个部门的整体利益。在我们学校的绩效考核中,是以整个部门为一个考核单位的,所以说部门的集体利益是受每个成员的影响的,不管在什么情况下个人的言行都不应该对部门的集体利益产生不利影响,不能因为个人的言行而影响部门所有人的利益。

人类社会是群体社会,一个人想要脱离集体去完成一番事业几乎是不可能的。因此,一个人要将自己融入集体之中,要在这个集体之中发挥个人的积极作用。每个人都要建立起一种集体主义的思想,应尽可能将集体利益与个人利益统一起来,在个人利益与集体利益发生矛盾时,首先要考虑集体的利益。事实上,在集体利益中常常蕴含着成员个人的利益。

集体利益一旦和国家利益及广大人民群众的利益不一致,就必须服从国家和人民的利益。所以,集体的利益也必须上升到国家利益和最广大人民群众的利益的高度,要以最广大人民群众的利益为标准来处理各种问题。有了这样的思想,人们在学习、工作和生活过程中,就不会损害国家和人民的利益,事情就会做得正确无误。在这一基本要求下,进一步提高做事的质和量,再去考虑以最低的成本或代价、最短的时间完成学习和工作任务,使所做的事获取最高效益。

集体的利益是指一个部门或一个单位的利益,集体利益在多数情况下和国家的利益及广大人民群众的利益是一致的,但在一些情况下和国家的利益及广大人民群众的利益矛盾,在这种情况下,集体利益必须服从国家的利益。

四、要敢于坚持真理

每个人在学习、工作和生活中,都要坚持真理。因为做事要想取得成功,必须符合事物发展的客观规律,符合事物发展客观规律的事应该是正确的,就是“真理”。

为什么哈佛大学校训中强调要与真理为友呢?

哈佛大学创建于 1638 年,是一所有 400 多年历史的大学。哈佛大学校训中有这样一句话:“与柏拉图为友,与亚里士多德为友,最重要的是与真理为友。”的确,每个人都需要“心灵发育”，需要启迪心智的营养，所以要洞察哲人的思想，与哲人为友，与智慧相伴。

发现真理很难，在发现之后能够坚持就更难了，哈佛大学早已有了自己的学术标准，而对真理的探索无疑是这一标准的核心价值。

人要有自己独立的思想与观点，不可人云亦云，盲从和谬误不会带来成功和幸福，只有坚持真理的人才能在人生道路上走得更好更远。其实，真理就是人们对客观事物及其规律的一种正确的认识与观点。要坚持真理就必须做到实事求是。古今中外，一切正直的人，身上都具有一种共同的品格，那就是敢于坚持真理，敢于修正谬误。也许与日俱增的光芒有时会黯淡，但却永远不会熄灭。

在达尔文创立生物进化论以前，人们一直相信是上帝创造了人。后来，达尔文的生物进化论提出了人是从猿进化而来的观点。这在当时并没有为世人所接受，而且还被当成邪说。

1860 年 6 月 30 日，在英国著名学府牛津大学进行了一场关于人类起源的大辩论。主要有两种观点：一种是博物学家赫胥黎宣传进化论，认为人与猿是同一个祖先，人是从猿进化而来的；另一种是以大主教威尔伯福斯为代表的宗教势力竭力反对赫胥黎的观点，并且企图利用宗教势力来吓倒他。但真理终究是真理，最终真理还是战胜了邪说。

布鲁诺发展了波兰科学家哥白尼的日心说，提出“宇宙无限说”这些学说及思想极大地撼动了教会的统治地位，被教会处以火刑，但他的思想在欧洲大陆传播开来，他捍卫真理不畏迷信的精神一直被人们所歌颂。

所谓坚持真理，就是做事要正直和公正，就是要努力去坚持和执行社会公德，以及国家制定的法律和法规，在发现社会上出现一些不公正的现象时，能挺身而出。但在目前的社会里，这样做有时却达不到预想的目的，甚至还会吃亏，这是一种十分不正常的现象。在群众中贯彻社会主义道德理念是一件十分复杂、艰苦和长期的工作。每个人都应该努力去做，首先要从自己做起。

五、培育良好的品德

要培养良好的道德品质，首先要正确地对待自我，一个人恰当的自我态势，是正确对待“自我”的基础。而恰当的自我态势，应当是谦虚，而不“自傲”和“自卑”。人们要做到客观地对待“自我”，就要坚持摒弃一切不良心态，保持谦虚的态势。因为谦虚者有较强的自信心支持。既不炫耀自己，也不怀疑自己。所以，谦虚是一种良好的道德品质和性格特征。有自傲心理的人往往以位高自居，以貌美自赏，以才多自炫，出言不逊，尖酸刻薄，其结果是失去别人的尊重和信任。这种人要特别注意控制自己，要把屠格涅夫所说的“劝那些刚愎自用的人，说话前要多想，在舌头上多绕几圈”作为自己的座右铭，来有效地控制自我。自卑的人，则应坚信事在人为，坚信自己能行，一定能成功！遇事常给自己壮胆，常给自己鼓励，正确地对待“自我”，有效地控制“自我”。

培养良好的道德品质应从道德品质构成的五个方面——道德认识、道德情感、道德意志、道德信念、道德行为着手，在实践中培养与发展道德品质。道德认识是培养道德品质的起点，所以要提高自己的道德认识水平。道德认识主要是指对道德观念和道德规范的正确认识。提高的途径有两条：一是努力地从社会中学习存在于社会中的道德规范和道德观念，但更主要是通过“反省”的方式学习。社会的规范要转化为自己的道德规范必须通过自己内心的不断反省。道德情感的升华就是在生活中对那些违反道德规范的行为应表现出强烈的“嫉恶如仇”，对生活中出现的那些道德高尚的行为要有敬畏、崇敬之心。只有这样通过日常生活的积累，才能培养出强烈的道德情感。道德意志是人们良好道德行为的保证。那些道德品质低下的人，绝大多数是因为没有坚强的道德意志。锻炼坚强的道德意志，首先就是从小事着手，“勿以善小而不为”，从许多小事情上就可见一个人的道德品质，许多小事情上就有着我们需时时克服的各种欲望和诱惑。只有从一点一滴的小事做起，才有可能在重大的考验面前毫不退缩。其次，就是在困境中磨炼。当遭遇困境时，不应长吁短叹，更不能怨天尤人，而应把这当成是锻炼自己意志的好机会。孟子说过：“故天将降大任于斯人也，必先苦其心志，劳其筋骨，饿其体肤，空乏其身，行拂乱其行为，所以动心忍性，增益其所不能。”再者，运用“慎独”的方法。“慎独”是古人提出的增强道德意志的方法。其意为，当一人独处时，能抵御各种各样的诱惑，坚守道德的规范。一个人在无人监督时，能够坚守道德原则，那么众目睽睽之下，当然能保持好的道德品质了。道德信念是道德认识、道德情感、道德意志的有机统一，所以当我们的道德认识、道德情感、道德意志得到充分发展后，我们的道德信念也自然形成了。确立道德信念非常重要，因为道德信念是把道德认识、道德情感和道德意志变成个人行动的指南和原则。道德行为的养成与前面所提的道德认识、道德情感、道德意志、道德信念密不可分。没有前四项的基础，就没有道德行为。有了道德认识、道德情感、道德意志、道德信念，我们还要勇于道德行动，因为道德本来就意味着行动。只有在行动中，我们的道德认识、道德情感、道德意志才会得到充实和提高。

一个国家必须有良好的道德。要实现中华民族伟大复兴的中国梦。“中国梦”不只是“财富梦”、“实力梦”、“强国梦”，还是“道德梦”。道德如同“盐”，是人所必需的。人不吃盐，会危及生命；人无道德，徒有人形而无人性；社会缺乏道德，会触及社会稳定和安全底线。因此，要不断健全守卫道德的各种制度，为“中国梦”的实现奠定基础。

一个人要想事业取得成功，必须有良好的品德，要有正确的道德观念，要继续弘扬中华民族所固有的美德。道德包括社会公德、职业道德和家庭美德三个方面。

（1）社会公德。社会公德是社会生活中最简单、最基本、最普通的行为准则，是维持社会公共生活的秩序，使之正常、有序、健康地开展的最基本条件。因此，社会公德是全体公民在社会交往和公共生活中应该遵循的行为准则，也是公民应有的品德操守。

在我国的《公民道德建设实施纲要》中，用"文明礼貌、助人为乐、爱护公物、保护环境、遵纪守法"20个字，对社会公德的主要内容和要求做了明确规定。我国所提倡的"五讲、四美、三热爱"也应该是社会公德所涵盖的内容范畴，五讲是"讲文明，讲礼貌，讲卫生，讲秩序，讲道德"；四美是"心灵美，语言美，行为美，环境美"；三热爱是"热爱祖国，热爱社会主义，热爱中国共产党"。过去小学生的守则中都写着"爱祖国、爱人民、爱科学、爱劳动……"其中有些内容就是"八荣八耻"的内容，显然，社会主义的荣辱观是公民的道德底线。我国要建设一个社会和谐和民族团结的大家庭，要建设一个资源节约型和环境友好型的社会，这些都应该作为社会公德的范畴。人们为什么要学习雷锋和雷锋精神，因为良好的社会道德和思想品德在他的具体行动中得到充分的体现。

号召人们履行社会公德，对于维护社会秩序，保持社会的稳定，建设一个和谐的社会具有重要的现实意义。

作者预测，在长远的未来，经过国际组织的酝酿，会拟订出一种所有国家人民和各国政府都应该遵循的社会公德和制度。在这样一个思想基础上，将人类社会建设成各国人民所共同期盼的"经济发展、社会文明进步、民族和谐、国家平等和人民友好"的理想的大同世界。

（2）职业道德。职业道德是从事一定职业的人们在自己特定的工作中思想和行为方面应该遵循的道德规范。各行各业都有其特定的职业道德，正如恩格斯所言："实际上，每一个阶级，甚至每一个行业都各有各的道德。"社会上的每个人都要承担一份工作，首先要有为人民服务的思想，要尽心尽力做好自己承担的工作，不能只考虑自己，要从广大人民群众的利益出发来考虑问题，当个人利益和集体利益相互矛盾时，要服从集体的利益。工作中要尽最大可能将个人的利益融化到集体利益之中。可是在人们出差乘坐出租车时，大概在十次乘坐出租车就有一次，有的出租车司机为了多赚钱常常要绕道走，这时顾客大概要多付10%～50%的费用，这就是一种缺乏职业道德的问题，作为出租车司机，应该走的是最近道，这样，既省时间又省油，对国家和社会都是有益的，所以职业道德欠佳，会损害用户、国家和社会的利益。因此，要在全社会开展职业道德的教育，社会上每个人做事要做到爱国、敬业、诚信、友善，尤其是诚信。

（3）家庭美德。家庭美德属于家庭道德范畴，是指每个公民在家庭生活中应该遵循的基本行为准则。涵盖了夫妻、长幼、邻里之间的关系。一个家庭首先要保持家庭成员间的和谐，要建立起一个和睦的家庭。每个人要承担家庭的一份责任，要做到互相关心，互相爱护，互相尊重，对长辈要尊敬，对晚辈要爱护，长者要用有效的方法对子女进行培养和教育。

六、养成严谨学风和作风

学风问题不是小问题，而是“第一个重要的问题”。学风看起来是无形的，却起着“润物细无声”的作用，反映出一个干部方方面面的素质和修养。我们党历来十分重视加强学风建设，采取了一系列举措，促使广大党员干部有一个好的学风，进而养成一个好的作风，形成一个好的党风。

年轻人更应该实事求是地开展各项工作，脚踏实地完成本职工作。科学性最重要的特征表现在对待事物的实在性和真实性。要与那些虚假的行为进行不懈的斗争。特别要反对伪科学，反对弄虚作假，提倡诚信。

本书作者曾在飞机上看报纸时，发现一篇揭露一位博士生抄袭别人论文的文章。回家后亲自把这篇文章复印了 30 份，发给博士生和硕士生。大家都明白其用意，纷纷把这篇文章珍藏起来，以此为鉴。

在人生的道路上要去伪存真，诚实守信，实事求是。做任何事都必须讲“诚信”，要“诚信”就必须“实事求是”。现在社会上的确有一股不正之风，通过“人际关系”搞一些不正当的事，“争名夺利”。做事不先讲贡献，而是少付出劳动，甚至“不付出辛勤劳动”，先去讲个人收益，要高报酬、高待遇，把个人所得放在第一位；没有达到相应的水平，却想方设法甚至用不正当手段去争夺与自己水平不相称的职位或职称，追求虚荣的作风相当严重。这种心理对于实现远大理想是十分有害的。因此，一个人的思想素质如何，心理素质如何，学风和作风正确与否，也是事业能否取得成功的关键。

守信不仅是一种品德，也是一种回报率很高的长期投资。当一个人树立了一个守信用的形象时，会获得越来越多人的信任，带来越来越多的机会，就好像拥有了一座金矿。摩根先生曾说，自己的信誉比金钱更重要。

比尔·盖茨认为，是四种良好的习惯——守时、精确、坚定和迅捷造就了成功的人生。没有守时的习惯，就会浪费时间，空耗生命；没有精确的习惯，就会损害自己的信誉；没有坚定的习惯，就无法把事情坚持到成功的那一天；而没有迅捷的习惯，就会与取得成功的良机擦肩而过，而且可能永不再来。亚伯拉罕·林肯就是通过勤奋的训练，培养了讲话简洁、明了、有力的演讲风格。

“欺骗”是一种关系到道德作风的严重问题，是违法乱纪的行为，迟早会被人发现并受到法律的制裁，但目前在社会上经常会有欺骗的行为发生。

七、养成良好的生活习惯

俄国教育家乌申斯基说:好习惯是人在神经系统中存放的资本,这个资本会不断地增长,一个人毕生都可以享用它的信息。坏习惯是道德上无法偿清的债务,这种债务能以不断增长的利息折磨人,使他最好的创举失败,并把他引到道德破产的地步。

生活习惯对想成功的人来说十分重要。好的习惯是事业取得成功的关键因素,是一切成功的钥匙;坏的习惯是通向失败的敞开之门。因此,想成功的人要遵守的第一个法则就是要养成良好的习惯,并且全心全意去执行。

一个想成功的人,必须明白习惯的力量是何等强大,也必须了解养成好习惯是多么重要,必须努力去贯彻,而且必须时时警惕去除那些可能破坏好习惯的事物,也要快速养成对自己所追求的事业有帮助的那些习惯。

养成好的习惯较难,而陷入坏的习惯则比较容易。但也并非一定如此,这主要看一个人的毅力。

人们需要培养的良好习惯如下。

1. 有勤奋学习和工作的好习惯

这对每个人来说都是十分重要的,勤奋的反面就是懒惰,就是贪图安逸,不肯花苦功夫,这是成功人士和失败者的分水岭。不花功夫学习和工作,就很难获取必要的知识和培养各方面的能力,只能在社会上承担一些不需要太多知识和技术能力不高的工作任务。

2. 诚恳待人和诚信做事的好习惯

在社交活动中,最重要的是待人诚恳,这要从做事讲诚信开始。做事要实事求是,不弄虚作假。这是做人做事的基本条件。

3. 关心公共事物和他人的好习惯

一个人应该在能力和条件许可的情况下,关心公共事物和关心他人。人类社会是群体社会,依靠社会上每一个成员的共同努力才能发展和进步。

4. 严格执行工作计划的好习惯

一个人应该养成遵守时间的好习惯,一个人如果准时赴会,一定会给别人留下一个好的印象。此外,还要坚决执行自己制订的计划,假如不去执行,再详细的计划也无济于事。

5. 养成节俭的好习惯

节俭是使人取得成功的重要因素之一。“勿以善小而不为”,节俭也是一样,不论大小。习惯节俭的人,知道只有减少开支才有赚钱的机会。一个人,从小时候起就应该养成良好的习惯,如勤奋、刻苦、爱劳动、关心他人、尊敬长者、勇于实践、敢于创新、遵纪守法等。对青少年进行这些教育十分重要。

青少年时期是养成良好习惯的最佳时期,在小时候就养成诚实、刻苦、节俭、热爱劳动、尊敬长者的好习惯,到任何时候都能自觉地执行这些良好的习惯。所以,一个人能取得成功通常是和良好的生活习惯密切联系在一起的。

本章讲述了做人做事过程中最重要的问题:思想和品德。可以认为,只有具有良好的思想品德的人,才能在做人做事方面取得成功,没有良好的思想品德会在学习、工作和生活过程中到处碰壁,这是因为良好的思想品德是顺着时代的潮流而行的,而不正确的思想品德是逆时代潮流而行的。

第九章 做事者要有必需的知识和能力

知识和能力是完成所执行任务的基本条件。

所掌握的知识是为了运用,所具有的能力是为了在工作中得到充分发挥。

一、引　　言

本章讨论成功及高效做事"智力"范围的两个要素:知识和能力。

为了对社会做出更大的贡献,必须使自己掌握各方面的知识和培养各种能力。知识和能力是实现奋斗目标的必要手段。知识包括一般知识和专业知识。能力包括自学能力、分析与解决问题能力、实践能力与创新能力、组织能力和社会活动能力。没有工作能力,怎么能卓越地完成繁重的工作任务呢?

表 9.1 列出了必须学习的知识和必须培育的能力。

表 9.1　任何个人必须掌握的知识和必须培育的能力

序号	必须学习的知识	具体内容
1	文化知识	一般的文化知识,如中文和外文、地理历史、文化常识
2	科学技术知识	一般科学技术知识,如数学、物理、化学、生物、信息技术
3	专业知识	从事那项工作所涉及的有关文化和科学技术知识
序号	必须培育的能力	具体内容
1	自学能力	通过自己来学习的相关知识
2	分析与解决问题的能力	能发现问题、分析问题和解决遇到的问题
3	实践能力	参加实践活动的工作能力
4	创新能力	有创新的思维,了解和掌握创新的原理和方法
5	协作能力	能和其他人很好地协作,共同完成集体事业
6	宣传能力	能进行口头宣讲,或通过各种媒体进行宣传
7	组织能力	能组织大家做好集体的工作

二、学习和掌握各种必要的知识

要全面学习做好本职工作所必需的知识。不同企业的党员干部、科技工作人员和不同岗位的工人都要全面学习做好本职工作必需的知识,使认真学习的态度贯穿培养世界眼光、增强战略思维能力、提高综合素质的过程。

当今时代，伴随着广泛而深刻的社会变革和突飞猛进的科技发展，知识更新的周期大大缩短，各种新知识、新情况、新事物层出不穷。据有关资料显示，在全球生产总值的高速增长中，知识份额已经由20世纪初的5%上升到今天的80%～90%。20世纪90年代以来，知识更新加速到3～5年翻一番。近50年来，人类社会所创造的知识，比过去3000年的总和还要多。到了知识经济时代，只有经常不断地抓紧学习、坚持不懈地终身学习，才能够使用一辈子，这也就是人们常说的要活到老、学到老。

才智是所有武器中最厉害的，但才智是买不到的。要获得才智，唯有通过学习。世界上没有天才，其他人更有能力、更成功，只是因为他们更爱学习、更会学习。

任何一个成功者，都是通过学习走向成功的。终身学习才会终身进步。社会在不断地发展变化，学习就像逆水行舟，不进则退，如果一个人不积累和更新知识，就会后退；一个人要成长得快，就一定要喜欢学习，善于学习。

人们学习的知识主要有以下几种。

第一种，一般的文化基础知识。从小学至大学本科的学习是要获得必要的文化基础知识，如语文、外语、地理、政治、历史、音乐、体育等。文化基础知识是工作的基础，必须很好地掌握它。

第二种，一般的科学技术知识。在科学技术高度发展的今天，科学技术的范围越来越广，深度越来越深，专业化的程度越来越高。要想从事高新技术的研究，如果没有一般的科学技术知识，就很难胜任所承担的工作任务。所以，人们必须要以百倍的努力去掌握这些一般的科学技术知识，如数学、物理、化学、生物、信息技术等。

第三种，专业技术知识。在学校中通常会学习一般的科学技术知识，当确定专业方向以后，还要安排一些专业知识的学习，一般情况下，专业课程所学习的内容大多数属于专业知识。在学校中学习的知识总是有限的，进入社会以后应该继续学习有关专业技术知识。活到老，学到老，特别是在知识经济时代，更是如此。语文、外语、计算机技术、政治、数学、物理、化学、天文、地理、历史、生物、医学、信息、工程技术等，这些都是基础知识，但如果某人从事某一专业，这个专业对他来说就是一门专业技术知识。

对每个人来说，文化基础知识和专业技术知识是执行工作的必要条件。在中学和大学阶段，人们学到的知识大多数是基础知识，这些基础知识对每个人来说都是十分重要的，而到选择专业以后，他所学习的属于专业知识。

年轻人可以在学校里学习更多的科学技术知识和专业技术知识，他们可以去攻读学士、硕士和博士学位，因为学士、硕士和博士学位是用来评定人们掌握科学技术知识程度的。

学习文化和科学技术知识要有正确的态度，学习的态度会直接影响学习的好坏，什么是正确的态度呢？

第一，要虚心。“虚心使人进步，骄傲使人落后。”有些人常常觉得自己学习的东西已经不少，放弃了继续学习；真正有学问的人往往觉得自己的学问远远不够，并一如既往地重视学习；见识少的人倒会觉得自己很有学问，而不重视进一步地学习。

第二，要实事求是。学习必须实事求是，不能有一点虚假。目前有些学生考试作弊，有些研究生写论文抄袭，有些人引用别人的研究成果不注明出处，这些做法都不实事求是，实际上是在欺骗自己。这样的学习态度怎么能真正学到东西呢？

第三，要有不满足的欲望。对于学习始终有不满足的欲望，就一定会不间断地刻苦学习。当然学习要有目的性，目的明确，就有学习的劲头，所以学习的欲望常常来源于正确的目的。例如，知识经济时代的到来，迫使人们不得不学习一些先进技术，如网络通信技术、计算机技术、生物工程技术等。

一个对自己不满足的人，必然会成为一个追求卓越的人。这种人就有可能成功。那些随遇而安、容易满足的人，是不可能用更高的标准来激励自己的。一个人不满足表示他需要更好的东西，这一特点可以催促他向着更好的方向发展。一些随遇而安、容易满足的人，是不可能用更高标准来要求自己的。

学习的方式通常有以下几种。

第一种，从书本上学习。目前最普遍的学习方式是从书本上学习，书本的学习灵活方便，只要有一本书就可以进行学习，不受时间、地点的限制和约束。

书本学习应该是学习的最主要方式。有人说：“书籍是人类进步的阶梯，书籍是指引人生的灯塔，书籍是抚慰心灵的鸡汤……”2012 年当莫言获得诺贝尔文学奖时，人们希望通过他的获奖，“唤起国人对好书的热爱，走进书本，沉湎其中，重回 20 世纪 70 年代的阅读时光”。在那个时代，从城市下放到乡村劳动之余，不少青年倚靠在田野的草垛上如饥似渴地阅读各类书籍。今天有了这样良好的学习环境和条件，人们更应该通过书本学习使自身能获取为社会进步做出贡献及自己事业走向成功的各种必需的知识。

当女作家铁凝还是一个少女时，她读到法国作家罗曼·罗兰的《约翰·克利斯朵夫》的扉页上的题记“真正的光明绝不是永没有黑暗的时间，只是永不被黑暗所淹没罢了；真正的英雄绝不是永没有卑下的情操，只是永不被卑下的情操所屈服罢了”时，深受震动，她说：“这两句话让我生出想要为这个世界做点什么的冲动。我初次领略到阅读的重要，它给了我身心的沉稳和力量。”

第二种，通过各种传媒学习。通过各种传媒进行学习也是一种普遍采用的方式，电视、电影、报纸、杂志常常介绍一些先进的文化和科学技术知识，信息内容十

如果人们将学习和创造紧密结合起来，会取得更好的效果。这不仅能创造出新成果，还能使自己获取更多的知识和经验。

总之，对年轻人来说，应该把学习知识和培养各种能力有机地结合起来。培养自己各方面的能力应该带有强烈的主观愿望，即有较强的主观意识，这样才会有较好的效果和较大的收获。

四、培育各种必需的能力

通过不断实践，去培养自己各个方面的能力，这是完成工作任务的根本保证。

1. 自学能力

在学校中要想把工作所需的全部知识都学完，这是绝对办不到的。在学校里，要学会看书，学会掌握书中的主要内容和一般内容，汲取其中有用的东西，用来解决工作中或生活中遇到的疑难问题，这就是自学能力。每个人的自学能力是不相同的，自学能力越强的人，解决或处理遇到问题的能力也越强。

2. 分析与解决问题的能力

分析与解决问题的能力是在学习和工作过程中逐步培养起来的。当我们遇到一个问题时，要用逻辑学方法去研究问题。首先要了解问题的全貌，然后利用分析与综合的方法找出现象与本质、内涵与外延、特性与共性、主要矛盾与次要矛盾、矛盾的主要方面与次要方面、内因与外因，分析事物发生的原因与结果，最后加以总结与归纳，提出解决问题的方法。问题得到解决，就说明所采取的方法是正确的。

孔子曾说："吾三十而立，四十而不惑，五十而知天命。"这说明他在不断地学习，不断地积累知识和培养分析问题与解决问题的能力，不同阶段，达到不同的水平。因此，人们应该在学习和工作过程中不断地培养分析和解决问题的能力。

3. 实践能力

对任何人来说，成年后都要为社会服务，都要参加社会实践，都要通过工作为社会做出自己的贡献。贡献有大有小，可以根据每个人的知识高低和能力强弱去完成不同的工作任务。但是，要做好工作，最重要的是要具备一定的实际工作能力。实际工作能力强的人，一般来说，他们完成的工作也较好，对社会的贡献也较大。这就说明一个人具有实践能力或实际工作能力的重要性。

4. 创新能力

在知识经济时代，创新是社会发展的"灵魂"；对每个人来说，创新是创造一番事业的“灵魂”。每个人都在不断继承与不断创新的过程中，创新是通过人的思维来实现的。创新就是毛泽东同志所说的“有所发现、有所发明、有所创造、有所前进”。

创造性的成果只有通过实践才能体现出功效，所以必须将实践活动放到十分重要的地位，实践是创新的基础。

人们应该提倡原始创新，原始创新是在原理上有突出成果的创新；另一种叫集成创新；还有一种是引进消化吸收和再创新。不论哪一种创新都是国家迫切需要的。

5. 组织能力

集体的事业还要组织人们来完成集体的工作任务。要组织人们去完成工作任务，就要分配好各部门和各人所承担的工作，协调好各方面的工作。

组织者除了要实现工作的基本目标和要求，尽力去完成基本任务外，还要全面地考虑如何更好地实现做事的六项要求，即 IQCTES，以解决做事过程中的多、快、好、省问题。

组织者要有远大的眼光，能引导大家向正确方向前进，还要引导大家解决工作过程中遇到的各种问题。

6. 协作能力

要完成好集体的事业，必须充分发挥团结协作的精神，使集体中每个人都能发挥积极的作用。要虚心倾听别人的意见，尊重别人取得的成果，要让大家的积极性都能得到充分的发挥。

协作是做好集体工作的关键。在集体工作中，常常会遇到成员之间出现各种矛盾的情况，要具有协调好各种矛盾的能力，使大家团结一致，高效地完成集体的事业。

协调工作看起来比较容易，事实上，做起来是十分困难的，因为每个人的情况都不一样，每个人都有自己的特点和要求，也都有自己想达到的目的，所以必须具有团结协作的能力，使每个人在实现共同事业中发挥作用。

7. 宣传能力

宣传能力是知识的传播能力，用有形或无形的方式将自己待传达的内容告诉他人。

在目前的社会中，许多工作都离不开社会活动，人类社会是群体社会，人与人之间的联系是不可缺少的。有人说：“公关能力是生产力。”一些民营企业家，通过一些渠道创建了自己的企业，他们一方面依靠灵活的机制，另一方面采取一些公关手段，从国有企业中聘请具有专长的科技人才，给企业带来了生机与活力，并为企业的发展奠定了坚实的基础。他们由此得出结论：公关能力也是生产力。

在市场经济中，竞争是十分激烈的，市场竞争的胜负依赖于科技竞争的胜负，科技竞争的胜负又依赖于人才竞争的胜负。社会活动能力强，可以在市场竞争、科学技术竞争、人才竞争中始终处于不败之地。在这个过程中，提倡采用合理合法的手段，反对采用一些不合理和不合法的手段，并对这种不法的手段进行抵制。

任何人想取得成功，知识和能力是十分重要的。在知识经济时代到来的今天，"依靠知识创造财富"，这是一条颠扑不破的真理。

20世纪造就了一批知识经济的智慧大师，他们推动了数字化的飞速发展，他们用知识和智慧将人类社会推进计算机时代，也使自己成为富可敌国的大富豪。

美国微软公司的比尔·盖茨是世界头号富豪，在短短的20年间，微软公司从一个仅有3个人的小型计算机语言开发公司发展成一个"计算机帝国"，比尔·盖茨也从一个技术人员成为一个知识经济的企业家，人们称他为当代的爱迪生和福特。他成功地领导了个人计算机革命，将微软变成了一个媒介和网络巨人。1997年底，比尔·盖茨的微软公司市场价值达150亿美元，其个人财富达400亿美元。1996年美国《时代》周刊评出的"最有权力的10名美国人"中，比尔·盖茨排在第二，仅次于美国当时的总统克林顿。比尔·盖茨的微软公司是建立在知识基础上的帝国，其智力创造财富的速度在人类历史上是史无前例的。有人算过一笔账，在比尔·盖茨创建微软公司的20年间，若以他每天工作14小时计算，比尔·盖茨平均每秒收入达150美元。当财富像工业化流水线一般涌向他时，他向社会输出的并不是流水线式的产品，而是知识。

第十章　做事者要保持健康和珍爱生命

身体是革命的本钱，要千方百计地保持自己身体的健康才能更好地为人民作出贡献。

要珍爱自己和他人的生命，对任何人来说，生命只有一次。

一、引　　言

想在人生的奋斗道路上大展宏图，必须要有良好的身体素质，健康的身体是完成工作的前提，没有健康的身体，很难完成伟大的事业。

要以积极乐观的态度对待疾病。每个人都可能患病。有了疾病，不能开展正常的工作，事业和奋斗也将成为一句空话。所以，治疗疾病、保证身体健康是争取做事成功和实现人生奋斗目标的必要条件，我们都应该把预防疾病和治疗疾病放到首要位置，让自己的身体始终处于健康状态，以充沛的精力投入学习、工作和生活中。

此外，还要重视安全，防止意外的事故发生，这是维持生命的重要条件。全世界每年死于车祸、溺水等不安全因素的人多达数百万。对每个人来说，生命只有一次，有了生命，才能投身于社会的各项工作中。

保持身体健康和维持生命（表 10.1）是为国家科技进步和经济发展作出贡献的保障。因此，应该充分地在有限的生命周期内做更多的工作，使每个人都能为社会的发展和人类的进步作出自己力所能及的贡献。

表 10.1　保持身体健康和维持生命

序号	保证做事的基本条件	具体内容
1	保持身体健康	预防和治疗疾病，注意锻炼身体，保持强健体魄
2	维持生命	注意安全，经常检查身体，维持生命

二、重视体育锻炼，增强身体素质

俗话说："身体是革命的本钱。"只有具有强健的体魄，才能更好地完成本职工作。为了达到劳逸结合、强身健体的效果，一是要养成自觉锻炼身体的良好习惯，不要拿年轻或是工作忙当做借口，从而忽视了体育锻炼；二是要合理安排工作、休息、锻炼时间，要在努力完成各项工作的同时，加强体育锻炼，增强自身的身体素质；三是要多增加一些体育锻炼项目，例如，可以在休息时间开展踢毽子、跳绳、乒乓球和篮球等娱乐活动。

常言说："文武之道，一张一弛。"体育锻炼不仅能增强体质，还能陶冶情操。其实，我们常有这样的体会，一场运动下来，不仅身体上的疲劳消除了，心里积存了许久的"郁闷"也消失了，还增加了彼此之间的交流，增进了感情。认真负责地完成各项工作，是一种良好的工作态度；合理地分配工作时间，加强体育锻炼，保持身体健康，也是对工作的负责。只有努力加强身体锻炼，增强身体素质，才能更好地完成本职工作。

为什么我国的教育方针中提出"要培养德、智、体、美全面发展的人才"呢？有了德，有了智，假如身体不好，也很难完成学习和工作任务。身体强健与否，和参加体育锻炼的情况有密切的联系。一般来说，重视身体锻炼的人，他们的身体素质都比较好，患病次数也较少。

现在大多数人都十分注意锻炼身体，这是十分重要的和有意义的。美国著名心血管专家肯尼思·库珀博士指出，只要参加运动就一定会受益。脑力劳动者尤其如此。据统计，1968 年美国有 24%的成人开始运动，在此后的 15 年里，美国心肌梗死死亡率下降了 37%，高血压死亡率下降了 60%，人平均寿命从 70 岁增至 75 岁。由此可见，运动是健康的"添加剂"和"健脑剂"。

运动也不能过量，要有分寸，要量力而行。要把保持身体的健康和维持生命放在重要的位置上。

三、注意疾病预防，保持身体健康

健康是人生命的保证。身体不健康，什么远大理想，什么奋斗目标，都将成为一句空话。理想难以实现，目标难以达到。但一个人不可能不得病，细菌、病毒也要有生存空间！你不杀它，它就要杀你。正如列宁同志所说的，"身体是革命的本钱"。所以，大家有了远大理想和奋斗目标，还要有健康的体魄，来保证理想的实现。

有很多数残疾人在无法治好疾病的情况下，十分顽强地生活在人生奋斗的道路上，仍然尽自己最大的努力去勤奋刻苦地工作，为社会的发展贡献出自己力所能及的力量。

本书作者在过去的几十年里对自己的疾病进行过密切的关注，并总结出了一些监察与诊断、预防与治疗的方法。长期实践证明，这些方法还是很有用的。当然，当身体出现一些严重的疾病时，还是要请医生来诊断和治疗，不能过多地依赖自己的判断。

1. 对疾病要及早积极地治疗

作者在年轻的时候体弱多病，曾患过胸膜炎、淋巴结核、骨结核等疾病，至于疟疾、感冒、肠胃病等每年都要患很多次。在高中念书时，许多同学都说，他最多也只能活到 40 岁，他的婶婶也偷偷地告诉他的弟弟，恐怕他活不长。可是作者现在已经活到 80 多岁了，如果没有特殊情况，肯定还会继续健康地活下去。每当患病时，作者都能乐观地迎接病魔的挑战，不但积极地进行治疗，也十分重视采取正确的预防措施。在饮食与生活等方面都特别注意，随时观察疾病的变化情况，防止病情的发展，不管是胸膜炎、淋巴结核，还是骨结核，作者都一个一个地战胜了。如果不是长期以来积极地与病魔抗争，恐怕作者早就离开了人世。40 多年来，作者的身体一直很好，这是作者勇敢、积极地战胜病魔的结果，也积累了不少经验和教训。

2. 积极预防各种疾病

1）感冒

疾病应以预防为主。就拿感冒这种小病来说，作者也是以积极认真的态度来对待的。在感冒发烧以前采取紧急预防措施，就可以防止感冒的发生，即在没有发烧之前就将疾病治好了。虽然这是件小事，但也不容忽视。感冒一旦发生，体力会有很大的损耗并影响学习和工作。所以，应该及早发现、及早预防，这样做，对身体健康是很有益处的。

感冒虽然是小病，但也有可能引发其他疾病，甚至导致死亡。例如，一位年事已高的科学家，有单位请他去参加一个重要会议，由于穿的衣服较少，回家以后患上感冒，由于没有及时服用药物，又引起肺炎的发病，不久便离开了人世。假如他采用了其他一些人总结出的预防感冒的经验和方法，在发现自己有可能得感冒的时候，及早地服用药物，或许还能再活多年，可以继续发挥余热。所以，即使得了小病，也要及早服用药物，以避免疾病的进一步发展。

2）人体表皮受伤

人体皮肤常常会被刀、剪和一些尖尖的硬物划伤、刺破等，有时在皮肤上会出现受细菌感染的小红点。如果不采取有效措施，受伤或病变部位就会发展，甚至出现红肿、化脓等病变。因此，对于这些小病必须及时治疗，比较简单的治疗方法是涂一些药膏。根据作者的经验，这些受伤的病变部位很快就会痊愈。

积极预防和治疗疾病可以使身体少受损伤，用更多的时间来完成更多的工作任务。每个人在其一生中，几乎都会患上各种不同的疾病。在人生奋斗道路上如何对待疾病是生活中不可避免的一件要事，应该要有自己的一套处理办法，决不能轻视。

四、重视安全，珍爱自己和他人的生命

首先介绍有关生命的一些格言。

人，最宝贵的东西是生命。生命属于人只有一次。——奥斯特洛夫斯基

使一个人的有限的生命，更加有效，也即等于延长了人的生命。——鲁迅

生命，只要你充分利用，它便是长久的。——塞内加

少年负壮气，奋烈自有时。——李白

希望是生命的源泉，失去它生命就会枯萎。——富兰克林

生命的多少用时间计算，生命的价值用贡献计算。——裴多菲

生命，那是自然会给人类去雕琢的宝石。——诺贝尔

任何人都要珍爱生命，不仅要珍爱自己的生命，还要珍惜别人的生命。一个人要奋斗，要成功及高效做事，首先要保证自身的存在，即生命的存在。没有了生命，奋斗就成为一句空话。人们常常听到社会上一些意外死亡的信息，例如，某人因车祸而丧生，某人溺水身亡，某人因打架斗殴死亡，某人被人谋杀致死，某人因过分激动而死亡。

任何东西都比不上生命更珍贵，更重要，对每个人来说，生命只有一次。失去生命，它不会再来。

尽管生命这么宝贵，但很多人在对待自己或他人生命的问题上，仍然采取了一种马虎、轻率、不认真和一时冲动的不负责任的态度。下面举几个例子。

有位在国内外都享有盛誉的科学院院士，也就是世界上第一例断肢再接取得成功的著名医生——复旦大学教授陈中伟院士，有一天他出门时，把房门的钥匙忘在家中，他要去开会，汽车司机在楼下等他，他想从阳台进到房间里取钥匙，却不小心从七楼上掉了下来摔死了，复旦大学为他开了追悼会。会上众人都为他感到惋惜！他没有充分地考虑安全问题，对自己的生命不够珍惜，只要有1%的不安全因素，也不应该轻举妄动。

有一位父亲，不知道自己的儿子在家，他锁上门就出去了。儿子是运动员，见门锁上了，就想从窗户跳到楼台的阳台再下楼，结果不小心摔死了。当他父亲赶回家时，儿子已经死了，后悔也来不及了。

每年世界上不知有多少人由于不注意安全而失去了宝贵的生命。

辽宁有位著名相声演员，与某电影公司签订了一份收入可观的电影合同，十分开心，就邀请朋友吃饭喝酒，喝得酩酊大醉后还坚持开车，不巧与大货车相撞，合同还没开始实施，就失去了生命。

某校有一位研究院副院长和一位教授、博士研究生导师一起到外地洽谈科研项目，特别好客的协作单位的领导和同志十分热情地请他们吃饭喝酒，回校时自己

开车，撞上桥的栏柱，当场死亡。

世界各国每年都有相当多健康的人死于车祸。

中华人民共和国国歌《义勇军进行曲》的曲作者——聂耳，在游泳时不幸溺水身亡，年纪很轻就离开人世，实在可惜。

某著名大学的一位年轻教授，是该校的一个国家重点实验室主任，带着两位博士生到巴西参加国际学术会议，在空余期间到海里游泳，不幸溺水身亡。其实，他的游泳技能很高，一般情况下是不会出问题的，可是这次可能是由于心脏出了问题而导致溺水身亡。他是一位很有发展前途的中青年教师，太可惜了！

一位留学德国的科技专家，"文革"期间受到严重冲击，给他扣上德国特务的大帽子，受尽了苦楚。"四人帮"被粉碎后，领导给他平反，当面向他宣读平反结论，他极其兴奋和激动，结果脑部出血而死亡。所以，遇到好事不能过分激动。

这些意外的事故，多数是由于自己不注意安全造成的，这些教训，值得大家汲取。

五、保持健康和维持生命的意义是为社会作出更多的贡献

任何人想为社会多作贡献，首先必须有健康的身体，因此为社会多作贡献的前提条件是要保持自己身体的健康及重视安全，身体不健康，突然出了人身的安全事故，很难去完成已经规划好的工作。

保持身体健康和重视人身的安全，也应该用科学方法论来指导。作者十分重视自己的身体健康和重视人身的安全，首先要从预防自己的疾病谈起，在最近的十年中，通过预防，从未患过感冒。感冒是最常见的一种疾病，假如患上感冒，身体出现体温升高症状，对身体应会有不同程度的损害，一般需要几天的恢复时间，所以预防感冒的基本措施是不让身体出现发热等症状。作者采取的措施是一旦发现身体有轻微的感冒发作的前兆，马上服用板蓝根冲剂，一个小时后感觉还有感冒要发作的征兆，再服用一包冲剂，假如再隔一个小时，还有问题，就再服用一包冲剂。在通过情况下，不会超过三次，即可痊愈。另外，也可以用采用温水向鼻孔上来回摸几下，用同样的动作进行十多次，也会见到预防感冒的效果。

这种预防感冒的方法目前已在作者全家推广应用，作者的夫人和孩子也有几年没有患感冒了。有的学生也学习了作者的经验，也很少患感冒了。

对于其他疾病，也可以采取有效的办法进行预防，常常也会取得良好的效果。

此外，还要增加一些适量的运动，对老年人来说，运动也是不可缺少的，没有足量的运动会影响身体健康。

特别是要重视人身的安全，才能完成所承担的一些工作任务，并为社会多作贡献。

正是由于保持了身体健康和人身安全，本书作者在 70 岁以后的 15 年时间里，完成了大量的工作，多为社会作出了自己应有的贡献。

在教学方面，培养的博士和硕士研究生数量 70 岁以前是 80 名，而 70 岁以后为 132 名，比 70 岁以前多了 50%。假如没有健康的身体，就无法完成这项工作，这也可以说，是对社会额外的贡献。

在科学研究方面，也完成了大量的纵向和横向的科研任务，包括振动利用工程、振动同步的理论和方法、产品的设计理论和方法、科学方法论的总结及其应用四个方面都取得了许多创新性成果。

特别是在著作的撰写方面所创造的成果，以第一作者身份撰写的，70 岁以前为 5 部，而在 70 岁以后有 52 部之多。

上述四个科研方向所撰写的著作，大部分是在 70 岁以后完成的，可见，身体健康对于发挥知识分子的余热是多么重要！

我国年过 70 的知识分子数量相当可观，假如这些知识分子都能保持身体健康，他们为社会所创造的价值是无法估量的。

人类社会已经进入知识网络时代，我们的前辈经过艰苦努力，已为我们创造了良好的生活条件。因此，我们这一代人，也要培养好下一代，同时，努力去实现自己的人生价值。

每个人对社会贡献的大小是不一样的，由于情况不同和年龄的差异，贡献的大小自然不会相同。但是，每个人都应该争取为社会多作贡献。国家也为大家多作贡献制定了相应的政策，如退休年龄、各种奖励制度等。

我国建立的院士制度，也为这些掌握高新技术的科技工作者给国家和社会作出贡献提供了良好的条件和极好的机会。

第十一章　做事者要有坚韧的毅力和合理的战略战术

没有毅力，很难把事情做成功。

成功做事，还必须要有良好的心态。

成功做事，还要采取合理的战略战术。

一、引　　言

完成既定的目标和任务，除了要有良好的思想品德、必要的知识和能力、健康的身体之外，还要有坚韧不拔的工作毅力、持之以恒的奋斗精神、良好的心态和灵活机动的战略战术。

美国的拿破仑·希尔和美国作家奥格·曼狄诺特别强调成功最重要的因素就是要有积极的心态，要取得成功，态度最重要，有积极的态度就有积极的人生。一份由其研究机构进行的万人调查显示：决定一个人成为成功者的关键要素中，80%属于个人自我价值取向的“态度类”要素，如积极、努力、信心、决心、意志力等；13%属于后天自我修炼的“技巧类”因素，如各种知识和能力；7%属于运气、机遇等因素。客观环境固然很重要，但只能决定一个人暂时的成败，如果一个人有积极的心态，可以激发高昂的情绪，克服抑郁、消除紧张，就能凝聚成功的行动力量，从而实现人生的进步及事业的成功。

毅力体现在每个人的实际工作中。“一分耕耘，一分收获”，这是一条亘古不变的真理。所有取得成功的人都离不开他们的勤奋和努力，离不开他们的“不怕艰苦”的奋斗精神。这就是人们通常所说的毅力。

斗志体现在一个人遇到困难后，能以百折不挠的决心去迎接困难，以持之以恒的奋斗精神去战胜困难，直至最后的胜利。

在奋斗和克服困难的过程中，还要采取灵活机动的战略战术，如同战争一样，必须要有一整套科学有效的措施和办法，才能以较小的付出，使所做的事取得成功，使战斗取得胜利。

毅力和斗志必须要和灵活机动的战略战术密切结合，才能使所做的事取得良好的效果，也就是说要用聪明的头脑去处理各种事情。

要使自己更加聪明，也必须不断地学习和总结经验，并且把取得的经验应用于自己的学习、工作和生活过程中。

表11.1表述了任何个人要想取得成功并获取最高效益都必须要有坚韧的毅力、顽强的斗志、良好的心态以及采用灵活机动的战略战术。

表11.1　毅力、斗志、心态和战术

序号	主要目标	具体内容
1	坚韧的毅力	当遇到各种困难时，能以坚韧不拔的毅力去战胜困难
2	顽强的斗志	当遇到严重挫折时，能以顽强的斗志经受挫折并顽强地将其战胜
3	良好的心态	即使遇到了困难和挫折，也要有良好的心态去对待
4	灵活的战术	遇到困难和挫折后，要采取灵活机动的战略战术将其战胜

二、坚韧的毅力

有关毅力的格言如下。

我已经给自己选定了道路，我将坚定不移。既然我已经踏上这条道路，那么，任何东西都不应妨碍我沿着这条路走下去。——康德

无论什么时候，不管遇到什么情况，我绝不允许自己有一点点灰心丧气。——爱迪生

世人缺乏的是毅力，而非气力。——雨果

我们应有恒心，尤其要有自信心！我们必须相信，我们的天赋是要用来做某种事情的。——居里夫人

下苦功，三个字，一个叫下，一个叫苦，一个叫功，一定要振作精神，下苦功。——毛泽东

涓滴之水终可以磨损大石，不是由于它力量强大，而是由于昼夜不舍的滴坠。——贝多芬

伟大的事业是根源于坚韧不断地工作，以全副精神去从事，不避艰苦。——罗素

完成既定的目标，要有坚韧不拔的工作毅力和持之以恒的奋斗精神。

我国古人有句名言："古来成大功立大业者，惟刻苦自励，勤于做事，以耐久之精神为之。"这句话说明要想使事业取得成功，成为人中豪杰，必须先吃苦，勤做事，并持之以恒。这些是古人的经验总结，对现代人也是适用的。一些人之所以取得成功，与他们吃苦耐劳、持之以恒的工作态度和奋斗精神是密不可分的。

工作毅力是通过日常的学习、工作和生活培养而成的，也就是当自己碰到困难和挫折时，不是后退，而是要迎上前去想方设法战胜困难。要把受到挫折或遇到困难看成是锻炼自己工作毅力的最好时刻，也是锻炼自己顽强性格的大好时机，工作毅力不是先天赋予的，而是通过工作实践不断地培养起来的。

有一部电影叫《冲出亚马逊》，电影中战士的坚韧不拔的毅力、英勇无畏的气概

和高超过人的本领鼓舞着每个人。影片中主人公王辉和胡小龙在训练中多次负伤，屡次被教官误解，在极端艰苦的环境里始终不放弃、不退缩，勇往直前。正是有了这种坚强的毅力才最后打开了成功的大门，为国家争得荣誉。他们为什么能让教官如此钦佩？为什么让其他国家的队员刮目相看？就是因为他们身上有一种中国魂。自古以来，我们中华民族都是靠着这种不屈不挠的精神，经历了重重磨难，一步步走向辉煌，走向繁盛。我们每个炎黄子孙都应该具备这种坚韧不拔的毅力，过关斩将的勇气，为自己的国家争得荣誉。由此可以看出，坚强的毅力是成功的钥匙。

20 世纪 50 年代，苏联的一部电影叫《阿廖沙锻炼性格》，讲述几个孩子为了培养自己的工作毅力，在自己的床铺下面放上一些石块来磨炼自己，使自己培养出不怕困难和不怕吃苦的性格。这虽然是一部电影，但可以看出当时电影的编导者对培养青少年顽强毅力的重视。

德国天文学家开普勒，是个 7 个月的早产儿。他一降生就连遭不幸：天花使他成了“麻子”，猩红热又弄坏了他的眼睛。他的父母对这个多灾多难的小生命没有爱和温暖，不愿负责任。陪伴着他度过一生的，除了宇宙和星辰，剩下的就是贫困和疾病。

早在孩提时代，开普勒的求知欲和上进心就极为旺盛，他的学习成绩一直在同学中遥遥领先。正当瘦弱多病的开普勒尽情地遨游在知识海洋的时候，不幸再次降临到他的身上，父亲因为负债，不能继续供他读书。失学之后，他只得到自家经营的小客栈里提酒桶、打杂。但是，他始终没有放弃学习。

成家之后，开普勒更加发奋地从事他在天文学方面的研究。他把自己写的书寄给远在布拉格的天文学家第谷·布拉赫。布拉赫对他很欣赏，回信表示欢迎他去布拉格。

在布拉格，开普勒立志研究火星，想揭示大量的秘密。这个时期，是他一生中最快乐的。可惜，好景不长，他的良师益友布拉赫溘然长逝。这不仅在事业上使开普勒遭受到严重损失，而且他一家的生活也因此重新陷入困境。

开普勒的一生，大半是孤独地在努力奋斗……布拉赫的后面有国王，伽利略的后面有公爵，牛顿的后面有政府，但是开普勒的后面只有疾病和贫困。

然而，没有任何阻碍能止住开普勒。他倒了，又站起来。他失败了，便把这些失败收拾起来，建成一座高塔，终于研究并写出了天文学中十分著名的天体运动的三大定律。

香港首富李嘉诚在小时候，家里没有钱供他念书。他只好辍学打工，从 16 岁开始就去做推销员。他决心要做一名成功者。他的信念是比别人多付出 1 倍以上的努力去工作。一般人一天工作 8 小时，他就工作 16 小时。经过努力，他很快就成了公司的销售冠军，18 岁时，被公司提升为业务经理，20 岁就被公司提升为总经理。到了 22 岁，他就自行创业，成立了长江实业公司，开始了问鼎香港首富的道路。

成龙从影 30 多年以来，一直很拼命，重伤 29 次，却从未倒下，拍了 80 多部电影，在全世界拥有 2.9 亿铁杆影迷，还是唯一把手印、鼻印留在好莱坞星光大道上的中国演员。

在一次电视访谈中，成龙回忆起这些往事，感慨万千，深情地说道："坦率地讲，我现在得到了很多东西。但是，如果当初我背信弃义，从戏班逃走没有这身过硬的武功，或者为了得到那 100 万元一走了之，我的人生肯定要改写。我只想以亲身经历告诉现在的年轻人，金钱能买到的东西总有不值钱的时候，做人就应当诚实守信，一诺千金。"由此可见，如果成龙因怕苦、怕累，而从戏班逃走；如果成龙因为工作卑微、薪水不高，而放弃跑龙套；如果成龙因为 100 万元巨款而背信弃义，失信于人，那么还有今天这个家喻户晓、众人皆赞、星光闪耀的他吗？

其实，人生没有那么多如果，只要认定了选择的人生道路，就要执著、坚强、正直地走下去。成龙，一个平凡的人做了许多平凡的事，但是他的成就是非凡的，他的苦难经历和硬汉形象在观众脑海中挥之不去。他向我们展示了一个非凡的人生经历。他之所以成功，是因为他的刻苦、厚道、执著、顽强，以及诚实守信的做人操守。

马克思曾说过："在科学上没有平坦的大道，只有不畏劳苦沿着陡峭山路攀登的人，才有希望达到光辉的顶点。"所以，在人生的奋斗进程中，遇到挫折并不奇怪，问题是如何发挥主观能动性，将损失减到最小，甚至把这种消极因素转化为积极因素。

三、顽强的斗志

"水滴石穿，绳锯木断"，为什么轻柔的水滴能把石头滴穿？柔软的绳子能把粗硬的木头锯断？说透了，就是坚持。一滴水的力量是很微小的，然而只要一滴一滴坚持不断地撞击石头，那么最微小的力量也是最巨大的力量，最终会把石头滴穿。成功之前难免有失败，然而只要能克服困难，坚持不懈地努力，那么成功就在眼前。

成功及高效做事就是要以百倍的努力和坚韧不拔的毅力去执行所要完成的任务。即使遇到很大的困难和挫折，也应该尽力想办法使损失减到最少，并从中汲取经验和教训，尽最大努力将坏事转变为好事。作者很欣赏卓别林的一句话，"要记住，历史上所有伟大的成就，都是由于战胜了看来是不可能的事情而取得的"。

下面举几位残疾人战胜疾病的困扰并在事业上取得成功的例子。

高士其，我国意志坚强的科普作家。他在外国留学时，有一次做实验，一个装有培养脑炎过滤性病毒的玻璃瓶子破裂了，病毒侵入了他的小脑，从此留下了身体致残的祸根。他忍受着病毒的折磨，完成了芝加哥大学细菌学的全部博士课程。回国以后，他拖着半瘫的身子到延安工作。后来病情恶化，说话和行动都十分困难，连睁眼、闭眼都需要别人帮助，但他仍以惊人的吃苦精神进行创作，先后写成一百多万字的研究成果。有人问他苦不苦，他笑着说："不苦！因为我天天都在斗争，斗争是有无穷乐趣的。"他用自己顽强的斗志与病魔作斗争，为我国的科普创作事业作出了贡献。

海伦·凯勒，一个丧失了视力、听力和和语言表达能力的人，在黑暗而寂寞的世界里，用顽强的毅力克服了生理缺陷所造成的痛苦，成为伟大的作家、教育家。她还用自己顽强的生命力量四处奔走，完成了一项又一项的慈善工作。她是一个生命的奇迹，生活在黑暗的世界却给人们带来了光明。她没有被命运击倒，她用残缺的身体和顽强的意志，为我们谱写了一曲生命赞歌。

霍金，在正值青春的年华，患上了会使肌肉萎缩的卢伽雷氏症。医生断言只能活两年的他，虽然最终活了下来，却在之后的数十年里逐渐全身瘫痪并失去了说话能力。这样一个残疾的人，却是科学史上最杰出的科学家之一。虽然身体残疾，他的智慧却无限地发挥，他勇敢地承受着生命的重压，为人类作出了不可估量的贡献。

贝多芬，一位伟大的作曲家和音乐家，在音乐事业如日中天的时候，他耳聋了。这是一个多么残酷的打击，人生似乎不值得活下去了。对一个音乐家来说，还有比听不见他喜欢听的甜美声音更不幸的事情吗！他一度很绝望，甚至想到了自杀。可是他告诉自己"我要扼住命运的咽喉"，他重拾信心，并创作出更加优美的乐曲。他没有倒在命运的压迫之下，而是在苦难中奋进。他在世界音乐史上有着举足轻重的地位，被世人尊称为"乐圣"。

在人生奋斗道路上，一帆风顺的人为数极少，很多人总会遇到各种各样的困难，碰到各种各样的挫折。遇到困难和挫折既是坏事，又是好事。我们更应该把它当成好事来看，这样可以更进一步加强与困难作斗争的意志和增强实现远大理想的决心。

人生并不总是一帆风顺。对多数人来说，逆境会使他们自甘沉沦，只有少数具有顽强意志的人能够战胜自己的弱点，顶天立地，像腊梅一样在冰天雪地里傲然开放人生灿烂之花。

邓小平同志的一生是成功人生的楷模，他之所以成功就在于他有超常的意志。他在中国革命进程中三起三落，不畏艰辛，顶住压力，最终实现了人生目标。所以，有顽强的意志就能战胜人性的弱点。人性的弱点，就像一张张蛛网束缚着我们走向成功，使人不知不觉陷入败局，似乎难以战胜。但只要我们能清醒地认识到这一点，不再怨天尤人，不再把自己的挫败归咎于社会、家庭、他人，而是自我反省，从现在开始，重塑自我，克服自身的弱点，那么，就完全可以取得成功。

历史上的每一个成功者，都是通过自己的不懈努力才取得辉煌的成就。我们不能只看到成功者身上的光环，而忽略了他们为成功所付出的艰辛。

大多数人从事的都是平凡、普通的工作，或许不少人觉得工作不过是一份养家糊口的生计，从而缺乏应有的激情。其实成功正是孕育在平凡之中，只要人们扎实工作，对工作抱有埋头苦干的精神，成功的机遇就会接踵而来。

香港工业界鼎鼎大名的蒋震先生说过："成功没有秘诀，只有埋头苦干。不要想一步登天，不要想一夜发达，只要按部就班、埋头苦干、全心全意做事业，个个都可以成功。"

四、良好的心理素质

良好的心理素质和所学的专业知识、技能一样重要，它们一起构成人们飞翔蓝天的两个翅膀。良好的心理素质，给人一股来自心底的力量，去开启自身的"宝藏"。人们经常听说，最新的科研成果发现，人还有百分之多少的潜能没有开发出来。人们常为之欣喜，跃跃欲试，但总有很多朋友为找不到开发这些潜能的方法而苦恼。其实，只要拥有一份自信，拥有一颗积极的心，就一定会比现在做得更好，更优秀！

一个人要做好任何工作的前提是要有自信心。坚定的自信是一束阳光，会照亮人的奋斗道路。许许多多伟大人物最明显的成功标志，就是他们具有坚定的自信心。

自信者喜欢尝试，喜欢不断地尝试。缺乏自信的人通常只会试一次，一旦失败，就轻言放弃，裹足不前。但杰出人士为了实现梦想，往往要试许多次，走过许多条路，并坚定地向目标前进，不达目的誓不罢休。

数百万的成功者都曾有过这样的经历，他们奇迹般地做成了普通人认为不可能的事。每个人都有可能做成这样的事，但绝大多数人却止步于对自己的消极评价：我不可能做到。

一个人缺乏自信，认为自己"不可能做到"，是因为他只看到了自己的失败之处，并把注意力都集中在失败上面，没有想到"即使是充满自信的成功者也有出错的时候"。这是任何人都避免不了的，不论是成功者还是失败者，不论是老年人还是年轻人，这种事都会发生。充满自信的人和缺乏自信的人之间的最大区别就在于他们看待问题的方式不同。自信的人总是看到问题好的一面；而缺乏自信的人，他们眼中看到的都是黑暗。

人应该学会比他人更爱自己，比他人更相信自己，因为只有在此时，自身的最大能量才会迸发并显现出来，这样人们才能创造出辉煌的业绩。尤其是当自己受到他人无故讥讽甚至侮辱时，也要冷静地面对与处理，平和自己的心态，学会自己调节心情。更不能为了暂时的挫折而钻牛角尖，人要懂得自尊自爱，把别人的侮辱当成自己发愤图强的动力，激励自己去战胜困难，取得成就。荣誉可以成为一个人进步的动力，在一定条件下，耻辱也能达到这种功效。

管好自己就是要与自身的缺点和弱点作斗争，努力去克服自己的不足，在克服不足的过程中不断完善自己。

管好自己就是要用客观规律和客观条件来确定自己的人生目标，然后发挥自己的主观努力，坚定不移地去实现人生目标。

管好自己就是要正确地认识世界、认识自己，不断克服自己的不足，努力发展自己的才能，完善自己的人格，正确对待自己，适应社会的发展变化，最终实现自己的人生理想。

人们不能要求客观，只能要求自己；人们不能对抗客观，只能顺应客观；人们无法管好客观，却能管好自己。管好自己就是人生最大的成功。

成功者都不相信“命中注定”这种观点，他们认为道路是人走出来的，“人定胜天”，一切都要靠自己。正因为抱有这种观念，他们能发现机会，并能利用这些机会创造成功人生。

诚然，命运是存在的。可命运并不是由天注定的，而是由自身及周围环境等因素综合决定的。过去的命运是凝固的，未来的命运是未知的，一切都靠自己去掌握。

所谓必然，如社会环境、家庭情况、经济条件、生活阅历、学习环境、工作性质等，这种必然对每个人的事业成败的影响极为重要。同样，偶然的机会对每个人事业的成败也有相当大的影响。但起决定作用的还是自己，每个人都是自己命运的拥有者，只要认清必然，又抓住偶然，命运会屈服在我们的脚下。

因此，人们要培养良好的心理素质。在当今社会里，有的人因没有把学习学好或没有把工作做好，在心理上产生很大的压力，怕别人看不起自己，这种思想上的压力完全是由主观因素引起的，如果在学习和工作中落后了，可以通过努力逐步赶上甚至超越他们。

在前进道路上，常常会遇到各种各样的曲折。特别是在市场经济时代，竞争十分激烈，在竞争面前，必定会有胜者和败者。在国际体育竞赛中，参与者众多，获奖的只是少数。对于胜者，必须压制自己的感情，不能过分激动；对于败者，也应该接受失败的教训，不要气馁，而应牢记“失败是成功之母”这一名言。有的人由于取得胜利，欣喜若狂，冲昏头脑，进而背上了沉重的包袱，终结了大好的发展前途；有的由于失败，心理状态和精神状态失去平衡，灰心丧气，未能振作精神，直至完全失败。这类事情不胜枚举。

几年前，昆明某大学有一位学生，平时总认为有的同学瞧不起他，于是产生了对他们进行“报复”的念头。后来他真的把几个同学杀害了，自己跑到三亚躲了起来，但最终还是没能逃脱法律制裁。别人的轻视，可以作为激励自己的动力。只要

第十二章　集体做事要充分发挥集体的潜能

良好的组织领导是任何集体顺利完成任务的基本保证。

任何集体要想完成好工作任务，既要掌握先进的技术，又要有先进的技术管理制度和措施。

团结是一个集体的生命。

顽强的斗志和灵活机动的战略战术在完成集体工作时是不可缺少的。

一、引　　言

在人类社会中，有许多的事是靠集体来完成的，集体的事和个人的事有共同之处，但也有很多不相同之处。共同之处是在主观方面都有四方面的潜能，不同之处是其内涵不完全相同。

对于某一个集体，其四项潜能是组织和领导、技术和管理、团结和协作、斗志和战术。

1. 组织和领导

对个人来说，主观方面的第一项因素是思想和品德，而对集体来说，主观方面的第一项因素是组织和领导。组织和领导是一个集体的灵魂，没有领导的集体，就会迷失方向，就无法开展工作，就更谈不上做事取得成功。

2. 技术和管理

对个人来说，主观方面的第二项因素是知识和能力，而对集体来说，主观方面的第二项因素是技术和管理，是和个人的知识和能力相对应的，包括一个集体的技术力量和管理能力，这是一个集体完成任务的基本条件。

3. 团结和协作

对个人来说，主观方面的第三项因素是健康和生命，而对集体来说，主观方面的第三项因素是团结和协作，这相当于一个人的健康和生命。一个集体如果没有团结协作的精神，就是一盘散沙，如同失去健康的人，没法继续工作。一个团结协作的集体相当于一个健康的人。

4. 斗志和战术

对个人来说，主观方面的第四项因素是毅力和战术，对集体来说，主观方面的第四项因素是斗志和战术，这和个人的毅力和战术相当，这种精神在完成集体工作的过程中是十分重要的。

以上是集体做好工作的主观因素。众所周知，内因是事物变化的根据，是基础。作为集体单位的领导和群众，要充分发挥集体的主观能动性和积极性，提高做事的成功概率，才能把事情做得更好。

对一个集体来说，主观方面的四项潜能发挥得好，就会把做事的六项要求做得好，才能把事情做到位，在做事的正确指导思想及发展和创新方面的工作能得到充分的体现，并能在做事过程中做到多、快、好、省，环保方面做得更好，后续性的服务工作也会做好。

但是，对于这些要求，各个单位所做的各项工作不可能完全一样，对这些要求，有的完成得好一些，有的完成得差一些，这要看这个集体的主观因素发挥得怎么样，也要看对做事的三要素贯彻得如何，还要看与这一事件相关的客观方面的三项因素发挥得如何。

对集体单位来说，成功和高效做事的四项潜能如表 12.1 所示。

表 12.1　任何集体可以发挥的四项潜能

序号	主要方向	具体内容
1	组织和领导	把握大方向，善于组织管理、善于紧抓机遇、善于改革创新和约束自己
2	技术和管理	掌握本领域技术方向，有足够技术储备，善于组织大家，重视人才建设
3	团结和协作	能团结群众，能组织群众，做好分工，开展良好的协作
4	斗志和战术	要有忧患意识，有战胜困难的斗志，善于采用灵活机动的战略战术

二、远见卓识和善于组织的领导

1. 单位领导应能把握大方向

一个集体要做出一番事业，要有远见卓识和善于组织的领导。领导的作用，首先应在正确的思想指导下，引导大家朝正确的方向前进，组织团队成功完成既定的工作任务。所谓有正确思想的指导，就是既要考虑集体的利益，又要坚持国家和广大人民群众的利益，由此开展相关的工作。

企事业单位工作的主导方向是决定一个集体能否生存和发展的头等大事，必须予以充分的重视。因此，集体的领导也必须把这件事当成最主要的工作来抓。

一个集体的主导方向不是固定不变的，它因形势的变化而改变。假如形势已经发生了变化，他们还死抱着原来的方向不放，就会走进死胡同。

一位好的领导要有前瞻意识，也要有忧患意识，要用敏锐的眼光来预测形势的发展，来预测本单位所从事的事业的发展前景和可能出现的问题。当发现具有发展前途的方向时，要紧紧抓住而不轻易地放过；当事业或企业的发展可能会出现重大问题或重大问题正处在萌芽状态时，就应采取积极的预防措施，以防止事态进一步发展而造成严重的后果，尽早将其消灭在萌芽状态。

要引导一个集体朝正确方向前进，这个集体的领导必须要有正确思想作指导，也就是说要用科学发展观的思想作指导，从而使这个集体始终沿着时代的发展方向前进，以适应时代的发展。这就需要领导者既要有正确的目标，又要有切合实际的工作任务，还要有科学的工作方法。只有在科学发展观的思想指导下，才能做到这一点。

总之，一个集体单位的领导要善于根据形势的变化采取相应的措施，使这个集体能够紧紧围绕着国家急需的发展方向开展相应的工作，使这个集体在科学技术和经济发展中充分发挥积极作用，完成时代所赋予的发展科学技术和经济的历史使命。

王选与张玉峰是北大方正的两巨头，他们为了研制出具有我国自主知识产权的激光排版系统，夜以继日地工作，最终取得成功。如今的中国人，知道北大方正就如同知道微软一样，而北大方正的名字又与王选、张玉峰密不可分，人们把他们比作中国的比尔·盖茨。王选，中国科学院院士，中国工程院院士，第三世界科学院院士，当年国家“784 工程”——汉字照排系统的技术负责人，北大方正的创始人。他根据汉字字数多、笔画复杂的特点，采用“揭示信息”的方法对字形进行参数描述，跳过日本、欧美流行的第二代、第三代照排机，经过近 20 年的研究，终于研制出第四代激光照排扫描输出照排机。其研究成果屡次获奖，但由于种种原因，这项技术在很长一段时间内不能转变为商品。经过王选的努力，在国家经委和北京大学的支持下，开始了激光汉字照排系统的开发和生产。由此，北大新技术公司负责人张玉峰作为一个有科学头脑的企业家加入了方正，领导了激光照排技术的开发和生产，使北大方正真正走进高新技术产业的行列。现在，北大方正的电子出版系统已经形成了从专业版到普及版，从出版厂商到家庭的完整体系，成为具有世界领先水平的高科技企业。

2. 单位领导应善于组织管理

单位领导要组织大家来完成集体的工作任务，要分配好各部门所承担的工作，协调好各方面的工作。除了实现基本目标，即尽力去完成基本任务外，还要全面地考虑如何更好地实现做事的六项要求，即 IQCTES，在做事过程中既要保证贯彻“正确的思想、良好的环保、后续的服务”，又要解决好做事的“好、省、快(多)”问题。

对企事业单位的领导来说，要使本单位实现盈利，必须解决好资金链、产业链和供应链等相关问题。必须在各项工作中实现正常和有效的运转。

企事业单位的各项管理工作，如战略、决策、投资、项目、技术、团队、经营、财务、人才、宣传、情报、创新、税务、环保、服务等工作，特别是其中的一些主要工作，要对这些主要工作做出正确的决策，进而采取有效措施予以实施。

1）指导思想

正确的思想，首先体现在主要领导和每位成员都把集体事业放在首要的位置上。每位成员的工作既要为集体事业的发展作贡献，更重要的是考虑国家的发展和人民的需要，因为在某些情况下，集体的利益和国家的利益会发生矛盾，所以应该把国家利益放在首位。事实上，有些集体所执行的工作会损害国家的利益，因此一个集体必须首先要考虑国家和人民的利益，处理好国家利益和集体利益的协调关系。

所有工作都应该用哲学的思想作指导，没有哲学思想作指导，常常会走弯路，会使工作失去正确的方向，所采用的工作方法也会违反客观规律。要用科学发展观和系统工程学的思想来指导我们的工作，既要发挥领导的带头和决策作用，又要发挥群众的参谋和把关作用。

2）决策与规划

一个集体要在调查研究的基础上，对某件事做出决策，制订出该集体的工作规划。规划就是一项工作的顶层设计，要从宏观角度做出科学的有计划的安排，它是一个集体工作的指针，关系到一个集体的近期发展与长远发展。一个集体要有自己的几年规划，要有好的决策，要对所完成的科研项目和开发的新产品做详细规划。在本书第六章中详细讲述了制订规划的目的、内容和方法，详细说明了 7D 规划的内涵，即指导思想和目标、具体工作内容和环境、所采取的步骤和方法、工作完成后的检验和评估以及对所完成工作的调整与修改。特别是要求实现的目标和要求，以及在保证达到基本要求的前提下，在实施过程中如何实现多、快、好、省。

3）投资

投资是一个集体的一项重要的工作，应该在集体的规划内予以明确规定，因为它既关系到该集体的发展，又关系到成员的利益。

投资方向和策略十分重要，要找到合适的投资方向和投资项目。这要从良好机遇中寻找合适的项目，用预测学的理论和方法来指导，通过评估方法确定最理想的投资渠道和方向。

在企业的投资中，既有固定资产投资，又有引进人才的投资。在这两种投资中，人才投资是最合算的一种投资，因为它可以直接为企业增加财富。

4）项目

在确定投资渠道和方向之后，再来确定应该承担的具体项目。在确定项目时，要经仔细研究,对需求和项目的环境进行调查;还要对风险进行调查与分析,既要有前瞻意识,也要有忧患意识。这样,就不会使承担的项目和工作出现不应该出现的失误,进而顺利和出色地完成所开发的项目。

5) 技术

技术是一个企事业单位从事工作的基础,是这个集体单位工作的能力和本领,没有技术如何去完成所承担的工作呢?一个集体应该把重点放在先进技术和科学方法的学习、掌握和运用上。目前科学技术的发展突飞猛进,知识日新月异,新的科学技术和知识层出不穷。有了先进的技术,要善于去利用它。不会学习、掌握和运用新知识,这个集体就会落后,就会倒退。所以,一个集体要把学习和运用新技术放在重要位置上。

6) 人才

对于一个有发展前途的企业或事业单位,人才的培养与引进是一个关系到集体发展最重要的问题,特别是当今人类社会已进入知识经济时代,产品的竞争主要是高新技术之间的竞争,也就是掌握高新技术的人才之间的竞争。要将高新技术应用于产品中,不断地提高产品的技术含量,必须依靠掌握高新技术的人才,进而不断提高产品的竞争力。因此,高新技术人才的培养与引进,已经成为关系到一个集体发展的重要问题。

技术人才的培养:要从本集体中培养出掌握先进技术的杰出人才,通过有计划地安排学习进行培养,特别是通过工作实践进行培养。有目的地对杰出人才进行培养,使其成长为这个集体的骨干力量,承担起该集体快速发展的重任。

技术人才的引进:为了该集体进一步发展,要不断地引进高水平的技术人才。引进掌握高新技术的人才是最合算的,因为掌握高新技术的人才可为这个集体开发出新的产品,进而为这个集体创造财富。不少有眼光的民营企业都是用高薪聘用了一些掌握先进技术的人才,从而为这些企业创造巨大财富。

7) 营销

产品的营销关系到企业能否生存和发展,产品推销不出去,企业就无法生存,所以许多企业都安排相当多的营销人员来推销自己的产品。要搞好产品的营销工作,必须做好产品事先的宣传和售后服务工作,既要宣传该企业产品的特点和优点,又要做好产品销售以后的服务,以使用户对该企业生产的产品充满信心。

8) 财务

一个集体能否正常运行,资金积累是十分重要的,要将资金用于企业正常运行与新产品开发这些主要生产环节,财务制度要根据国家的要求来制定,必须符合上级部门的规定。在资金紧张的情况下,要有合适的融资渠道,以确保企业各项工作正常地进行。

9）宣传

一个企业或事业单位，特别是企业要推销它的产品，不进行强有力的宣传是不行的。通过宣传，使广大用户了解该企业生产的产品的特点和优点，进而购买这些产品。许多民营企业就十分重视宣传工作，在产品营销会上将它们生产的质优价廉的产品展示给用户，还通过各种广告进行宣传，以提高产品的市场占有率。许多民营高校常常对该校的学习环境、办学条件、学生就业进行宣传，使更多的学生来报考，从而为这些学校增加了新的活力。

10）税务

纳税是企事业单位应尽的责任和义务。国家法律规定：企业必须按照产品销售金额的一定比例缴纳税款。但是，有的企业不按照国家的规定按期纳税，甚至偷税漏税，这是违反国家法律的。一个企业或事业的领导部门必须自觉地遵守国家规定的制度，把纳税看成是应尽的责任和义务，按时足额上缴税款。

11）环保

环境保护是国家和社会对企业发展的基本要求。一个企业生产出的产品，以及企业在生产过程中都不应该给环境造成超过规定标准的污染。在食品中绝对不允许含有超过规定标准的有害物质。例如，前几年我国有些企业在生产的奶粉中加入三聚氰胺，致使不少儿童吃后患上了肾结石，有的儿童甚至失去了生命。生产过程中超过标准的二氧化碳排放量也是不允许的，这会造成环境的污染。设备运转过程中产生过大的噪声和振动也是不允许的，城市车道两旁的隔音壁是为减少传给住户噪声而专门设置的。

12）售后服务

售后服务是一些产品售出以后必须执行的一项重要工作。产品出售给用户以后，有的是因为用户没有掌握使用规则，有的是因为产品在使用中出现了一些特殊故障，需要进行必要的维修，有的产品要不断地升级，这就需要企业做好产品售后的服务工作。假如企业售后的服务工作做得不好，就会影响以后该产品在市场上的份额，所以多数企业都十分重视售后服务工作。

3. 单位领导应重视体制改革

单位领导应该根据形势的变化，对该集体的管理体制、经营机制等进行必要的调整和改革。对企业来说，还要对企业的产品结构进行必要的调整和改革。此外，还应对人事制度、责任制度、分配制度、奖惩制度等进行调整和改革，并对其执行情况加以检查。

4. 单位领导应善于抓住机遇

前面已经指出，一个单位的领导应该为本单位的生存和发展负责。除了一些国家企事业单位必须承担国家确定的任务外，其他一些集体的任务常常是由他们自己来选择确定的。领导应该对本单位所承担的任务进行选择，以使该单位向最理想的方向发展。为此，单位领导应该从不同的机遇中去寻找自己可以承担的最合适的任务，给单位注入新的活力。

要善于发现机遇和紧抓机遇，机遇产生于对事物迫切需求的过程中，机遇存在于新技术的形成和出现过程中，机遇发生在不同地区需求滞后的过程中，机遇出自于对两个地区和两个部门对比的过程中，机遇来源于事物发展变化的过程中，机遇来自于对某一地区特殊政策实施过程中……总之，机遇到处都有，什么时候都有。眼光敏锐、有远见卓识的领导，会发现各种各样的机遇，更重要的是发现了机遇就要抓住不放，积极创造条件，将它引入本单位的工作计划中，并尽快地将机遇转变为现实，成为推动本单位快速发展的动力。

5. 单位领导在工作中应善于约束自己

大部分有重大成就的企业，都是善于自律的企业。他们的领导人都具有这样一种品质，就是善于约束自己，善于发现自己工作中的不足而不断调整和更新。他们很清楚“自律者才能律人”的道理，清楚以身作则的作用，不断根据客观形势及内部情况的变化而改变其方向。然而，他们在工作中都一直坚持必须遵循的行为标准，这为他们树立了威望，赢得了员工的拥护，同时也使得许多政策能够得到很好的贯彻。

比尔·盖茨只是哈佛大学的肄业生。他虽然没有拿到计算机专业的博士学位，但他却是“计算机革命的点火人，软件的天才”，他是第一个靠观念、智慧、思维致富的人。比尔·盖茨的成功与他超强的自律能力是分不开的。正如他自己所说：“我个人以为，既然想要做出一番事业，我们就不能太善待自己，只有自律的人，才能最后取得事业的成功。”

比尔·盖茨的成功，再一次证明了西方的那句谚语：成功需要1%天才加上99%汗水。比尔·盖茨是科学研究工作者，也是企业家，令人敬佩的是，两种角色他都扮演得极其成功。

三、足够的技术能力和管理能力

1. 一个集体应掌握本领域技术发展的方向

在知识经济时代到来的今天，知识在发展科学技术和经济中已经显示出极其重要的作用。掌握高新技术的科技队伍才能承担起发展高新技术的重大科学研究任务和发展高新技术产业的重任。

信息技术、先进制造技术、新材料技术和生物工程技术是目前高新技术和经济发展的主体，要在这些领域中寻找并开拓新技术或发展新产品，就必须了解和掌握这些领域科学技术发展的方向。在了解与掌握这些技术方向的基础上，确定可开发的产业。

2. 一个集体应有足够的技术储备

一个集体必须不断学习和掌握本领域最先进的技术，并不断将这些新技术应用于具体工作中。所以，一个单位的领导要不断地向每一个员工介绍这些先进技术，并要求他们在工作中很好地运用这些先进技术。

3. 一个集体应了解并掌握相应的管理技术

一个集体要重视技术的管理，重视技术的组合，应用最新的信息技术对技术资料进行管理，如用专家系统对各种工作进行有效的管理。

4. 一个集体应善用科学哲学思想来指导

掌握先进技术是一个集体工作范围内的基本任务，但要做好工作，必须用科学的哲学思想作指导，了解科学发展观的特点，如全面性和系统性、实践性和科学性、继承性和创造性、协调性和稳定性、可持续性和长期性、以人为本等，只有充分了解和掌握这些特点，才能更加有效地贯彻科学发展观的指导思想，才能自觉地在实际行动中加以运用。

5. 一个集体应了解和掌握成功及高效做事的方法

本书所介绍的成功及高效做事方法是一种提高做事成功概率的好方法，只要能够对这种方法好好学习和深刻理解，并坚决地去尝试和实践，就一定会取得立竿见影的效果。遗憾的是，有些人十分相信自己的经验，在思想上一开始就有抵制和排斥的思想，这是很难取得好效果的。

科学方法论总结出的成功及高效做事的十二对规则，也谈到了“十大要素、八字理念、六项要求、四个阶段、两大要事”等。

如果一个集体单位及其成员能够很好地学习、了解和掌握这些方法，按照书中提出的一些规则进行工作，一定会取得十分理想的效果，做出出色的业绩。

6. 一个集体应重视对技术人才的培养

各类技术工作是由各类科技人才完成的。要培养各类科技人才，一是通过各类学校，二是通过工作实践。

国家十分重视人才的培养，就是为了满足科学技术和经济发展的需要。学校的培养重点是基础和技术的培养。各学科都要培养学士、硕士和博士。取得博士学位后，还要通过工作实践来提高科学研究能力，为此国家专门设置了博士后的研究工作岗位。

由本单位通过工作实践来培养科技人才也是一项十分重要的工作，可根据需要去选择相应的科技人才进行培养，以满足本单位发展的需要。

7. 一个集体应重视对技术人才的引进

人才引进是技术人才的重要来源之一。从学校里招收毕业生，从别的单位引进人才，只要符合法律规定，任何一种人才引进方式都是被允许的。

目前，有一些民营企业从国有企业中挖来了掌握先进技术并且是企业急需的人才，这从经济上来说是最合算的。因为国家培养一个人才，通常要花几十万元，民营企业只要给他们较高的工资待遇就可以了，所以不少民营企业都是这么去做的。

四、良好的团队协作精神

俗话说，“一个和尚挑水喝，两个和尚抬水喝，三个和尚没水喝”。显然“三个和尚”是一个团体，可是他们却没有水喝，那是因为这个团队组织涣散，人心浮动，人人自行其是，对工作互相推诿、不讲协作，最后威胁到自己的切身利益。

有首歌唱得好“团结就是力量”，由此可见团队合作的力量是无穷尽的，一旦被开发，将创造出不可思议的奇迹。随着知识经济时代的到来，各种知识、技术不断推陈出新，竞争日趋紧张激烈，社会需求越来越多样化，人们在工作学习中所面临的情况和环境极其复杂。单靠个人能力已很难完全处理各种错综复杂的问题并采取切实高效的行动。所有这些都需要人们组成团体，并要求组织成员之间相互依赖、相互关联、共同合作，通过必要的行动协调，来解决错综复杂的问题。团队合作可以调动团队成员的所有资源和才智，开发团队应变能力和持续的创新能力，依靠团队合作的力量创造奇迹。

我们的伟大领袖毛泽东同志曾经说过，“团结一致，同心同德，任何强大的敌人，任何困难的环境，都会向我们投降”。由此可见，良好的团队协作精神是企业取得发展活力和事业成功的保障。

1. 团结是集体的生命和活力所在

对于一个好的集体，最重要的是它的团队精神，即团队协作精神。“团结就是力量”这是一条人人皆知的十分重要的真理。集体的事是靠集体的力量来完成的，集体的事既有明确的分工，又有良好的合作，构成一个坚强的整体，去完成一件重要的集体事业。大家一条心，才能把事情做好。

如果一个集体不能很好地合作，就是一盘散沙，由这个集体来完成一项重要的任务，肯定完成得不好。

团队协作就像一个人的身体健康状况一样，团结协作得好就像一个健康的人；相反，团队协作得不好，就像一个有病的人，就不可以承担起工作的重任。团结协作是一个集体的生命。

在自然界中，宇宙万物是彼此关联的，团结可以发挥最大的力量。合作既需要你的付出，也需要别人的付出，每个人都需要真诚的合作。

所谓合作，就是将各个独立的个人组成小的组织，并且其所有成员都向着同一目标努力。

在发展自信心及领导才能的过程中，还必须发扬合作精神。合作是所有组合形式努力的开始。合作的过程中，最重要的因素是专心、协调。

世界上没有多少人喜欢被迫购买或遵照命令行事。如果想要赢得他人的合作，就要征询他人的愿望、需要和想法，让他觉得是出于自愿。

罗斯福任纽约州州长的时候，他完成了一项不寻常的功绩。他一方面和政治领袖保持良好的关系，另一方面又强迫进行一些令他们十分不高兴的改革。

2. 好的领导应善于把群众组织起来

一个集体团队协作的好坏，一是靠领导，二是靠集体的每个成员。集体领导要把大家组织起来，要求大家认识到团结协作的重要性，集体事业取得成功，才能有个人的成功。当一个集体出现这样或那样的问题时，集体的领导必须尽快地解决，要把问题消灭在萌芽状态。集体中的每一个成员也必须有正确的思想，要把个人的利益和集体的利益紧密结合在一起。当个人利益与集体利益出现矛盾时，首先要服从集体利益。每位成员要从集体事业的成功中去实现个人的人生价值。

3. 良好分工是发挥集体力量的基础

一个集体要想把工作做好，必须要有良好的分工，每个成员的任务和责任都应该十分明确。

由于每个人的业务能力和工作能力不完全一样，他们完成工作的速度也不甚相同。在集体工作中实施准确的奖励和惩罚也是不可缺少的，工作完成得好的成员应给予更多的奖励和报酬，对完成工作较差的成员适当地给予惩罚，但必须以奖励为主，惩罚为辅。这样可以更好地调动每个成员的工作积极性，鼓励大家把工作做好。

五、顽强拼搏的奋斗精神和采用合理的战略战术

一个集体必须有顽强拼搏的精神，敢于向各种困难作斗争，勇于去应对各种失

败和挫折，没有这种奋斗精神是很难做好集体工作的。

1. 一个集体遇到困难时应能顽强拼搏

任何企事业单位，一帆风顺的情况是不会永远存在的，总会遇到各种各样的问题，碰到各种各样的困难。只有具有顽强拼搏的精神才能不断克服困难才能，不断前进。克服了困难，扫除了前进道路上的障碍，集体事业就能大踏步地前进，工作就会取得更显著的成绩。

集体的顽强拼搏的奋斗精神和坚韧不拔的工作毅力体现在这些领导和每个成员的工作过程中。

什么是顽强拼搏的精神呢？就是在遇到困难时，尽力地想办法并通过不断地实践，去克服这些困难。因此，要对困难进行充分的分析，对其中主要矛盾和次要矛盾、矛盾的主要方面和次要方面进行全面和系统的分析，找出产生困难的原因，进而找出解决困难问题最理想的办法及其可能解决的最佳途径，进而去解决遇到的问题。

2. 一个集体遇到失败和挫折时永不灰心

工作过程也是对客观规律的认识过程，掌握了事物发展的规律，事业就可以取得成功。在工作开始之前，多数单位的领导对自己所承担的任务能否百分之百去完成，心中是没有完全把握的，如何按照科学方法论规则去做，心中是不清楚的。即使他们按照科学方法论中所提出的原理和法则去做，也不一定具有百分之百的把握，所以失败和挫折通常是会遇到的。

碰到失败和挫折，不能灰心丧气，要振作精神，找出失败的原因，总结失败的教训，在下一回的工作中争取胜利。这就是常说的“失败是成功之母”，由失败转向成功。

在这个过程中，不管是集体还是个人，都应该这样做：决不能因失败而绝望。面对失败和挫折束手无策，这是没有前途的。

优秀领袖的首要标志在于他的心态。一个人如果积极地、自信地面对人生，乐观地接受挑战和应付麻烦事，那他就成功了一半。

美国前总统克林顿可以说是“多灾多难”了，他的成长经历早已家喻户晓，同样为人们所熟知的还有他早期的政治生涯：在 1992 年竞选总统的初期，他遭受到挫折，几经磨难之后他才最终获得提名。

然而，值得一提的是，克林顿总是在经历了挫折与失败后，能够很好地把他天生乐观的心态和能力相结合，很快重新赢得了公众的信任，因为人们看到他在经历了一连串的打击后仍微笑着走来，他是永远的“东山再起的年轻人”。在大事面前，他总是冷静地对待与处理。当危机来临时，他能周到地从别人的角度考虑问题，并保持乐观态度去对待。

3. 一个集体要由一些先进分子来带动

一个集体顽强拼搏的奋斗精神和坚韧不拔的工作毅力特别体现在集体中的一些先进分子身上，所以一个集体要重视对骨干人物的培育。“榜样的力量是无穷的”，要通过骨干人物带动整个集体。

集体领导的责任，就是善于发现这些能带领集体顽强拼搏和奋斗的积极分子，要积极地支持他们的工作，培育他们成为榜样。有了榜样，大家就可以向这些先进分子学习先进的思想和工作方法，进而可以把大家的工作做得更好。

通过开展各种竞赛活动可以进一步提高工作效率，提高成员的工作热情，使集体所承担的工作多、快、好、省地完成。

4. 要善于总结经验和教训

要不断总结经验和教训，特别是教训。经验通常是指做事取得成功的长处和优点，而教训通常指做事失败过程中出现的问题和不足。要从这些事例中找出优点和缺点、长处和不足。遇到问题应尽快解决，使其向好的方向转化，不要等出现严重问题时再去处理和解决，到那个时候再去处理可能为时已晚，会对工作造成重大的损失。

5. 要运用合理的战略战术

在遇到困难或遭受挫折时，除了有坚强的毅力和顽强的奋斗精神外，还要有效运用合理的战略战术，像作战一样，要灵活运用有效的方法，但不能损害国家和人民的利益。要把坏事转变成好事，要使做事过程中的损失达到最少。

总之，在遇到困难和挫折时，不仅要有顽强的斗志，还要采取最理想的办法去解决遇到的问题。

六、集体创新成果的典例

《机械设计手册》系列大型工具书是由本书作者主编、由机械工业出社出版的一套国家级的重点科技图书。它包括2010年出版的《机械设计手册》(第5版、6卷本)(图12.1)、2012年出版的《现代机械设计师手册》(上、下册)(图12.2)、2015年出版的《现代机械设计实用手册》(1卷本)(图12.3)及《机械设计手册》(第5版、共22个单行本分册)，总计四部书、共9卷和22个单行本分册，约5300万字。这四部书既互相独立，又可以配套使用，可满足不同层次、不同要求和不同情况的设计要求。

图 12.1 《机械设计手册》(6 卷本)

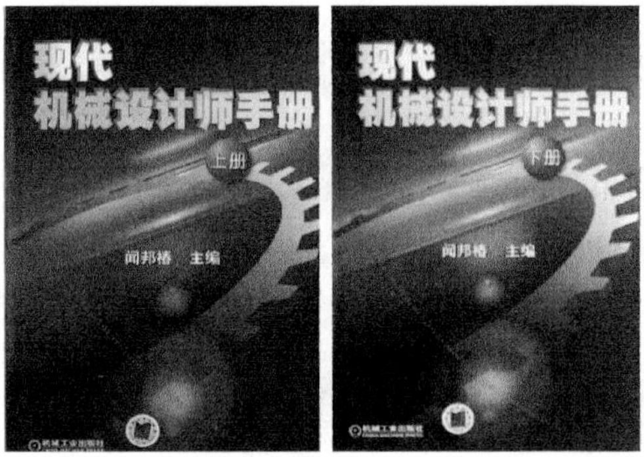

图 12.2 《现代机械设计师手册》(上、下册)　图 12.3 《现代机械设计实用手册》

其中,主手册《机械设计手册》(6 卷本)自 1991 年面世发行以来,已做了四次修订。2010 年第 5 版已经出版发行,截至 2015 年,手册累计发行 36 万套。作为国家级重点科技图书和机械工程方面最具权威的大型工具书,深受社会各界的重视和好评,在全国具有很大的影响力。该书曾获得全国优秀科技图书奖二等奖(1995 年)、机械工业部科技进步奖二等奖(1997 年)、机械工业科学技术奖一等奖(2011 年)、中国出版政府奖提名奖(国家图书奖最高奖项)(2013 年),并多次获得全国科技畅销书奖等奖项。1994 年《机械设计手册》曾在台湾建宏出版社出版发行,在海内外产生了广泛的影响。《机械设计手册》所荣获的一系列国家和部级奖励表明了它所具有的高的科学价值、实用价值和文化价值。《机械设计手册》已成为机械设计领域的一种品牌大型工具书,已成为机械工程领域最具权威和最具影响力的功勋大型工具书,它为我国装备制造业的发展作出了重大贡献。

《机械设计手册》(第 5 版)是一部 6 卷本、共 52 篇、2200 万字的大型工具书。它与前 4 版相比,无论在体系上还是内容方面都有很大的变化。

《机械设计手册》(第 5 版)以科学发展观为编写指导思想,继续坚持“科学性、先进性、实用性、可靠性”的编写原则，以荟萃常规设计和现代设计的精华，建立现代设计新规范，引领现代设计创新潮流为编写目标。

全书分 6 卷，内容为：

第 1 卷——常用设计资料；

第 2 卷、第 3 卷——机械零部件设计；

第 4 卷——流体传动与控制；

第 5 卷——机电一体化设计与控制技术；

第 6 卷——现代设计理论与方法。

《机械设计手册》(第 5 版)的特色和创新点如下。

(1) 在国内外首次构建了科学、先进、实用的适应现代机械设计创新潮流的独特的《机械设计手册》新结构体系，该体系层次为：机械基础、常规设计、机电一体化设计与控制技术、现代设计方法与综合设计方法。该体系的特色是，常规设计方法与现代设计方法互相融合，光、机、电设计融为一体，局部的零部件设计与系统综合设计互相衔接。

(2) 对机械基础和常规设计的内容做了大规模全面修订，编入了大量新标准、新材料、新结构、新工艺、新产品、新技术、新设计理论和计算方法等。例如，编入和更新了产品设计中需要的大量国家标准，标准总数 1800 多个，标准更新率在 65% 以上；编入了新型工程材料，如钛及钛合金、镁及镁合金；充实材料新内容，如不锈钢、耐热钢材料及新型复合材料；编入了并联机器人和并联机床，这在大型工具书中尚属首次；首次编入了新型金属带式无级变速器；根据最新国家标准，构建了 3 种计算流程的齿轮传动设计新体系，使其更为规范、实用，以适应不同场合、不同要求的需要；在流体传动和控制卷中，编入了一大批国内外知名品牌的新标准、新结构、新产品、新技术、新设计计算方法。

(3) 开辟专卷编写机电一体化设计与控制技术。信息技术在机电产品中的应用标志着产品的技术含量和科技先进水平。因此，手册中加强对相关内容的编纂是知识经济时代的要求。

机械装备的机械技术与电子技术相结合日趋紧密的发展趋向和机电一体化成为现代机械技术的重要特征。手册设专篇编写机电一体化技术与设计。该篇以典型机电一体化产品的五大组成部分的技术要点为主线并以产品设计为背景编写，并编入了大量实例以加强其实用性。

机器人是机电一体化特征最为显著的现代机械系统，机器人技术是智能制造的关键技术。手册首次设专篇编写工业机器人技术，该篇从实用性的角度编写了工业机器人技术中的本体、驱动、控制、传感等共性技术，结合喷涂、搬运、电焊、冲压、压铸等工艺，介绍了机器人的典型应用。对视觉机器人、智能机器人等也做了实用性编写。

激光加工技术目前已经成为一种有效的重要先进制造技术，手册首次编入了激光及其在机械工程中的应用。手册以激光加工技术的最新成果为素材，编入了各种激光加工的原理、工艺及其应用，其中包括在打孔、切割、焊接、淬火、熔覆与合金化中的应用和激光加工中的安全防护等。

微机电系统(MEMS)是20世纪80年代中后期出现的微电子技术与机械技术及生物、物理、化学等学科相交叉的一种新技术，它不仅是机械学科发展的前沿方向之一，也逐渐形成了产业。顺应高新技术发展潮流，手册设专篇撰写微机电系统，这在大型工具书中尚属首次。该篇重点编入了微机电系统制造和设计技术。

(4) 科学地论述和编纂了现代设计理论与方法专卷。本书作者在国际上首次按系统工程的观点对现代设计方法进行了分类，并由此选编了21种现代设计方法，可谓现代设计方法之大全。

在产品设计理论与方法综述篇中，简要介绍了机械制造技术发展总趋势，国际上有影响的主要设计理论与方法，产品研究和开发的一般过程和关键问题，现代设计理论的发展和根据不同的设计目标对设计理论与方法的选用，在国内外首次按照系统工程的方法对产品现代设计方法做了科学分类，克服了目前产品设计方法的论述缺乏系统性的不足。

绿色设计是实现低资源消耗、低环境污染、低碳经济的保护环境和资源合理利用的重要技术政策。手册新辟专篇系统地论述了绿色设计的概念、理论、方法及其关键技术。结合作者多年的研究实践，并参考了大量的国内外文献及其最新研究成果，首次构建了系统实用的绿色设计的完整体系，包括绿色材料选择、拆卸回收产品设计、包装设计、节能设计、绿色设计体系与评估方法，并给出了系列典型范例，对推动工程绿色设计的普遍实施具有重要的指引和示范作用。

装备制造机械产品的大型化、复杂化、信息化程度越来越高，对设计方法的科学性、全面性提出了越来越高的要求，为了我国实现制造强国的客观需要，急需创建一种能统领产品设计全局的先进设计方法。为此，本书作者等根据多年的研究在国际上首次提出了产品的综合设计法。这是一种基于系统工程的产品深层次的综合设计方法，它是以产品功能设计、性能设计和质量检验、评估为基本目标，将产品设计过程分为含3I调研的准备阶段、含7D规划的规划阶段、含1+3+X综合设计的实施阶段和含3A检验的设计质量检验阶段，以此为基本要点构成综合设计法的完整体系。该方法已经在我国许多机械产品(如高速列车动车、大型离心压缩机等)中成功应用，已获重大社会效益和经济效益。手册对该设计法做了系统论述，并给出了大型综合应用实例。该综合设计方法，对我国大型、复杂、现代化机械产品的设计具有重要的指导和示范作用。

手册对机械系统的振动设计及噪声控制、机械结构有限元设计、疲劳强度设计、可靠性设计、优化设计、计算机辅助设计等比较成熟的现代设计方法，本着简明化、实用化的原则，做了全面修订和充实，吸收了最新研究成果，增加了系列应用实例。例如，在机械系统的振动设计及噪声控制中，增加了非线性系统中的等效线性化和多尺度法；在机械可靠性设计篇中，引入了作者的机构运动可靠性设计理论和方法、可靠性灵敏度分析方法等最新成果；在机械优化设计篇中，增加了模糊优化等新内容。

另外，对虚拟设计、并行设计、协同设计、公理设计和质量功能展开(QFD)设计等设计领域的前沿方法分别做了实用化介绍，以进一步拓展设计思路。

(5) 突出了内容的科学性。手册的科学水平是评价手册编写质量的最重要方面，因此手册修订特别强调突出内容的科学性。

① 努力贯彻科学发展观的指导思想。在手册编写过程中，作者按照科学发展观的指导思想来完成编写工作，特别是在产品设计理论方法的编写中直接应用了科学发展观的基本思想，如产品的和谐设计和综合设计等。

② 手册中的许多内容是编著者多年研究成果的科学总结。这些内容中有不少是国家 863、973、科研重大专项，国家自然科学基金重大、重点和面上项目的成果，有不少成果曾获得国际、国家、部委、省市科技奖励及技术专利，充分体现了手册内容的重大科学价值与创新性。

第十三章　做事者要重视三个外部因素的影响

外因是变化的条件，外因通过内因而起作用。
机遇来的时候像闪电一样短促，全靠你不假思索地利用。
既要保护环境，也要充分利用环境。
要利用好条件，没有条件要努力创造条件。

一、引　　言

目前，我国正处在改革开放时期，工作中既要紧抓机遇，又要迎接挑战；既要重视外部环境的影响，又要做好环境的保护和利用；既要注意条件的影响，又要充分利用条件。许许多多在事业上取得成功的集体和个人，都是紧紧地抓住了某个十分难得的机遇，他们既会做好环境保护，又充分利用良好的客观环境和条件。

既然机遇、环境和条件这么重要，人们一定要千方百计地寻找和挖掘机遇，良好的机遇往往只在一个很短时间内存在，发现之后应该紧抓不放，并积极地利用；如果在某一工作阶段缺乏良好的环境和条件，应该想尽办法努力去创造，再加以利用。

表 13.1 列出了影响高效做事客观方面的三个因素。

表 13.1　影响高效做事客观方面的三个因素

序号	客观方面的三个因素	具体内容
1	机遇和挑战	善于发现机遇，善于抓住机遇，迎接机遇带来的挑战
2	环境和协调	既要重视环境的保护，又会充分利用环境对高效做事产生的积极影响
3	条件和利用	要创造条件，充分利用条件对成功及高效做事产生的积极作用

二、善于发现和利用良好的机遇

人们常说“机不可失，时不再来”，错过了时机，就很难再有这种良好的机遇。巴尔扎克说过，“机会来的时候像闪电一般短促，全靠你不假思索地利用”。所以，千方百计地去紧抓机遇，是事业取得成功不可忽视的因素。

机遇对每个集体和每个人来说都是十分重要的，要利用好机遇，有时还要有意识地去创造机遇。

一个人要成功，要做成一番事业，其实并不是难事。只要抓住机遇，再通过自己的不懈努力就能取得成功，但人们往往不会积极去利用机遇。所以，机遇对任何人来说，都应该努力地抓住，不要轻易放过。

1）机遇来自何处

善于发现机遇。机遇对任何人来说，都十分重要，要想尽一切办法去寻找机遇，去发现机遇。机遇和挑战常常是同时存在的，碰到了机遇，还必须勇敢地去迎接挑战，事业才能取得成功。

善于抓住机遇。每一次机遇的到来，对任何人来说，都是一次严峻的考验，必须善于抓住机遇。它不仅需要人们有坚实的功底和知识储备，更需要人们在看到机遇时，拿出拼搏和应战的勇气。翻开人类奋斗的史册，可以看到，有的人因为抓住机遇而“柳暗花名又一村”，正摘取着成功的桂冠；也有的人因为与机遇擦肩而过，还在“山重水复疑无路”，甚至为错过机会而抱憾终生。所以，抓住机遇也是一种能力，它会帮助你在人生道路上苦苦跋涉时来一次转折性的飞跃，看到成功女神的微笑。

在第四章中已介绍了10个方面的机遇，这里不再重复。

2）如何去创造和利用好机遇

善于利用机遇。有些机遇是可以创造的，例如，到劳动力廉价的地区去兴办产业；在经济危机或大市场环境不佳的时期，通过一些渠道促使政府制定优惠的政策，以解决企业遇到的困难；如果有融资渠道，可以在经济危机发生时期，去并购一些企业。

人们常说，“机遇对你笑，看你找不找”、“机遇只垂青那些懂得怎样追求她的人”。前面已经介绍了机遇存在的条件，不失时机地从各个方面去寻找机遇，也是可以找到的，关键的问题是要动脑筋，要勤于思考，要善于发现。

有人说，“机遇可遇而不可求”。其实，机遇的产生也有其内在规律。如果有足够的勇气，睿智的头脑，敏锐的观察力和判断力，机遇也可以被“创造”出来。善于等待机遇、抓住机遇是一种智慧，创造机遇更是一种大智慧。

在成功路上奔跑的人，如果在机遇来临之前就能识别、在其消失之前就能果断采取行动去占有，幸运之神就会来到面前。

机遇虽然是一种客观的事物，但机遇却是由参与认识世界、改造世界的人创造出来的，是人的主观能动性与外界环境变化的客观必然性相“合拍”的产物。

一个人的主观条件影响着客观环境，主观条件得到优化，客观环境将得到改变，将有利于产生适应个人发展的良好机遇。成功者的经历证明，客观机遇降临时，自身胆识等方面素质较强的人明显要比一般人更容易捕捉到机遇，才华出众则是捕获机遇的最大资本。

成功者能在机遇来临之时牢牢地将其掌握，就是因为他们较之常人进行了更为漫长的、充分的准备。他们就像一粒粒种子，在黑暗的泥土中蓄积营养和能量，一旦听到春风的呼唤，他们就会破土而出，生长成挺拔的栋梁之才。

这就很好地解释了这样一些问题，为什么有的人总能得到比别人更多的机遇？为什么面对同样的机遇，有人成功了而有人却失败了？为什么有些资质本来不好的人却能得到命运的垂青，而某些天资甚佳者却最终庸碌无为？为什么成功者总显得比别人幸运？

有不少机遇是人创造的，是人的主观能动性和外界环境变化的客观必然性的结合。主观方面条件的增强会影响到客观环境的变化，使好的机遇更容易产生。同样，当一个客观机遇出现之后，那些不断提高自身素质的人则要较之常人更容易接近和抓住这些机遇。

下面举出两个例子，看有些人是如何去寻找机遇的。

江苏宜兴有一个生产环保设备的企业，开始只重视单纯的水处理设备的生产，到2005年左右，宜兴从事环保生产的企业达5000多家，过多的环保企业，出现僧多粥少的问题。该企业老总通过调查研究发现我国的蓄电池产业大多为电池制造厂家，生产蓄电池装备的厂家很少，很多蓄电池生产设备从国外进口，他抓住这个机遇快速掉转船头，通过10年左右的努力，在蓄电池装备方面已成为国内领头羊企业。

这里必须指出，机遇只是一个客观因素，有了机遇，必须通过个人或集体的不懈努力和辛勤劳动，即客观因素要通过内因才起作用，才能使事业取得成功。

三、选择好合适的环境

1. 狭义环境——地点

狭义的环境是地点，地点对于创办一个企业是十分重要的。环境可以决定一个企业或事业单位能否生存和发展下去。

例如，吉利集团在北京创办了北京吉利大学，如果在浙江临海办学，短期甚至长期都难以达到现在的规模。所以，要完成好与地点有关的一些任务，必须选择好合适的地点。当然也有不少工作，与地点无关，另当别论。

2. 广义环境——自然环境、社会环境、技术环境、资金环境、市场环境和政策环境

广义的环境因素包括自然环境、社会环境（政治、经济、人文、法律、国际和人际环境）、技术环境、资金环境、市场环境和政策环境等，这些环境因素也会对企事业单位的生存与发展产生重要影响。

企事业单位在发展过程中，既要充分考虑环境对单位发展的约束，又要充分利

用环境对单位发展所起到的积极作用。从企业的生产情况看,生产过程中应防止污染环境和资源过度消耗的问题,因为生态环境恶化会破坏人民群众的生活环境,应引起直接参与产品生产的企业领导和科技工作者的密切注意。资源的节约、环境的保护,保持企业生产与政治、经济、人文、法律、国家政策之间的协调关系,保持与其他国家之间的和谐,产品与市场环境的融洽,所生产的产品能否采用先进和有效的技术,以及资金上的融入和合理利用都应作为企事业单位发展过程中应该考虑的具体目标和内容。只有这样,才能更符合国家的经济建设和社会发展的要求。

在科学技术突飞猛进与社会快速进步的今天,产品的设计与制造将赋予产品更多的人文因素,产品将更加人性化。设计师需要更彻底地理解全人类的要求,从而逐渐采用和谐设计的理念进行产品的设计,做出真正的"以人为本"的设计。

此外,从我国产品设计存在的一些问题来看,和谐设计在解决某些存在的问题时,能发挥其积极的作用。

目前在国内外,由于产品设计时未能全面和系统地考虑环境对产品的约束及可能发挥的积极作用,曾出现过大量不协调的问题。

1) 自然环境

自然环境保护对资源合理利用及与地理环境的协调都是非常必要的。

(1) 自然环境保护。当前,在社会生产(包括机械产品的生产)中,环境的污染已经到了十分严重的程度,可以说,人类生产所造成的污染,是人类自己正在毁灭自己。例如,水、空气、噪声、振动、电磁辐射等污染正在威胁着人类的生存和安全。最近在不少城市和地区出现的雾霾天气就是环境污染造成的。

在 21 世纪,人与自然的关系变得十分紧张,地球上的资源逐渐枯竭,环境污染十分严重,自然界中的许多物种都有濒临灭绝的危险。1987 年作者去德国访问,好客的 Benz 教授带着作者和李东升副教授到他家做客,晚饭后我们到树林中去散步,看到几只蜗牛在地上爬,Benz 教授说,要保持生态平衡,当心不要踩死它们。在那个时候,德国人就已十分重视保护自然界,从这点小事可以看出人与自然的和谐和协调。

(2) 资源合理利用。地球上的资源是有限的,必须合理地利用。人类文明的历史只有 5000 多年,环境破坏日益严重,如果这样发展下去,我们的后代如何生存和生活呢? 仅用一个例子足见问题的严重性。车辆有害气体过高的排放及油料资源不合理的利用与浪费,给人类带来了难以想象的灾难,这个问题在产品的绿色设计中已经提出,并正在解决的过程中。

(3) 与地理环境的协调。不少产品与地理环境有直接的联系。因此,对于与地理环境有直接关系的产品,必须考虑地理环境对产品的约束,以及充分利用地理环境对产品发展所起的积极作用。

每个人和每个集体都要努力为创建一个环境友好型和资源节约型的社会作出

当然，没有基本的工作条件，要创造基本工作条件；已经有了工作条件，就要充分利用好。善于利用工作条件的人，所做的工作就能取得好的成绩。

(3) 实验条件。对科技研究人员来说，实验研究是十分必要的。对于从事物理、化学、生物工程、信息技术、新材料技术、先进制造技术的科技工作者，没有实验很难做好他们的工作，实验是他们研究工作的基本手段，所以必须要创造实验研究的基本条件，才能完成好工作任务。

(4) 基础条件。做任何工作，基础条件都十分重要。有了良好的基础，就可以开展相应的工作，也就可以大大减少一些必须完成的基础性和先导性的工作，节省更多时间，直接进入关键性研究工作阶段。

有些人能很好地利用这些基础条件，这样就有较高的起点，就会取得更高水平的成果。一位研究工作者，如果他所研究的内容是在一个高水平的基础上进行的，他就会取得更高水平的成果。

(5) 生活条件。生活条件是保证完成工作任务的基本因素。一个人要生活下去，就要拥有生活下去的基本条件。如果一个人的衣食住行安排得很好，他就可以全心全意地投身于工作中，把工作做得更好，进而为国家科学技术和经济的发展作出更大的贡献。

这里指的条件主要是社会环境及工作条件。一个人做事能否取得成功，与外部条件也有十分密切的联系。例如，要想在某一领域的研究工作取得成功，除了自身的一些因素外，还要有良好的工作条件作为支撑，要有领导、同事的支持，有一个很好的群体和科研团队协助你完成所承担的工作。反之，如果没有良好条件的支撑，就不可能很好地完成所承担的工作任务。

2. 如何营造和利用良好的条件

学习、工作和生活条件在许多情况下依赖个人或承担工作的集体自身来创造，有时还要通过与上级部门联系或协作单位共同来创造。条件的具体内容包括学习条件、工作条件和生活条件等，营造良好条件的方法要根据各个单位和各个部门具体情况确定，这项工作是十分复杂的，要通过个人和集体的努力对学习、工作和生活条件进行具体规划，并予以创造。

有了良好的条件就应该很好地去利用这些条件，使其发挥它们应有的积极作用。有的人和集体不善于利用这些条件，使所具有的条件不能充分发挥应有的作用。如何利用这些条件，要根据各个单位和各个部门情况具体地加以确定。

五、根据客观形势的改变采取相应有效的措施

客观形势的变化是事物发展的必然规律，而且这种变化通常是十分复杂的，如

在做事过程中忽视客观形势变化对所做事的影响，有可能会使自己的工作遇到瓶颈，并使所做事难以完成。

人们常说做事要能“随机应变”。也就是说，客观形势发生了变化，即时间、空间和条件发生了变化，这时，做人和做事的策略和措施也要发生变化，这种变化应该和客观形势适应。假如企事业单位和个人做事与客观形势不相适应、不协调，就会出现各种各样的问题，严重时会使企事业单位倒闭。之所以我国提出企事业单位在国内外形势急剧动荡和经济不整气的情况下，要加快结构调整，对于生产的产品要加快转型升级，是因为只有这样做才能适应形势不断变化的要求。下面举出一个企业是如何根据形势的变化，不断地对企业进行结构调整，对生产的产品进行转型升级的。

从下面新闻记者与东北大学计算机软件国家工程中心负责人刘积仁的一段对话中，就可以知晓东软集团的有关情况及发展。

2016 年 1 月 3 日，记者对东软集团董事长刘积仁进行了采访。

刘积仁介绍他正带领着 24 岁的东软集团进行着第六次创新转型。刘积仁是我国培养的第一位计算机应用专业博士，33 岁时被破格提升为教授，现在他仍保留着教学相长的习惯，在东北大学指导“大数据”方向的博士研究生。

刘积仁介绍了他们三个人于 1991 年带着三万元科研经费和三台 286 电脑，在东北大学一间破旧的教室里创办了东软；到今天东软集团每年拥有 80 多亿元的营业收入，企业现有两万多名员工，成为中国第一家软件上市公司，公司国际业务占整体业务的 30%，离岸外包业务收入占中国离岸外包总收入的 6.7%。

刘积仁谈到自己，他更希望能保持自己企业的特点，在本行业深耕细作。

从 1991 年到现在，每隔五、六年东软就得换一种生存方式：在软件还卖不出价钱的年代，东软提出了将软件与产品工程相结合的经营概念，将东软的软件植入全球各大品牌的汽车音响、手机乃至医院的 CT 机中；后来率先打入日本市场，实现中国软件企业的跨国经营；他们预见到中国软件业的人才瓶颈，率先在大连、成都和佛山开办大学培养软件人才，现在已培育 33000 名学子。东软的每一次转型都是基于本身业务而进行的决策，现在正在进行的是第六次转型，在经济不景气的时候，东软仍然能够保持每年百分之十几的利润增长。

刘积仁介绍，他们感受到了大数据和云计算带来的新的服务机会，所以这次整体转型，从技术上转向大数据和云计算方向；从整体目标市场上，看好大健康、汽车电子等行业。

刘积仁认为，医疗在全中国一年的费用是巨大的，把这些数据充分发挥起来，从这里节省 5%、10%的可能性都是存在的。当然，这个背后会有大量药厂、保险公司、医院，还有个人，都会成为大数据的分享和利用的得益者。

在医疗领域，去年东软融到了 37 亿元资金，今年在熙康医疗方面，还将再收获

29 亿元资金。特别值得一提的是,东软已经研发出了带有“中国”字头的高端医疗器械核磁共振 CT,2015 年研制的 128 排的 CT 已经上市,CT 有 16 排的,过去再多就是 64 排的,而现在的 128 排 CT 就是转一圈能拍 128 张图片,录下 128 个断面,准确记录像心脏这样的动态影像,这种技术不仅在国内属于领先水平,在国际也数一数二,而它的出现让长期被国外品牌垄断的相关产品市场价格下降了两成到三成。今年由我国自主研发生产的 PET-CT 即将上市。

该公司生产的核磁共振 CT 比现在国际市场上销售的同类国外产品价格低 20%～30%。现在一台 PET-CT 大概几千万元,设备很贵,至少在 3000 万元以上。

简单算一笔账,以一台 3000 万元的 PET-CT 设备为例,再便宜 30%就是 900 万元,价格便宜了,采购成本降低了,医院运营的成本也会降低,对百姓的医疗费用也有了相应的下调空间。

通过五次转型,东软已经拥有员工两万多人,在中国拥有 6 个软件研发基地,8 个区域总部,在 40 多个城市建立了营销与服务网络;在美国、日本、欧洲、中东设有子公司。

一个人做一件事较容易,一辈子持续做一件事很难。是什么原因让刘积仁在 20 世纪 80 年代大家都出国的时候却选择了回国?又是什么原因能让他一直在这个行业很好地坚持下去呢?工作实践已对这个问题做了回答,要重视结构调整和转型升级。东软集团不仅为东北大学树立了榜样,还为我国树立了榜样。

第十四章　做事者要重视两个动态因素的作用

在科学技术突飞猛进发展的今天，不学习是没有希望的。

读书如逆水行舟，不进则退。在科学技术得到高度发展的今天，不学习，很快就会落后，就会掉队。

要经常检查，定期总结，检查和总结会使人更聪明。

一、引　　言

本章讨论成功及高效做事的两个动态因素：学习和致用、检查总结和提高。

学习是为了工作，是针对知识不断更新的需要，是针对做事者不断提高工作能力的需要。工作中遇到了新问题，就需要通过分析来解决。问题不解决，个人和集体就不能很好地完成工作任务，做事就不能取得成功，个人或集体就不会取得进步。因此，经常学习是十分必要的。通过学习，了解相关的先进技术及别人工作的先进经验和方法，再通过自己的思考和分析，提出解决问题的方法。

此外，做一件事还必须经常进行检查。检查工作进行的情况，检查所做的工作是否按制订的规划来执行，是否达到规定的指标和要求。如果发现了工作中的问题，就应该尽快纠正，使工作走上正常的轨道。总结也是为了工作，做完一件事，或完成一个阶段的任务，或遇到一些特殊问题时，都要进行总结。总结工作中的经验和教训，以便在执行下一阶段或下一项工作时，能很好地汲取前一阶段或前一次工作的成功经验，接受失败的教训，发扬优点，克服缺点，使以后少走弯路，进而提高做事的成功概率和效益，这是现代成功学要讨论的重要问题之一。

表 14.1 列出了影响高效做事的两个动态因素。

表 14.1　做事过程中应该重视的两个动态因素

序号	两个动态因素	具体内容
1	学习和致用	不断学习新知识新技术，不断提高新形势下的工作质量
2	检查总结和提高	定期用六项要求来检验，定期总结工作中经验和教训

二、不断学习，学用结合

学习是获取知识和技术的重要手段，是学习他人经验的主要方式。不学习很难了解社会上的各种情况，很难了解各种新知识和新技术，很难提高自己的工作能力和做事的本领。

温家宝同志说:“不学习是没有希望的。”在做事及人生奋斗过程中，要不断地学习，因为人类社会处在不断的发展过程中，新知识在不断地涌现，旧知识在不断地更新；随着科学技术的不断进步，人们的生活方式与工作方式也在不断地改变。人们要不断地了解、掌握和运用这些新知识、新技术，以适应工作与生活方式不断变化的需要。

习近平同志指出:“如果我们不努力提高各方面的知识素养，不自觉学习各种科学文化知识，不主动加快知识更新、优化知识结构、拓宽眼界和视野，那就很难增强本领，也就没有办法赢得主动、赢得优势、赢得未来。”

人们在前进中会遇到这样那样的新情况、新问题，要应对各种可以预料和难以预料的风险和挑战，人们不懂得、不熟悉、不精通的东西还很多。面对世界形势和国家形势的深刻变化，面对改革开放和社会主义建设的艰巨性和复杂性，要解决新时期、新阶段我们面临的新情况和新挑战。只有更加重视学习、加强学习和善于学习，不断提高工作能力和领导能力，我们才能确保在世界形势深刻变化的历史进程中始终走在时代前面，才能不断提高推动科学发展和国家经济发展的能力，使中华民族自立于世界民族之林。我们要依靠学习走向未来。

人不只是靠他生来就拥有的一切，也要靠他从学习中所得到的一切来造就自己。

西汉学者杨雄说:“学者，所以修性也。视、听、言、貌、思，性所有也。学则正，否则邪。”

曾国藩认为，人之气质，由于天生，本难改变，唯读书学习可以改变人。

培根在《论读书》中写道:“读史使人明智，读诗使人聪慧，演算使人精密，哲理使人深刻，伦理使人有修养，逻辑修辞使人善辩。”显然，学习可以改变人的智商和情商。相反，一个不读书、不求知的人，他的生活会怎样是可想而知的。

因此，学习对于任何人来说都十分重要，不仅是青年人要学习，老年人也要学习，要活到老，学到老，用到老。特别是在科学技术得到高度发展的今天，科学技术日新月异，生活条件和环境不断改变，在这种新形势下学习尤为重要。不学习，很快就会落后，就会掉队。因此，必须要树立起终身学习的理念。

从通信技术来看，目前通信技术已发展到网络时代。20 世纪 90 年代以前，人与人之间依靠写信来相互沟通。从沈阳寄信到作者的老家浙江温岭，一般要 5 天，从中国到美国要 7～10 天。现在人们通过手机发送短信，通过计算机上的 Internet 网络通信，只需一两分钟，就可以将信息发送给对方或接收到对方发来的信息。假如人们不学习这些新技术，掌握的知识还停留在 10 多年以前，那就落后了，这会浪费许多时间。通信技术的研究和应用，把通信的时间缩短了，把地球上人与人之间的距离拉近了，这样就省出了许多时间，提高了工作效率。人们要依赖这些科技成果改进生活，必须学习并掌握这些先进的技术。试问，不学习这些现代的先进技术，一个人能取得成功吗？由此可见学习现代科学技术十分重要。

本书作者现在已是80多岁的人了，还在指导研究生，还要和许多同行交流信息，他不仅自己用E-mail给别人发邮件，用手机给别人发短信，还在计算机上打字，而且用的是五笔字型录入法，这比用拼音打字要快得多，他还学会通过网络来查找信息。当前，如果不掌握这些现代技术，几乎无法开展正常的工作，无法生活在现代社会里。如果现在要将一件普通的事告诉对方，还用写一封信通过邮局寄给别人，那恐怕是一种落后得让人笑话的做法！现在邮局除了包裹、特快信件和明信片外，普通信件已经越来越少了。由此可见，学习新的通信技术对于生活在现代社会里的每个人来说是多么重要！

杨澜到美国去学习的故事也说明应该不断学习。

1994年，杨澜从一名学生成为《正大综艺》的节目主持人，把一个有着良好家庭教育、较高文化素养的青春少女的形象和富有女性细腻情感的职业女性的形象统一在一起，创造了一种既高雅又本色、既轻松又令人回味的节目主持人的特别风格。

在完成了《正大综艺》200期制作之后，杨澜跨越太平洋去了美国，攻读哥伦比亚大学的国际传媒硕士学位。

当时很多人都不理解，认为杨澜已经取得了成功，已经成为世界级的著名节目主持人，她完全可以在当时的位置上享受自己获得的荣誉。但是，越是有能力的人越能体会到能力和学识的重要，越能产生在能力和学识上进一步提升自我的渴望。所以，杨澜离开了令人羡慕的主持人岗位，去美国读书，又成了一名学生。

当杨澜再一次出现在媒体上时，她的形象发生了很大的变化。她的境界提升了，她在自己的人生道路上又上了一个台阶。

李嘉诚是一个终身学习的典型人物。少年时，因战乱他没有完成学业，这成了他最大的遗憾。他决定做生意赚够100万后，重新回学校念书。但当他赚到100万后，因为要对企业员工负责，所以没有办法回学校念书，他只好利用业余时间自修，这让他养成了每天晚上都要看书的习惯。由于这种热爱学习的态度，他成了别人眼中的“超人”。

人的潜能是很大的，成功没有止境，学习也是没有止境的。

三、经常检查，定期总结

首先介绍用什么指标对工作进行检查。做任何工作都要有具体的要求和要达到的指标，前面已经讲了要做到对、好、省、快(多)、保、便等，即IQCTES的六项要求。

如何实现这些要求呢？必须在工作中不断地予以对照检查，是否已经达到了规定的指标和要求。

在这些要求中，指导思想“对或正确”、对于环境“保”、售后服务“便”这三项要求主要检查是否达到，且要求必须要达到，不是可有可无的。假如都没有问题，都可以满足要求，在以后的工作中也不会出现这些问题，就可以将其放在一边。把工作重点转移到如何做好另外三项要求，即质量、成本和生产周期，也就是要解决好“好、省、快(多)”的问题。

至于做事的质量“好”、付出的代价“低或省”、花费的时间“短或快”这三项具体要求，必须仔细去分析，去考虑，既要考虑每一项要求是否能够达到，又要考虑三项要求之间的协调关系。众所周知，对做事的质量要求过高，就会增加成本，就会花费更多的时间。适当降低质量，就会节省成本和时间。所以，对做事的质量必须精打细算，只要满足其基本要求即可，而使所做事的质量略超过规定的指标和要求，这应该是较理想的，这样就可以节省出成本和时间，以便完成更多的工作，并创造更大的经济效益。

一个有经验的人做事，通常特别重视质量、成本和时间三者之间的有机联系，使其达到最佳的匹配，从而获得最理想的结果，既能达到做事的质量，达到“好”的要求，又能以较低的成本和较短的时间来完成任务，做到了“省”和“快”。

检查和总结要有明确的目的、具体的内容和有效的方法。

1. 检查和总结的目的与意义

检查和总结本身也是一种学习，而且是在实际工作中学习，这种学习比起书本上的学习更加实际，更为有用。

要检查和总结所完成工作的优劣情况，要从检查和总结工作中发现优点和不足，要检查和总结出做事及工作过程中的经验和教训，使自己在下一阶段的工作中，发扬优点，克服缺点，少走弯路，并可以提高下一阶段的工作效率，使工作取得更大的成绩。

在检查和总结中发现自己思想上和工作上的不足时，应该及时地予以克服和纠正，不要在出现严重问题时才去想办法，再去处理，那样为时已晚，可能已造成无法弥补的重大损失。

做任何事的检查工作都十分重要，每个人都会有深刻的体会。例如，任何一种考试假如不进行检查，就不会把不应该错误的地方，或者说意外发生错误的地方，改正过来，这是有经验的学生常规的做法，假如时间充裕，还可进行多次检查；还有人们买东西或开会，在离开某一地点前，应该做一次检查，应该带的东西有多少，是否遗忘在逗留过的地方，假如不进行检查，常常会把某些东西遗留在到过的地方。这些虽然多数是小事，但疏忽的和遗忘的事常常会发生。

2. 检查和总结的内容

1）对某一项工作的检查和总结

应该在对所开展的工作进行检查和评估的基础上进行总结，而检查和评估要依据原先制订的规划来进行。每项工作都要有合理的规划或执行计划，制订的规划是检查和总结的依据，也是检查和评估的标准。要分别对计划中规定的工作目标、工作内容和工作方法进行全面的检查和评估。

首先，要针对工作目标进行检查和总结。其次，要针对工作内容进行检查和总结。最后，要针对工作方法进行检查和总结。

在检查和总结中特别要重视实际工作，了解和掌握个人和集体执行做事的一般规则的情况；了解个人和集体领悟和执行成功及高效做事的十二对规则的情况，进一步总结影响做事成功概率和效益的主观因素和客观因素等。

2）对某特殊问题的检查和总结

对特殊问题进行检查和总结要根据完成这项工作的目标和要求，检查这一特殊问题的目标和要求是否已经实现，实施的内容和方法有无不妥之处，找出实施过程中的优点和存在的不足，对不足之处应该提出有效方法予以克服。

3）对个人的检查和总结

某一个人的检查和总结包括思想品德方面、提高业务能力方面、保持身体健康方面、工作毅力及所采用的战略战术方面的检查和总结。

（1）对思想品德方面的检查和总结。因为一件事能否做成功，能否做得好，做得妙，能否达到多、快、好、省的要求，与从事工作的人的思想素质和心理素质有着密切的联系。在执行工作过程中，是否把国家利益和集体利益放在首位，学习、工作和生活中是否坚持着良好的思想品德，工作中的学风、作风及个人的生活习惯有无不良的表现，对工作有无产生不良的影响等。当然在这一方面既要找出优点，也要找出缺点，对于缺点和不足应该找出发生的原因和提出改正的措施和方法。

（2）对提高业务能力方面的检查和总结。在完成工作过程中，自身的业务能力如何？业务能力包括所掌握的文化和科学技术知识是否足够？自身的各种能力：自学能力、分析和解决问题的能力、实践能力、创新能力、组织能力、宣传能力、协作能力等有哪些不足，有哪些长处？特别是在工作中的开拓精神和创新能力表现得如何？发现不足时，是否采取相应的措施和方法及时予以解决？

（3）对保持身体健康方面的检查和总结。在工作过程中，有无发现身体健康状况对工作产生不良影响；在发现疾病将要降临时，有无及时采取预防措施。

在工作期间，有无发生不安全的情况，甚至对生命造成威胁的不安全的情况，当出现这些情况时，是否采取了紧急的预防措施。

在个人思想上对身体健康及保证生命安全是否已引起足够的重视。

(4) 对工作毅力及所采用的战略战术方面的检查和总结。在工作过程中,是否遇到过困难和挫折;遇到严重影响工作继续顺利开展的问题时,是否以百折不挠的精神去顽强拼搏;在思想上是否始终保持要战胜一切困难的决心和信心,以坚韧不拔的毅力和采用灵活机动的战略战术去克服困难;在这个过程中,是否开动脑筋,寻找办法,使自己走出困境。

4) 对某一集体的检查和总结

某一集体的检查和总结包括集体组织领导方面、提高技术能力方面、团队协作方面的检查和总结。

(1) 对集体组织领导方面的检查和总结。该集体的领导在完成整个工作中是否发挥了积极的作用,所确定的工作目标和工作方向方面是否正确,集体的领导是否具有前瞻意识和忧患意识,是否抓住了每一时期群众所存在的关键问题,对集体中出现的重大问题是否采取了有效措施予以解决,对该集体的群众积极性调动得如何,是否制定出一些规章制度去调动群众的积极性,对集体的长远发展有无做过较详细的规划,并对技术储备做具体的安排,有无采用有效措施紧抓典型和通过先进人物来推动整个集体工作的开展,是否采取有效的发展模式来加快集体事业的发展。

(2) 对提高技术能力方面的检查和总结。该集体在提高技术能力方面的总体工作做得如何,是否能了解和紧紧把握国内外所从事领域科学技术的最新发展动向,是否站在该领域的最前沿努力开拓和发展新的先进科学技术,并将这些技术应用于具体工作中。该集体有无新的技术储备,以便根据形势发展将这些技术应用于所执行的工作中,进而推进该集体的快速发展。

对该集体后备技术人才的培养是否已做出具体的安排,人才的结构是否合理,如果不甚合理,是否已采取有效措施设法解决。

(3) 对团队协作方面的检查和总结。该集体工作中集体力量发挥得如何,团结情况如何,以前有无存在不团结的情况。在完成该项工作中集体团结协作的情况如何,遇到不团结的情况和协同工作不理想的情况时是否采取有效措施去解决问题。该集体群众对团结协作的重要性认识如何,集体领导在这一方面的工作是否做过具体的安排。

5) 对所表现的奋斗精神和应采取的战略战术的检查和总结

该集体对所完成的工作表现出的奋斗精神如何,工作中是否遇到过一些困难,对于这些困难是否主动想办法予以解决。该集体是否用自己队伍中的或其他单位一些先进人物的事迹去启迪广大群众以百折不挠的奋斗精神和顽强拼搏的工作毅力及采取灵活机动的战略战术去完成集体的任务。

6) 对执行成功及高效做事规则的检查和总结

对成功及高效做事方法学的执行情况进行总结是十分必要的。因为做事能否成功主要看这些规则执行得好坏。执行得好，做事的成功概率就可以大大提高。通过这一方面的总结，能更深刻地理解这些规则的特点，把下一阶段的工作做得更好。

3. 检查和总结的方法

1）制订检查提纲

检查和总结要有提纲。提纲中的内容应该包括所做工作的基本目标、具体要求、具体内容、重点内容和具体方法。

检查和总结提纲中要包括找出所做工作的优点和不足，即总结所做工作的经验和教训，以及指出下一阶段工作应该解决的问题。

2）按照提纲开展检查和总结

检查过程中收集到的材料要经过分析和整理，通过分析找出影响以后工作的关键问题，分析其产生的原因及对工作所起的积极作用或不良影响。

3）总结做事的经验和教训

总结工作的最终结果应该是对所做工作的最终评价：优、良、及格或不合格，还要总结出所做工作的成功经验和存在的问题，以便在下一阶段的工作中发扬优点，克服缺点，为下一阶段的工作提出应注意的问题等。

为了把下一阶段的工作做得更好，要对这一阶段工作出色的先进分子进行表彰和奖励，以激发其他人的积极性。

成功学大师卡耐基是如何总结自己不足的？在卡耐基的私人档案柜里有一份特别的卷宗，内容都是“我做过的傻事”。有的时候，卡耐基会口述这些事给秘书记录，不过某些事确实“傻”得太厉害，卡耐基都不好意思说出口，只好自己动手记下了。如果卡耐基够诚实，这样的卷宗恐怕早就需要成立专柜了。

每当卡耐基翻阅这份卷宗，重读这些“傻事”时，就像有一面镜子摆在那里，让他能够看清自己。

4. 检查和总结的主要成果

假如坚决按照成功及高效做事方法学中的规则从事学习、工作和生活，得出的结论应该是：在保证达到做事基本要求，即工作质量的前提下，加快了工作进度，有效地节省了工作时间，从而可以完成比原计划更多的工作。

总结可以提高学习效果。本书作者在念大学的时候，每学习完一门课后，都要对这门课的学习内容做一个总结。通过总结，使他对课程内容的理解加深了，对课程的系统性更加清楚了，并且帮助他对课程内容的记忆，更进一步了解课程内容的重点以及课程各部分内容之间的联系。

总结帮助我们对创新的认识和理解，进而取得若干创新性成果。20 世纪 80

年代，当我们看到报纸上刊登国家发明奖的获奖单位时，发现有的获发明奖的单位都是在近几年才从事我们研究领域的研究工作的，而我们课题组在这一领域的研究已经花费了 20 多年的时间。我们通过总结找到了原因，虽然研究时间较长，但创新的意识较薄弱，为此在以后的研究中提高了自身的创新意识，加强了研究技巧，后来我们在科技项目的研究中也获得了国家发明奖。

通过总结提高了自身的创新意识，加深对创新的认识和理解，加强了研究技巧，进而取得若干创新性成果。

四、对检查发现的问题要及时并妥善地解决

在科学实施过程中，通过检查，常常会发现工作过程中出现的问题及工作过程中所遇到的困难，发现工作中的问题和困难，既是坏事，又是好事。说是坏事，因为遇到了问题和困难，就要花功夫去处理，去解决，就要花费精力和时间，就要付出代价；说是好事，因为发现了问题和困难，通过对问题和困难的解决，可将要完成的工作向前推进一步，有时甚至会将工作向前推进一大步。

要解决遇到的问题和困难，就得采取有效的措施和办法，这就要学习新知识和好经验，就要动脑筋，要广泛运用目前社会上已取得最先进的科学技术成就，在此基础上提出最理想的措施和办法，这是处理实际问题的有效措施和方法。

在本书第七章中介绍了当前科学技术领域已取得的许多科学技术成就。

特别是本书中有关科学方法论的应用正在向智能化方向发展，即用专家系统来处理工作中遇到的各种问题和困难。专家系统的特点是既要科学地运用知识库中的共性知识和专业知识，又要运用调研所获得的数据，包括用大数据技术所获得的知识，所建立的数据库，再运用逻辑学中推理的原理和方法，去解决所遇到的问题。要做好这项工作，就要有大量的先进的科学技术知识，假如以前还没有学习和掌握这些先进的科学技术知识，就要好好地学习这些新知识和新经验。

因此，在本章中提出的要不断学习，学以致用非常重要。科学方法论所介绍的体系和规则，已经为人们提供了十分宝贵的共性核心知识，但在运用科学方法论的过程中，还有许多的新知识和新技术需要人们进一步去学习和掌握，才能解决工作过程中遇到的问题和困难。

五、学习和总结会使人更聪明

在工作过程中要不断学习新知识和新技术，也要经常检查和定期总结工作情况，以便找出工作的优点和不足，把下一阶段的工作做得更好。

做一项新工作，就要学习和了解与这一项工作相关的知识和技术，以便把这项

工作做得更好。

完成一项工作就该进行一次总结，总结的目的是了解所做工作是否达到了规定的要求，所做工作有哪些优点和缺点。总结可以使以后的工作少走弯路，可以提高下一阶段或下一项工作的效率，这是十分重要的。

学习和总结使人更加聪明，进而产生蝴蝶效应。人变得聪明之后，会使自己对工作方法和规则有更深刻的了解、掌握和运用，即做事有更明确的奋斗目标，会选择更切合实际的工作内容，会采取更加科学和有效的工作方法；对工作中应该发挥的四项潜能会有更正确的理解，即做事要有正确的思想，更加努力地学习科学技术知识和培育自己的工作能力，注意保持自己身体的健康，会以更坚强的毅力来从事各项工作；还会利用好各种机遇、环境和条件，进而会使做事的成功概率大大提高，会以较小代价使所做的事取得成功，还会节省出更多的时间来完成更多的工作，提高做事的效率和效益。由此可见，总结具有十分重要的意义。

第十五章　用科学哲学思想来统领所有工作

用科学哲学思想来指导工作，不会使我们迷失方向，会引领我们走上正确的道路。

做任何事都要从最广大人民的利益出发考虑问题。

科学哲学思想的六个特征是：要“以人为本”、全面性和系统性、实践性和科学性、继承性和创新性、协调性和稳定性、可持续性和长期性。

要努力贯彻“创新、协调、绿色、开放、共享”五项要求。

一、引　　言

做任何工作如果没有正确的思想作指导就会迷失方向，就会做错事，也就不会取得成功。那么，应该用怎样的思想指导工作呢？工作首先要从广大人民群众和国家的利益出发，甚至从全人类的利益出发考虑问题，要用现代科学哲学，即辩证唯物主义，或者更具体地说要以科学发展观和创新的思想作指导，来处理各种问题。

根据我们对现代科学哲学，即辩证唯物主义或科学发展观的理解，它有以下几个特点。

(1) 要“以人为本”，所做工作要从人民和国家的利益，甚至从全人类的利益出发来考虑问题。

(2) 全面性和系统性，在任何工作中都要全面、客观地按照系统工程学的观点和方法去考虑问题。

(3) 实践性和科学性，实践是检验真理的唯一标准，要遵照自然、经济和社会的客观规律开展创新活动。

(4) 继承性和创新性，要在继承的基础上，开展创新研究，要有创造性的思维和运用创造性的原理和方法。

(5) 协调性和稳定性，要使所承担的工作任务保持协调与和谐，必须处理好系统内部单元之间及系统与外部因素的协调关系，使所做工作得以稳定的开展。

(6) 可持续性和长期性，要充分考虑所做工作对周围环境的影响，要重视环境保护和资源的合理利用，保持与自然环境长期的稳定与和谐。

我国国家领导人特别强调要在各项工作中做好创新、协调、绿色、开放、共享五个方面的工作，前面提出的六个特点与这五个方面的工作内容是一致的。

从事各项工作的人都应该用科学发展观的思想去指导工作，这是做好工作的基础。

做事缺乏科学哲学的思想作指导，很难使工作得以全面、系统、科学、创新、和谐、可持续地开展。如果做事没有正确的方向，其成功概率就会大大降低，更谈不上如何提高做事的效率和效益。

二、要“以人为本”

“以人为本”，是科学发展观的核心。是中国共产党人坚持全心全意为人民服务的党的根本宗旨。过去的发展观认为，发展就是经济的快速运行，就是国内生产总值(GDP)的高速增长，忽视甚至损害人民群众的需要和利益。这种发展观“见物不见人”，其实质是一种“以物为本”的思想，和“以人为本”所代表的思想是两种不同的发展观。

自 2003 年党的十六届三中全会提出“以人为本”的科学发展观以来，报刊上发表了不少阐释文章。

在 1848 年发表的《共产党宣言》中，马克思、恩格斯鲜明地指出：在消除了阶级和阶级对立的资产阶级旧社会之后的共产主义社会“自由人联合体”那里，“每个人的自由发展是一切人的自由发展的条件。”(《马克思恩格斯选集》第 1 卷，1995 年版第 294 页)，即共产主义的“以人为本”最终要使无产阶级和全人类的解放达到每个人都解放，都能全面自由发展，过着美满幸福的生活，就是要从“以众人为本”达到“以每个人为本”。

马克思主义的“以人为本”观，一百多年来在全世界有越来越广泛的影响。尤其是《共产党宣言》已用 200 多种文字出版了 1000 多个版本，成为许多国家大中学生的必读书籍，如今，在资本主义国家已经有越来越众多的有识之士认识到，在新科技革命迅猛发展和知识经济、生态经济日益增长的新时代，“以人为本”的理念对经济社会的可持续发展具有非常重大的意义。例如，1972 年 6 月在斯德哥尔摩召开的联合国人类环境会议上通过的《人类环境宣言》中强调“世界一切事物中，人是第一可宝贵的”。会议呼吁各国政府和人民为全体人民和他们的子孙后代的利益而做出努力。

1992 年 6 月在里约热内卢举行的联合国环境与发展会议上通过的《宣言》中认为，“人类处于备受关注的可持续发展问题的中心”，要“使所有人都享有较高的生活素质”，“每一个人都应能适当地获得公共当局所持有的关于环境的资料”。“应培养全球伙伴精神，以期实现持久发展和保证人人有一个更好的将来”。1995 年 6 月联合国社会发展问题世界首脑会议在哥本哈根举行，有 118 个国家的元首或政府首脑及另外63个国家的政府代表与会。这是世界历史上各国领导人出席人数最多的空前盛会，也是联合国历史上首次以社会发展问题为主题的各国首脑会议。会上各国代表一致认为贫困、失业和社会两极分化是目前世界面临的最严重的社会问题。同年11月中国国务院总理李鹏在会上阐述了我国对当前国际问题和社会发展问题的看法，1995年11月13日会议通过了《哥本哈根宣言》和《哥本哈根行动纲领》。《哥本哈根宣言》提出了十项满足人的各方面需要的承诺之后指出：哥本哈根会议这些承诺“体现了以人的权利为本，以可持续发展为途径，最终满足各国人民的物质和精神需要的社会公共管理的目标价值取向”。《哥本哈根行动纲领》的“突出特征是强调‘以人为本’的社会发展理念。也就是说，经济的增长，制度的建设，政策的选择等，都要以尊重人的尊严、实现人的权利、满足人的物质和精神需要为出发点和落脚点”。

我国提出“以人为本”的科学发展观，正是吸取我国古代和西方政治文明的精华，依据马克思主义的人本主义原理，顺应当今世界文明发展潮流，在理论上有重大创新。对于构建社会主义和谐社会、争取建立和谐世界、开创和谐未来，都有重大意义。

三、全面性和系统性

做任何事要考虑其全面性和系统性，这是成功和高效做事的关键。

真理的全面性，是指作为真理的认识必须是全面的认识，全面性是揭示真理具体性实质的最重要方面。真理无疑也包括正确的感性认识，但真理主要是指人们对事物本质及其规律的正确反映。

真理具体性包括三个方面的内容：条件性、全面性和系统性。

(1) 条件性是指真理的界限。界限是真理的有机组成部分，任何真理都有自己的适用范围，由于真理只是反映事物的本质方面，不能包括对象的一切，所以即使在其适用的界限内，也必须与当时、当地的具体条件相结合。

(2) 全面性是指真理的内容。这是揭示真理具体性实质的最重要方面，真理无疑也包括正确的感性认识，但真理主要是指人们对事物本质及其规律的正确反映。

(3) 系统性是指真理的形式。世界的普遍联系反映在认识中、理论上，就是概念、判断的普遍联系。就具体真理的形式来说，则是一个概念、判断组成的逻辑系统。

真理具体性的这三个方面是密切联系在一起的，任何真理都有界限、内容和形式，都是条件性、全面性和系统性的统一，三者缺一不可。

1) 全面性

对事物的共性和特性全面了解和掌握，可为进一步制定决策创造良好的条件。

坚持真理的全面性，是避免和克服片面性的根本和关键。列宁同志在《哲学笔记》中说："真理是全面的……反映物质过程的全面性及其统一的灵活性，就是辩证法，就是世界的永恒发展的正确反映。"列宁还进一步指出："单个的存在对象、现象等仅仅是观念真理的一个方面。真理还需要现实的其他方面，这些方面也只是好像独立的和单个的独自存在着的。真理只是在它们的总和中及在它们的关系中才会实现。"列宁同志指出了对事物全面了解的重要性。

全面性原则要求搜集到的信息要广泛、全面完整。只有广泛、全面完整地反映管理活动和决策对象发展的全貌，才能为决策的科学性提供保障。当然，实际收集到的信息不可能做到绝对的全面完整，因此如何在不全面完整的信息下做出科学的决策是一个非常值得探讨的问题。

2）系统性

任何事物都构成一个完整的系统，要处理好一件事或制作好一件物品，就要对这个系统进行全面的了解，掌握其内部的结构及其共性和特性，假如对整个系统缺乏了解，就很难把这件事做好或把这件物品制作好。采用系统工程的理论和方法来处理具体问题是理想的方法。

系统工程方法是一种现代的科学决策方法，也是一门基本的决策技术。系统工程方法把要处理的问题及其有关情况进行分门别类、确定边界，又强调把握各门类之间和各门类内部诸因素之间的内在联系和完整性、整体性，否定片面和静止的观点和方法。在此基础上，它没有遗漏地有区别地针对主要问题、主要情况和全过程，运用有效工具进行全面的分析和处理。

系统工程方法是人类在自然科学和社会科学领域的不断实践中产生的一系列科学处理问题的方法，包括整体观念、综合观念、科学观念、创新观念等。

（1）整体观念。要用系统的方法研究系统的对象，立足整体，统筹全局，全面规划，协调处理，使系统的总体与部分之间、部分与部分之间、系统与环境之间达到辩证统一。系统是由各部分组成的，系统的功能要大于各部分的功能。

（2）综合观念。要求从系统的总目标出发，将各种有关的经验和知识有机结合，协调运用，从而开发出全新的系统概念，创造出全新的系统结合和功能，这就是 $1+1>2$ 的系统综合效果，即综合出创造，综合出效益。

（3）科学观念。要求分析问题时树立科学的观念，在处理问题时，一方面要有严格的工作步骤和工作顺序，做到定性与定量相结合，另一方面要遵照科学规律办事，充分认识到整体与部分的统一、协同与矛盾的统一。

（4）创新观念。系统工程方法是现代科学技术与社会实践相结合的产物，要求人们在运用现代科学技术的同时，充分发挥人的创新能力，大胆地进行系统的概念开发和结构开发，以实现系统的最优效果。

四、实践性和科学性

首先谈实践性，辩证唯物主义最重要的一条规则是从实际出发。

实践性是马克思主义哲学最重要的特点和理论品质，在整个马克思主义哲学体系中，实践是贯穿始终的一条中心线索。马克思从"人本"的角度出发，强调了实践在人类自身和社会存在与发展中的决定性作用。通过实践，人类认识了之前并不知道的东西，从而认识了世界。

马克思主义哲学是从实践出发解决哲学基本问题，即思维和存在的关系问题是对人与世界的关系的最高抽象。马克思主义哲学深刻地指出人与世界的关系实质上是以实践为中介的人对世界的认识和改造关系。先通过实践来认识世界，然后从实践出发解决人与世界的关系问题是马克思主义哲学实现伟大哲学变革的实质和关键，是实践为人提供了认知对象。因此在实践中，人不仅认识了世界，而且改造了世界，在天然、自然的自在世界的基础上创造了属人世界。所以，实践不仅具有认识论意义，而且具有世界观意义。

人类的生存和生产活动，是以实践为基本方式和标志的，马克思指出："在实践上，人的普遍性正表现为这样的普遍性，它把整个自然界——首先作为人的直接的生活资料，其次作为人的生命活动的对象和工具——变成人的无机的身体，人靠自然界而生活，这就是说人与自然界的关系始终是，人类为了生存而必须同自然界处于持续和不断交互的过程中。所谓人的肉体生活和精神生活同自然界相联系不外乎是说自然界同自身相联系，因为人是自然界的一部分。"马克思主要强调人是自然界的一部分，把人和自然界联系起来的是社会实践，人只有通过不断地实践，才能认识世界，然后成为自然界的一部分。认知了世界以后，再通过自己的认知改变世界，把世界改变成自己理想的世界，所以说实践是马克思主义哲学的基础。

人类通过物质生产劳动实践与自然之间进行物质、能量和信息的交换，获得自身生存与发展的丰富的物质资料，并解决人与自然之间的矛盾，这是实践作为人的生存方式的最关键形式。用实践去认识问题，然后解决问题。通过实践去更好地认识世界，了解世界，所以实践性是马克思主义哲学的基础，对于大部分问题，只有通过实践才能一步一步发现真理。

科学性是指做事遵循事物固有发展规律，任何事物都有其发生和发展的内在规律。

马克思主义深刻揭示了客观世界特别是人类社会发展的普遍规律，马克思主义之所以具有彻底的革命性，正在于其严格的和高度的科学性和真理性，那么，这种科学性和真理性体现在哪里呢？

第一，马克思主义的科学性和真理性，在于其世界观和方法论是科学的。马克思主义坚持辩证唯物主义和历史唯物主义的世界观和方法论，用生产力和生产关系、经济基础和上层建筑的矛盾运动来解释人类历史的发展变化。在人类思想史上，还没有一种学说像马克思主义那样对世界历史产生如此巨大的影响。马克思主义经受住了时代的考验，其科学性和真理性得到世界上越来越多人的认同。

第二，马克思主义的科学性和真理性，在于其代表了最广大人民的利益。其全部理论都立足于实现和维护最广大人民的根本利益，把全人类解放和人的全面发展作为最高价值追求，不谋求任何私利、不抱有任何偏见，是科学性、阶级性和实践性相统一的理论。历史上也有过种种同情、关注人民群众的思潮和学说，但从来没有一种理论像马克思主义那样，与各国工人阶级和广大劳动人民的命运如此紧密地联系在一起。

第三，马克思主义的科学性和真理性，还在于其是开放的、与时俱进的理论体系，是随着实践发展不断丰富和完善的科学体系。马克思和恩格斯强调，他们的学说不是教条，而是行动的指南。马克思曾说，正确的理论必须结合具体情况并根据现存条件加以阐明和发挥。马克思主义是革命的、批判的、发展的，是随着时代和实践的进步而不断丰富的。

第四，马克思主义的科学性和真理性，已经为中国革命、建设和改革的实践所证明。中国人民正是在争取民族独立和人民解放，实现国家富强和人民富裕的长期奋斗中，选择了马克思主义作为自己的思想武器。改革开放以来，我国把马克思主义基本原理同中国实际和时代特征紧密结合，引领改革发展取得了举世瞩目的成就，充分显示了马克思主义的巨大指导作用。

五、继承性和创新性

一般来说，几乎所有的创新都是在前人取得的成就的基础上进行的，完全脱离前人取得的成就及其经验与方法去创新和创业，是难以想象的。因此，继承性在事物的发展过程中起着十分重要的作用，人类社会的发展是在不断继承和不断创新的情况下完成的。

创新和创造就是发现新问题、提出新问题、研究新问题、解决新问题，得出新结果（包括理论和方法）、创造新事物。正如毛泽东同志所说的，要有所发现，有所发明，有所创造，有所前进。这就是创新。

创新有原始创新、集成创新、引起消化吸收后再创新；此外，创新还可分为理论创新、技术创新、体制创新和管理创新等。不管是那一种创新，都是国家所需要的。

创新是一个民族进步的灵魂，创新是一个国家兴旺发达的不竭动力，创新是一个政党永葆青春的源泉，要通过创新驱动发展。

在创新和创业这一概念中，创新是创业的基础和前提，没有创新，创业就无从谈起，创业是创新的体现和延伸，没有创业，创新目的就无法实现。

我国政府已提出“大众创业、万众创新”的号召，为了做好创新和创业工作，除了要处理好创新和创业的基本要素外，关键是要突出一个“众”字，即所有人。中国有 9 亿劳动力，每个人都主动参与创新和创业，前景不可估量。

创新和创业要取得成功，不是一件简单的事，而是一项十分复杂的工作，按照科学方法论的基本思想，除遵循科学方法论的体系和规则外，还要广泛运用现代科学技术的成就，来指导我们所承担的各项工作，即用辩证唯物论的思想作指导，更具体地说用科学发展观的思想作指导，并要综合运用现代科学技术的成就，才能把创新和创业工作做好。

六、协调性和稳定性

自然界和人类社会中事物的内部结构和组成及相互之间的关系，以及同外部环境之间的关系是复杂的。就其结构和组成来说，既存在着许多子系统，又存在着各种层次，在各子系统、各层次之间以及与外部环境之间的关系也常常存在着各种各样的矛盾，客观事物存在的各种各样的矛盾有其必然性，但有时也存在着偶然因素。

为了使做事取得成功，并获取较高的效益，要处理好事物内部各子单元、各层次之间及事物和外部的关系，要解决好可能出现的各种各样的矛盾，使其始终保持协调与和谐，所做的事才能得到稳定和健康的发展。

如何解决好事物内部的矛盾和处理好与外部的关系呢？具体地说，就要采用已经取得的现代科学技术成就，例如，现代科学哲学的思想和方法、逻辑学原理和方法、现代心理学原理、系统论和系统工程的理论和方法、信息技术、各种优化理论和方法、试验方法、创新的原理和方法、预测学的理论和方法等，特别重要的是要基于系统工程的理论和方法，去处理和解决好事物内部及与外部环境之间的协调关系。

具体地说，可以采用本书提出的科学方法论的体系和规则，首先要弄清楚做事的三对要素，其次要充分发挥做事者的主观方面的四项潜能，还要考虑客观方面的三个影响因素，再次要充分发挥做事过程中两个动态因素的作用，最后在科学哲学的思想指导下完成各项工作。解决好事物内部之间的矛盾和处理好事物与外部因素之间的关系，使各种因素之间始终保持协调与和谐，并使所做事得以稳定发展。

众所周知，事物之间一旦出现各种各样的矛盾，若不及时处理和解决，就会影响甚至会严重影响所做事的顺利进行，进而会阻碍工作的正常开展。因此，处理好所出现的矛盾，是使所做事得以正常开展的重要条件。

七、可持续性和长期性

人生活在人世间，既要和自然保持协调与和谐，也要和人类社会保持协调与和谐，并且要实现长期和谐共存。

对自然环境进行保护是人和自然之间保持协调与和谐的基本措施，可以从以下三个方面来考虑。

(1) 要保护好自然环境。

(2) 要使资源得到合理利用。

(3) 要与地理环境相协调。

一方面，要和自然保持协调与和谐，另一方面，还要和社会环境保持协调与和谐，即所做工作应与政治环境、经济环境、人文环境、法律环境、人类生活环境、国际环境、人际环境相协调。

下面介绍人和社会环境协调的几个方面。

(1) 和政治环境相适应。

(2) 和经济环境相协调。

(3) 和人文环境相协调。

(4) 和法律环境相协调。

(5) 和人类生活环境相协调。

(6) 和国际环境相协调。

(7) 和人际间关系相协调。

此外，还要考虑技术环境、资金环境、市场环境和政策环境等。

八、前述六个特点与创新、协调、绿色、开放、共享的一致性

我国提出了要在各项工作中，贯彻创新、协调、绿色、开放、共享的五项原则。前面介绍的科学哲学思想的六个特征充分体现了这五项原则。

(1) “以人为本”。这是我国政府一直强调并予以贯彻的用来指导各项工作的基本原则，做任何事都要从最广大人民利益出发，即从整个国家和全社会的利益出发来考虑问题。创新、协调、绿色、开放、共享体现了广大人民的要求。

(2) 全面性和系统性。一个国家是一个整体，包括经济的发展、社会的进步和人类的文明，国家和社会的物质文明和精神文明建设是一个系统工作，要全面地和系统地考虑和处理各种问题，以便最大限度地满足人民物质、文化和精神的需要，在全社会实现共享。

(3) 实践性和科学性。社会科学技术、文化教育和经济的发展离不开开放和

融合。实践证明,经济的发展离不开科学技术,而科学技术和经济的发展离不开改革和开放,闭关自守是没有出路的。全球经济一体化正在形成,一个国家要想脱离全球经济一体化的形势而发展,这是不可能的。改革开放以来,我国社会经济建设和发展已经证明了改革开放的重要性。

(4) 继承性和创新性。人们在承担各项工作的过程中,都要努力贯彻继承的原则,因为所有工作都要运用以往所取得的经验和方法,这是任何工作都不可能避免的;几乎所有的创新和创业都是在运用以往所取得的科学技术成就的基础而获得的,完全脱离以往基础的创新几乎是不可能的。

(5) 协调性和稳定性。一般地说,做事要协调好各方面的关系,才能使所做的工作得以稳定的开展。因此,协调好各个方面的关系是稳定开展工作的前提,而社会的稳定及各项工作稳定开展,才能加快国家科学技术和经济的发展。

(6) 可持续性和长期性。我国和世界许多国家都十分重视环境保护,绿色环保和绿色低碳已经是全社会都知道和关注并努力贯彻执行的手则。要做好环境保护,要做好资源的合理利用,要建设一个环境友好型和资源节约型国家,这是全社会的共识。

由此可见,前面讨论的有关科学哲学思想的六个特征与我国的创新、协调、绿色、开放、共享五项内容是统一的,可见,用科学哲学的思想来指导一切工作是十分必要且完全正确的。

第十六章　科学方法论在各个领域的应用

科学方法论可以应用于所有领域，用来提高做事的成功概率及效益和效率。

做任何事情都要遵循方法论的体系和规则，才能取得好的效果。

一、引　　言

本章讨论科学方法论在各个领域的应用。

科学方法论可应用于各个领域和各个部门，以及任何集体和个人，例如：

(1) 在创新设计及新产品开发中的应用；

(2) 在科技创新及开拓新领域中的应用；

(3) 在科学研究及撰写学位论文中的应用；

(4) 在教师教学及学生学习过程中的应用；

(5) 在制订规划及科学实施过程中的应用；

(6) 在做人、做事和做学问过程中的应用；

(7) 在增进身体健康和为社会多作贡献时的应用。

表 16.1 列出了科学方法论的各个应用领域。

表 16.1　科学方法论可应用的领域

序号	领域	应用的具体内容
1	创新设计及新产品开发	从事不同对象的创新设计及各种新产品开发
2	科技创新及开拓新领域	从事科技创新、管理创新及新学科和新学术方向创建
3	科学研究和撰写学位论文	在完成纵向和横向科研项目及撰写学位论文时的应用
4	教师教学及学生学习	各类学校教师教学和学生学习过程中的具体应用
5	制订规划及科学实施	在制订各种规划及在工作计划科学实施中的应用
6	做人、做事及做学问	任何集体和个人在做人、做事及做学问过程中的应用
7	增进身体健康	加强身体锻炼，重视预防和治疗疾病，注意饮食卫生

关键的问题是必须坚决执行科学方法论的规则。

作者所在课题组已经在上述各个方向开展相应工作，完成或正在完成各种教学任务和多个科研项目，以及产品设计项目，取得了良好的效果，如本科生和研究生的学位论文撰写等教学任务、京沪线高速列车的顶层设计及和各类科研项目的应用等。

二、在创新设计及新产品开发中的应用

作者所著《产品设计方法学——兼论产品的顶层设计与系统化设计》著作中应用了科学发展观指导下的科学方法论的十二对规则，并指出要做好创新设计及产品研发工作，首先要有正确思想作指导，要用方法论来指导创新设计及产品设计工作；要制定好创新设计及产品设计的规划，即做好顶层设计，进而按照所制订的规划完成创新设计及产品的系统化设计。

作者经过产品设计的长期实践，在国际上首先建立起了基于系统工程的产品综合设计理论与方法的新体系，以及在科学发展观下的产品系统化设计的理论和方法（图 16.1），并主持编纂了大型工具书最新版 6 卷本《机械设计手册》[23~31]。

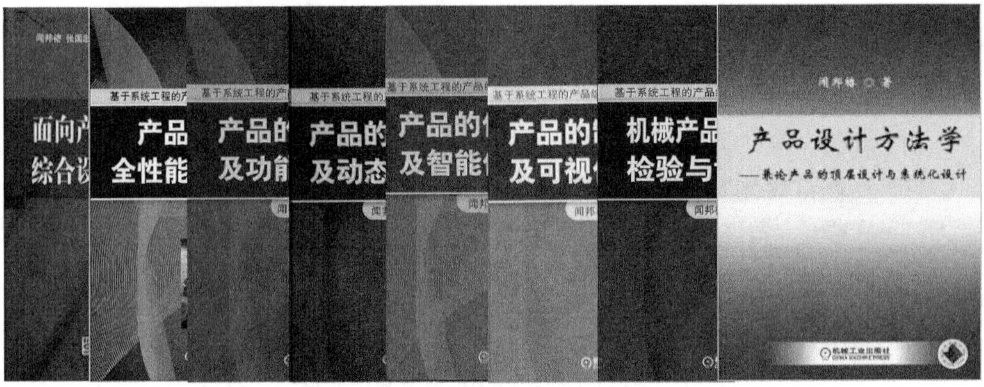

图 16.1　基于系统工程的产品综合设计理论与方法专著（共八种）

经过几十年的研究，作者在学习前人经验的基础上，首先对目前国内外学者提出的 70 多种产品设计理论与方法进行了分类，进而建立了基于系统工程的产品综合设计理论与方法及在科学发展观指导下的系统化设计理论和方法的新体系，进一步完善了现有的产品设计理论和方法。

在建立新体系的过程中，首先特别强调要以科学发展观作指导，并广泛应用现代科学技术所取得的成就，如系统论和系统工程的理论和方法、现代信息技术（计算机技术、网络技术、智能化技术和数字化技术等）、各种优化理论和方法（工程优化和数学规划优化方法）、创新的思维、创新原理和创新技法等。撰写并出版了《基于系统工程的产品综合理论与方法》、《面向产品广义质量的产品综合设计理论与方法》、《产品设计方法学——兼论产品的顶层设计与系统化设计》等八部著作（图

16.1)。该理论与方法将产品的设计分为四个阶段：3I 调研、7D 规划、1＋3＋X 实施和 5(C＋A)设计质量检验和评估，该设计理论与方法的新体系现已在许多企业推广应用。

三、在科技创新及开拓新领域中的应用

这一方面的工作可以用作者撰写的《科技创新方法论浅析》和《创新创业方法学》加以说明。在这两种著作中提出用方法论来指导科技创新和创业，可大大提高科技创新和创业的成功概率，还会显著提高其效率和效益。

通过 20 多年的研究，作者所在科研团队首先在国际上提出了"振动利用工程"的新概念，构建起了"振动利用工程"新学科的理论框架，为振动利用工程学科的若干分支提供了设计与计算的理论，这一创新成果是各种创新成果的集成。该项创新成果可以用新原理、新机构、新模型、新理论、新方法、新技术、新机器和新学科八个方面的创新加以概括。

1. 研究出新原理

提出了若干新的振动利用工艺，如概率等厚筛分新工艺；研究了物料在振动平面上及振动锥体内表面上的运动机理、物料筛分过程理论，如概率等厚筛分法、振动压实过程中振动摩擦理论等。

2. 发明了新机构

研究出 10 余种新机构，如激振器偏转式新机构、惯性共振式双质体近共振新机构、内外锥组成双激振器自同步振动破碎新机构、不对称弹性力的双质体非线性近共振新机构、振动同步传动的自同步新机构、激振器偏转式自同步非共振新机构等。

3. 建立了新模型

提出了 10 多个非线性动力学新模型，如间隙滞回系统新模型、惯性力项为非线性的动力学模型、不对称软式分段线性动力学模型、硬软式复合分段线性动力学模型、分段慢变的非线性的动力学模型、双参数慢变的非线性动力学模型、带间隙的滞回非线性动力学模型。

4. 发展了新理论

提出了振动同步新理论，包括激振器偏转式自同步振动机同步性判据和同步

运转状态的稳定性判据、倍频同步的同步理论；研究了振动同步传动的理论；将同步理论扩展到控制同步，研究了振动与控制复合同步等新理论。

5. 提出了新方法

提出了机械产品设计的新方法，如产品的综合设计理论与方法，提出以功能优化设计、动态优化设计、智能优化设计和可视优化设计为核心内容的1+3+X的综合设计方法，同时提出了以非线性动力学为基础的深层次动态设计方法。

6. 研发了新技术

研究出有关振动利用与控制若干新技术，如振动机械的弯振预防新技术，提出了机械设备灰色故障诊断理论与技术。

7. 研制了新机器

成功研制了10余种新机器，如惯性共振概率新筛机、激振器偏转式大型冷矿振动筛、惯性共振式概率筛、20～40m长的平衡加隔振大长度振动输送机、自同步振动放矿机、双激振器自同步振动破碎机、750t振动沉拔桩机、新型振动压路机等。

8. 创建了新学科

创建了“振动利用工程”新学科。在国际上首先提出了“振动利用工程”的新概念，构建了该学科的理论体系和框架，提出并完善了该学科若干分支的理论，为该学科的形成提供了必要的理论基础。

这八方面的创新有的是原始创新，有的是集成创新，有的是引进消化吸收再创新。八个方面创新的集成和综合使“振动利用工程”新学科的创建成为现实。

在完成上述任务过程中，完成了数十项国家项目和横向科研课题，解决了振动利用和波能利用工程中的许多技术难题，为企业和国家创造了重大的社会效益和经济效益。在此基础上，发表论文数百篇和八部中英文著作[36～43]（图16.2），促进

图16.2　在“振动利用工程”领域撰写的八部中英文著作

了“振动利用工程”学科的形成和发展，为科学研究事业和我国经济的发展作出了重大贡献，在国际上产生了重要的影响。

该项成果除获省部级一、二等奖外，还获国家技术发明奖和科技进步奖三项以及国际发明奖两项。

四、在科学研究及撰写学位论文时的应用

我国从事科学研究的科技人员逾千万，对于从事科学研究的年轻的科技工作者，迫切需要有科学方法论方面的著作来指导他们的工作。用科学方法论来指导科学研究，不仅会提高科技创新的成功概率，还会提高科技创新的效率和效益。

怎样做好科学研究和写好硕士和博士论文呢？由本书作者主笔的《学位论文撰写方法学　怎样写好硕士和博士论文》（图 16.3）和《科学研究方法学　怎样做好科学研究工作》两本著作均已在全国各地发行。目前我国在籍的硕士和博士研究生总数约数十万，在籍的科学研究人员也有数千万，但直到现在还没有一部按照方法论规则指导研究生写好学位论文及科技人员做好科学研究的参考读物。

图 16.3 《学位论文撰写方法学　怎样写好硕士和博士论文》

其中，《学位论文撰写方法学　怎样写好硕士和博士论文》一书诠释了用科学方法论指导科学研究和学位论文撰写的整个过程，详细讲述了科学研究及撰写学位论文应遵循的方法论规则和系统化的工作程序。科学研究及学位论文撰写过程的第一阶段是做好调查研究和选题；第二阶段是对课题内容进行剖析并制订出详细研究规划；第三阶段是按照制订的规划，做好科学研究、写出学术论文、整理出一篇具有创新性内容的学位论文，在撰写学位论文时还必须要严格执行论文撰写的格式；第四阶段是完成学位论文的修改、补充和做好答辩前的准备。该书还举出了硕士和博士学位论文样式的实例。

该书的一个重要特点，特别地强调：为了做好科学研究和撰写好学位论文，应该坚决执行科学方法论的十二对规则。为了实现成功和高效做事，首先必须学习、掌握和用好做事的三对要素：目的和要求、内容和态度、步骤和方法；接着要充分发挥主观的潜能：思想和品德、知识和能力、健康和生命、毅力和战术；同时还要充分发挥客观因素的作用：机遇和挑战、环境和协调、条件和利用；在攻读学位过程中，

还要努力地去发挥两个动态因素的作用:学习和致用、检查总结和提高。上述方法论规则是作者在几十年教学和科研实践中总结出来的,有人还认为“用好方法论规则”是一把开启成功之门的钥匙。

五、在教师教学及学生学习过程中的应用

为了将科学方法论推广到各类学校,作者已组织全国各地 50 多位各类学校的教师和领导撰写各类学校的方法论的教学参考书。

方法论对于任何人都是不可缺少的,不论是小学生、初中生、高中生、中专生、大专生、本科生、研究生,还是企事业单位的工作人员,它可以帮助人们提高做事的成功概率,并获取高的效益和效率。方法论的体系和规则对于各类人群都是相同的,但是对于不同的人群,不能采用同一种参考读物,因为他们都有自己的特点,假如把大学生方法论参考读物用来指导小学生、中学生或高中生的学习,这显然是不适当的。从这一实际情况出发,对于不同的人群,其内容的多少应该分别地予以考虑,另外,从内容的特殊性上也必须做分别的考虑,为此,应该针对各类人群编写出相应的参考读物,以满足各类人群的需要。各类人群的参考读物共分八种(图 16.4),特邀请全国各地的 50 多位教师和领导参加撰写。

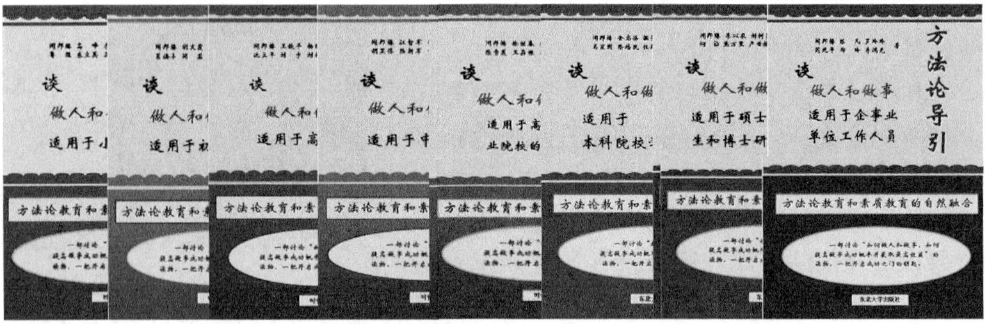

图 16.4　适用于小学生、初中生、高中生、中专生、大专生、本科生、研究生及企事业单位工作人员的方法论参考读物

(1) 适用于小学高年级学生学习参考的方法论,书名为《方法论浅谈》。

(2) 适用于初级中学二、三年级学生学习参考的方法论,书名为《方法论浅读》。

(3) 适用于高级中学二、三年级学生学习参考的方法论,书名为《方法论浅析》。

(4) 适用于中等职业技术学校学生参考学习的方法论,书名为《方法论浅议》。

(5) 适用于大专院校学生学习参考的方法论,书名为《方法论细谈》。

(6) 适用于大学本科学生学习参考的方法论,书名为《方法论细读》。

(7) 适用于硕士和博士研究生学习参考的方法论,书名为《方法论详析》。

(8) 适用于企事业单位工作人员学习参考的方法论,书名为《方法论导引》。

为使方法论教育取得更好效果，有的单位还特地编写出学习方法论的辅导教材。该系列参考读物有以下几个特点。

(1) 将方法论教育和素质教育的内容密切结合起来，各类人群在学习过程中不仅了解和掌握方法论的知识，还了解如何做人和做事，进而把自己的学习、工作和国家及人民的需要紧密结合起来。

(2) 能深刻认识现代科学哲学，更具体地说用科学发展观来指导做人和做事及用现代科学技术成就来提高成功做事的概率和获取最高效益的重要作用，进而从体系上了解和掌握做人、做事和做学问的基本方法。

(3) 使各类人群更清楚地了解我们国家要实现的总目标，进而将自己的学习和工作融入为实现中华民族伟大复兴"中国梦"的总目标之中。

(4) 使人们更清楚了解要让所做事取得成功并获取最高效益，必须要有远大的理想和目标，有正确的态度和理念，有良好的思想和品德，还要有坚韧的毅力、良好的心态，要采用灵活机动的战略战术，在此基础上，学习好知识，培养好能力，才能为国家经济和科学技术的发展作出贡献。

作者希望这套方法论系列著作的出版，对于各类青年学生及企事业单位的工作人员的学习和工作能够产生积极的影响，能提高他们在做人、做事过程中的成功概率，并能获取高的效率和效益。

六、在制订规划及科学实施过程中的应用

一个国家、一个民族、一个地区、任何企事业单位和个人，为了成功做事和促进其快速发展，常常都要先制订出规划，即做好顶层设计。按照方法论的规则做好规划和顶层设计，是保证事业取得成功的关键环节，作者在所撰写的《顶层设计　原理 方法 应用》一书中，按照科学方法论的体系和规则，详细讲述了顶层设计的全过程，这有助于单位和个人做好规划，进而提高做事的成功概率，并获取所做事的较高的效益。

最近新闻广播中曾经报道，"顶层设计"是目前社会上最受热议的名词之一，我们常会听到国家领导人在做报告时，也会提到这个热议的名词。

众所周知，国家要发展、民族要进步、企事业单位要做出一番事业，以及任何个人想在事业上取得成功，首先要做好规划，或做好顶层设计，规划做不好，任何集体和个人的目标难以实现。因此，做好"顶层设计"是成功和高效做事的前提条件。

千百年来，"成功"一词一直是集体和个人所追求的目标，但不是所有人都明白，做好"顶层设计"是成功和高效做事的必要前提。所谓"顶层设计"，也就是做一件事的规划或计划，它是在对所做事的相关情况，如做事的目的、做事的具体内容

和做事的方法及对执行者的主观潜能和客观因素分析的基础上，制订出如何能使所做事得以顺利完成并能取得较高效益的计划和规划。

图 16.5 作者所著
《顶层设计 原理 方法 应用》

作者所著《顶层设计 原理 方法 应用》一书(图 16.5)着重介绍了顶层设计的原理和方法，并举出了若干应用实例。书中特别强调，要做好顶层设计，应该用方法论的规则来指导这一工作，顶层设计是作者将科学方法论具体地应用于规划的制订工作中。

作者提出的科学方法论强调做事首先要有正确思想的指导，更具体地说，要用科学发展观作指导，其基本要求是要有“以人为本”的思想，要重视做事的系统性和全面性、实践性和科学性、继承性和创新性、协调性和稳定性、可持续性和长期性等，以使所做事得以全面、系统、稳定和可持续地开展。

有了正确思想的指导，还要坚决执行成功和高效做事的十二对规则，即要重视做事的三要素：明确所做事的目的，了解其具体要求；明确其要完成的任务，了解应具有正确的态度；制订出理想的步骤，需采用科学的方法等。要充分发挥执行者四个方面的主观潜能：思想和品德、知识和能力、健康和生命、毅力和战术。要充分考虑客观方面的三个重要因素，充分利用时间、空间和客观条件：机遇和挑战、环境和协调、条件和利用。还要重视两个动态因素：要不断学习新知识、新经验和经常进行检查和总结。这十二对规则是方法论体系中的基本规则。

为了制定好规划或做好顶层设计，在执行上述规则的同时，对所做事要进行详细的调研，其中包括需求调查、环境调查和风险调查；要对所做事的具体内容进行剖析，找出其重点和难点，还要分析所做事的主观因素和客观因素及完成的可能性等，在此基础上制订出详细的规划或顶层设计，这是顺利完成任务的前提条件。

制订规划及做好顶层设计是一项复杂而又十分细致的工作，它的重要性是人所共知的。顶层设计所制定的具体要求和内容及采取的方法是今后工作时所必须遵照执行的，所以顶层设计做得好坏会直接影响所做事的好坏，做好顶层设计可以防止在做事过程中出现主观性、盲目性、片面性和随意性等各种弊端，还可以预防可能出现的意外风险，使所做事得以顺利完成，并获取较高的效益。

再从相反方面考虑，有些单位和部门之所以在工作中出现问题，其原因常常是没有做好顶层设计，或是在顶层设计前，没有经过详细的调查，没有对所做事进行详细的剖析等，接着会在执行过程中遇到一连串问题，进而影响所做事的顺利完成，也会影响到做事的效率和效益。

科学方法论还特别重视做事过程中的科学实施。在科学实施过程中要发现问题，及时发现问题有利于将那些影响成功做事的不良因素消灭在萌芽状态。因为在科学实施过程中必然会出现一些影响成功及高效做事的因素，这些有害因素假如不予解决，就有可能影响工作的正常进行，例如，发现制订规划中考虑不周的问题；发现实施过程中存在的一些制约因素；预测到可能出现的风险；必须采取有效措施实施宏观调控。

因此，在科学实施过程中要时刻进行检查，及时发现问题，及时解决问题，保证所要执行的工作得以正常地进行，使所做的事得以全面、稳定、快速、可持续地开展，顺利地完成工作任务。

七、在做人、做事和做学问过程中的应用

科学方法论的重要用途在于用来提高做事的成功概率及效益。之所以称为科学方法论或现代成功学方法论(图 16.6)，是因为它可用来指导一切工作，包括青少年的学习、成年人做任何工作，总的概括就是做人、做事、做学问。

图 16.6　作者所著《现代成功学谈做人 做事 做学问》

虽然任何集体和个人，他们自己在学习和工作中都会积累一些经验，但多数是局部的、零散的，常常缺乏系统性，有时抓不住关键环节，因此会影响做事的成功概率和效益，这种情况是客观存在的。按照科学方法论做事，可以避免这些不足。更重要的是，深刻了解科学方法论的重要性及其实际价值，努力贯彻执行好科学方法论的这些规则。

据统计，坚决地运用科学方法论的规则来指导学习、工作和生活，做事的成功概率可提高 10%～30%，而其工作效率和效益可提高 20%～50%，甚至更多。由此可见，其意义十分重大，因此在目前国际和国内新常态的总体形势下，在全国各阶层推广科学方法论的体系和规则，具有重要的现实意义。

科学方法论将方法论教育和素质教育的内容密切结合在一起，强调要搞好学习、做好工作和处理好日常生活有关琐碎事务，必须要有正确思想作指导，要有正

确的理想和目标，要有良好的思想和品德，要将自己所承担的工作融入国家的总目标中，这样在做人、做事和做学问的过程中可以避免出现各种弊端，会使自己始终保持正确的方向，即使可能会在科学实施过程中出现难以预测的事态，但通过不断学习和经常检查，可以及早地发现那些影响事态正常进行的制约因素，并及早采取预防措施，将那些制约因素消灭在萌芽状态。

总之，科学方法论可以应用于各个领域，它对提高做事的成功概率及效率和效益会产生重要的影响。

八、在增进身体健康过程中的应用

要为国家和社会多做贡献，首先要有健康的身体。为了做好这一方面的工作，应该重视：

（1）注意身体锻炼；

（2）注意疾病预防；

（3）积极治疗疾病；

（4）注意饮食卫生。

上述几点，对保持身体健康具有十分重要的意义。只有在保持身体健康的情况下，才能更好地为国家和社会作出贡献。

第十七章　科学方法论应用的智能化及专家系统

科学方法论应用的智能化可以大大提高做事的成功概率及其效率和效益。

专家系统是科学方法论的应用实现智能化的基本途径。

一、引　　言

科学方法论的具体应用向智能化方向发展,即应用专家系统来处理做事过程中的问题,会大大提高科学方法论在做人和做事过程中的应用效果,也是科学方法论发展的必然趋势,这会给社会带来重大的社会效益和经济效益;反之,科学方法论应用于专家系统同样可为专家系统知识库增添对专家系统来说十分宝贵的共性核心知识,对其贡献是无法估量的。目前在专家系统推广过程中遇到的最大困难是知识库中对知识的获取和积累,由于科学方法论是对许多专业知识进行归纳而得到的一般性规则,科学方法论可作为专家系统知识库的共性核心知识,用来处理许多具体的专门问题,同样会有良好的效果。这两个重要论点就可以充分说明在科学方法论的推广和应用过程中的智能化,即专家系统的应用具有十分重大的实际意义和价值。

目前,在各个领域已广泛应用了专家系统。专家系统是科学方法论的应用向智能化方向发展的具体形式之一。

专家系统(expert system,ES)是20世纪后半期开始研究和发展起来的一种新的具有重大实际应用价值的技术,能给企业部门带来重大的经济效益。

“专家系统之父”费根鲍姆(E. Feigenbaum)在对世界许多国家和地区的专家系统应用情况进行调查后指出:几乎所有的专家系统都至少将人的工作效率提高了10倍,多的能提高100倍,甚至300倍。专家系统覆盖了计算机应用的许多领域,按其所完成任务的性质和特征,可以分为解释专家系统、预测专家系统、设计专家系统、规划专家系统、诊断专家系统、控制专家系统、决策专家系统、咨询专家系统等。

专家系统能够高效、准确、周到、迅速和不知疲倦地工作,在解决问题时不受情绪和周围环境的影响。将专家系统与多种先进技术相结合,能够使工程技术人员使用计算机更有效地解决问题。目前出现了多种新型的专家系统,如模糊专家系统、神经网络专家系统和网上专家系统等。

专家系统就是一种在特定领域内具有专家解决问题能力的程序系统。能够运用专家多年积累的有效经验和专门知识，通过模拟专家的思维过程，解决需要专家才能解决的问题。

专家系统属于人工智能的一个发展分支，自 1968 年费根鲍姆等研制成功第一个专家系统 DENDEL 以来，专家系统获得了飞速的发展，并且运用于医疗、军事、地质勘探、教学、化工等领域，产生了巨大的经济效益和社会效益。现在，专家系统已成为人工智能领域中最活跃、最受重视的部分。

就目前科学技术的发展情况来看，智能化专家系统将会在以后处理国家、地区、各类企业事务过程中代替目前以内行人组成的智囊团，并发挥其重要的作用，例如，应用于以下几个方面。

(1) 进行调研和选题。

(2) 制订各种规划(即顶层设计)。

(3) 指导各项重要工作任务的科学实施。

(4) 对所完成的工作进行检验和评估。

(5) 对工作过程中主观因素、客观因素和动态因素所发挥的作用进行分析。

(6) 对工作过程中的路线和策略进行分析评价。

(7) 寻找和利用合适的机遇。

(8) 预测和预防各种风险并有效地实施宏观调控。

专家系统还可以应用于各个部门，如工业、农业、商业、金融、科技、教育、经济、文化、艺术等；也可以应用于实际工作领域，如预测、设计、规划、诊断、控制、决策和咨询等，并能取得显著的经济效益和社会效益。

二、专家系统的应用研究与发展

1965 年斯坦福大学的费根鲍姆和化学家勒德贝格合作研制 DENDRAL 系统，使得人工智能的研究由以推理算法为主转变为以知识为主。20 世纪 70 年代，专家系统的观点逐渐被人们接受，许多专家系统相继研发成功，其中较具代表性的有医药专家系统 MYCIN、探矿专家系统 PROSPECTOR 等。80 年代，专家系统的开发趋于商品化，创造了巨大的经济效益。

1977 年斯坦福大学计算机科学家费根鲍姆在第五届国际人工智能联合会议上提出知识工程的新概念。他认为，“知识工程是人工智能的原理和方法，对那些需要专家知识才能解决的应用难题提供求解的手段。恰当运用专家知识的获取、表达和推理过程的构成与解释，是设计基于知识的系统的重要技术问题”。知识工程是一门以知识为研究对象的学科，将具体智能系统研究中那些共同的基本问题抽取出来，作为知识工程的核心内容，使之成为指导具体研制各类智能系统的一般方法和基本工具，成为一门具有方法论意义的科学。20 世纪 80 年代以来，在知识工程的推动下，涌现出不少专家系统开发工具，如 EMYCIN、CLIPS（OPS5、OPS83）、G2、KEE、OKPS 等。

早在 1977 年，中国科学院自动化研究所就基于关幼波先生的经验，研制成功了我国第一个“中医肝病诊治专家系统”。1985 年 10 月中国科学院合肥智能机械研究所熊范纶建成“砂姜黑土小麦施肥专家咨询系统”，这是我国第一个农业专家系统。经过 20 多年的努力，一个以农业专家系统为重要手段的智能化农业信息技术在我国取得了引人瞩目的成就，农业专家系统遍地开花，将对我国农业持续发展发挥作用。中国科学院计算技术研究所史忠植与东海水产研究所等合作，研制了东海渔场预报专家系统。在专家系统开发工具方面，中国科学院数学研究所研制了专家系统开发环境“天马”，中国科学院合肥智能机械研究所研制了农业专家系统开发工具“雄风”，中国科学院计算技术研究所研制了面向对象专家系统开发工具 OKPS。

三、专家系统的基本结构

专家系统的基本结构如图 17.1 所示，其中箭头方向为信息流动的方向。专家系统通常由人机交互界面、知识库、推理机、解释器、知识获取、综合数据库 6 个部分构成。

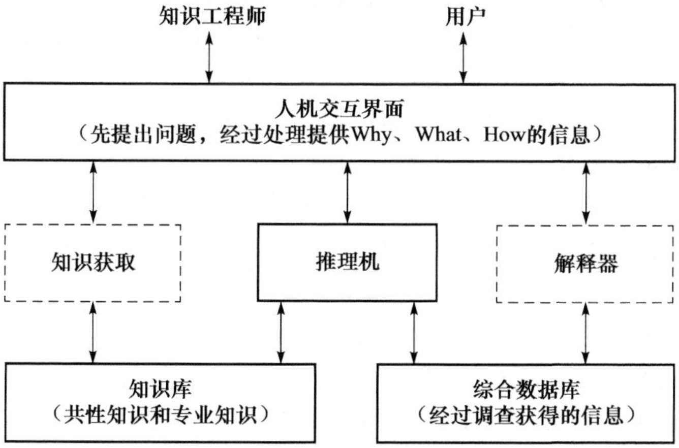

图 17.1　专家系统的基本结构

人机交互界面是系统与用户进行交流时的界面。通过该界面，用户输入基本信息、回答系统提出的相关问题。系统输出推理结果及相关的解释也通过人机交互界面。

知识库是问题求解所需要的领域知识的集合，包括基本事实、规则和其他有关信息。知识的表示形式可以是多种多样的，包括框架、规则、语义网络等。知识库中的知识源于领域专家，是决定专家系统能力的关键，即知识库中知识的质量和数量决定着专家系统的质量水平。知识库是专家系统的核心组成部分。一般来说，专家系统中的知识库与专家系统程序是相互独立的，用户可以通过改变、完善知识库中的知识内容来提高专家系统的性能。

这里要特别提出的是，由于本书研究的是科学方法论的体系和规则，这就给专家系统知识库提供了一个十分重要的共性知识集合，利用提出的方法论规则和共性核心知识便可以用来处理遇到的绝大多数实际问题，这是本书所提出的科学方法论对专家系统知识库，也可以说对专家系统的推广和应用所作的重大贡献，为专家系统在各个领域的应用铺平了道路。

推理机是实施问题求解的核心执行机构，实际上是对知识进行解释的程序，根据知识的语义，对按一定策略找到的知识进行解释执行，并把结果记录到动态库的适当空间中。推理机的程序与知识库的具体内容无关，即推理机和知识库是分离的，这是专家系统的重要特征。优点是对知识库的修改无需改动推理机，但是纯粹的形式推理会降低问题求解的效率。将推理机和知识库相结合也不失为一种可选方法。

解释器用于对求解过程做出说明，并回答用户的提问。三个最基本的问题“Why”、“What”和“How”，即科学方法论中三个核心要素。解释机制涉及程序的透明性，它让用户理解程序为什么这么做、做什么、如何去做，向用户提供了关于系统的一个认识窗口。在很多情况下，解释机制是非常重要的。例如，为了回答“为什么”得到某个结论的询问，系统通常需要反向跟踪动态库中保存的推理路径，并把它翻译成用户能接受的自然语言表达方式。

知识获取负责建立、修改和扩充知识库，是专家系统中把问题求解的各种专门知识从人类专家的头脑中或其他知识源那里转换到知识库中的一个重要机构。知识获取可以是手工的，也可以采用半自动知识获取方法或自动知识获取方法。

综合数据库也称为动态库或工作存储器，是反映当前问题求解状态的集合，用于存放系统运行过程中产生的所有信息，以及所需要的原始数据，包括用户输入的信息、推理的中间结果、推理过程的记录等。综合数据库中由各种事实、命题和关系组成的状态，既是推理机选用知识的依据，也是解释机制获得推理路径的来源。

专家系统一般说来，由上述所说的六个部分组成，但有的书把专家系统写成如下形式：

$$专家系统=知识库+数据库+推理机$$

可见专家系统最主要的三个部分是知识库、数据库和推理机。确实如此，知识库和推理机是专家系统中关键的组成部分，下面将对这关键内容进行分析和讨论。

四、科学方法论是专家系统知识库中最重要的共性核心知识

在专家系统中专家的知识和经验是其最重要的组成部分，假如没有专家的知识和经验，也就不可能成为专家系统，但在以往所提出的专家系统的理论中，并没有特别强调科学方法论在专家系统中所起的重要作用及在知识库中应处于的核心地位。

众所周知，辩证唯物主义是统领现代哲学的唯一正确的世界观和方法论，它的两个主要组成部分可以用来指导人们学习、工作和生活，使人们在日常的生活、学习和工作中，少走弯路，少出错误，提高做事的成功概率，提高做事的效益。

本书所提出的科学方法论实际上就是一种共性的知识，可以指导任何个人和集体成功做事并获取做事的最高效率和效益。

目前在国内外书刊中所介绍的知识库，绝大多数文献都明确指出要积累专业知识，但没有强调要积累共性核心知识。而本书所提出的科学方法论的体系和规则，是在许多专业知识的基础上，通用逻辑学中所介绍的归纳原理，总结和提炼出的一般共性知识，这为专家系统知识库增添了十分重要的和宝贵的共性核心知识，人们可以按照逻辑学介绍的演绎原理用这些共性核心知识来解决遇到的绝大多数实际问题。目前绝大多数书籍介绍专家系统的知识库时，未曾见到提出有关科学方法论的体系和规则的共性核心知识，正因为本书提出了有关科学方法论体系和规则的这些共性核心知识，解决了专家系统应用过程中获取专业知识的困难，进而给专家系统的应用和推广创造了十分方便的条件。

作为专家系统，应该充分重视共性知识的积累，因为共性知识可以应用到处理任何事件的专家系统中。当然，处理专门问题时一些特殊的专业知识也是不可缺少的，本书重点介绍科学方法论的体系和规则，实际上已为专家系统知识库增添了十分宝贵的共性知识，为做任何事情提供必须考虑的和可以应用的一些重要规则。

(1) 成功和高效做事的三对核心要素：目的和要求、任务和态度、步骤和方法；也就是做事过程中需要解决的三个问题，即为什么要做(Why)、做什么(What)、如何做(How)。

(2) 成功和高效做事要充分发挥主观方面的四项潜能：思想和品德、知识和能力、健康和生命、毅力和战术。

(3) 成功和高效做事要充分考虑客观方面三个因素的影响：机遇和挑战、环境和协调、条件和利用。

(4) 成功和高效做事还要充分发挥两个动态因素的作用:学习和致用、检查总结和提高。

(5) 前面提到的所有工作都要有正确思想作指导,才不会走错路,才不会迷失方向,应该在现代哲学思想的正确指导下完成各项工作,即要坚持以人为本的思想,重视创新、协调、绿色、开放、共享五大理念。

显然,科学方法论的这些规则应该作为专家系统知识库的核心内容和基础知识,因为它对任何个人和集体,做任何一种事情能否取得成功和获取最高效益及效率都会产生十分重要的影响。

五、比较推理是专家系统中最易实施的推理形式

在专家系统中,推理是一种十分重要的手段,有了需要解决的问题,有了研究对象的相关信息,有了专家的知识和经验,就需要通过推理对提出的问题进行回答,需要回答的通常是为什么要这么做、应该做什么、如何去做。根据要求的不同,要对需要解决的问题进行具体的回答。

推理的方法有多种,如比较推理(或案例推理)、归纳推理、演绎推理等。最为常用和最为普通的推理形式为比较推理或案例推理。

任何个人和集体可以用比较推理来处理提出的相对简单的问题。比较推理通常是以过去所取得的经验为基础,对过去从事过的工作一般都会有感性的认识。例如,对所做的事的目的、内容和方法都有实际的体会,既有经验,也有教训,这些经验和教训就是成功做事或做事出现问题的具体案例,这就是人们通常所说的知识,用实践过程中得出的案例,即已经掌握的知识,对正在进行的工作进行比较,可以对正在进行的和没有完成的工作提出处理的办法,即对所要解决的问题提供决策,即提出解决问题的办法。

例如,在机械设备故障诊断的过程中,常常采用比较推理或案例推理,对正在工作的机械设备可能出现的故障进行预测,进而提出有效的措施来解决可能出现的问题,这种通过比较推理的方法来处理可能要发生的问题的办法,虽然没有百分之百的准确性,但其准确率或准确程度相当高,因为在数据或实际信息不十分完备的情况下,采用其他推理形式是十分困难的。

比较推理通常是以以往取得的实际经验为基础,所以经验的积累十分重要,实际经验可以上升到理论或知识,这在专家系统的研究中十分重要。

六、最简单的专家系统举例

有不少人认为,专家系统是高不可攀的和普通人难以接受的,事实上,根据普

通人的经验也可以用专家系统来处理遇到的问题。科学方法论的体系和规则为人们有效利用专家系统来处理遇到的问题提供了有益的参考。下面将讨论如何以科学方法论的共同和普遍适用的知识建立最简单的专家系统,来处理遇到的具体问题。

既然科学方法论是辩证法唯物主义的两个重要组成部分之一,可以正确和有效地指导人们的工作和生活,同样可以把科学方法论作为专家系统知识库中正确和有效的共性核心知识。本书在长期实践的基础上研究并提出了科学方法论体系和规则,把它作为专家系统知识库中的共性核心知识是适当的。根据以往经验,运用好科学方法论的体系和规则可以将做事的成功概率提高 10%~30%,而做事的效率和效益可提高 20%~50%,这也有力地证明了将科学方法论作为知识库的核心知识的必要性。

在实际工作中的每一条规则通常都包含了多个影响因素,对各个影响因素执行得好坏可综合为对每一规则执行得好坏。

现将科学方法论的体系和规则分为五个部分。

方法论的第一部分,即三个核心要素:目的和要求、任务和态度、步骤和方法及其影响因列于表 17.1(a)、(b)和(c)中,各个核心要素均包含了若干影响因素。

表 17.1 对核心要素影响因素的分析及其制约因素搜索

(a) 核心要素之一:目的和要求

组成	目标			要求					
要素名称	调研选题	剖析规划	具体实施功能与性能	正确思想 I	质量要求 Q	成本要求 C	工期要求 T	环保要求 E	服务要求 S
最高分值	10	10	10	10	10	10	10	10	10
实际分值									
制约因素									

(b) 核心要素之二:任务和态度

组成	任务								态度			
要素名称	国家需要	主观可能	符合客观	完成可能	目标清晰	任务切实	方法科学	结果可行	勤奋刻苦	严谨求实	开拓奋进	实践创新
最高分值	10	10	10	10	10	10	10	10	10	10	10	10
实际分值												
制约因素												

(c) 核心要素之三:步骤和方法

组成	步骤				方法							
要素名称	调研选题	剖析规划	具体实施	检验评估	科学哲学	逻辑思维	心理科学	系统工程	信息技术	优化技术	创新技法	预测理论
最高分值	10	10	10	10	10	10	10	10	10	10	10	10
实际分值												
制约因素												

方法论的第二部分，即指导思想列于表 17.2 中，其中包含了六个子项目。

表 17.2 对方法论指导思想影响因素的分析及其制约因素搜索

组成	方法论的指导思想：辩证唯物主义或科学发展观					
要素名称	以人为本	全面性、系统性	实践性、科学性	继承性、创新性	协调性、稳定性	可持续性、长期性
最高分值	10	10	10	10	10	10
实际分值						
制约因素						

方法论的第三部分，即主观方面的四项潜能：思想和品德、知识和能力、健康和生命、毅力和战术及其影响因素列于表 17.3(a)、(b)、(c)和(d)中，各项潜能均包含了若干影响因素。

表 17.3 对主观潜能影响因素的分析及其制约因素搜索

(a) 主观潜能之一：思想和品德

组成	思想			品德		
要素名称	人生观价值观	集体主义思想	勇于坚持真理	社会公德、职业道德、家庭美德	学风和作风	生活习惯
最高分值	10	10	10	10	10	10
实际分值						
制约因素						

(b) 主观潜能之二：知识和能力

组成	知识				能力							
要素名称	文化知识	科学知识	技术知识	专业知识	自学能力	分析能力	解决问题能力	实践能力	创新能力	组织能力	协作能力	宣传能力
最高分值	10	10	10	10	10	10	10	10	10	10	10	10
实际分值												
制约因素												

(c) 主观潜能之三：健康和生命

组成	健康				生命	
要素名称	重视身体锻炼	积极预防疾病	重视疾病治疗	有良好心态对待疾病	重视安全珍爱生命	关心他人生命
最高分值	10	10	10	10	10	10
实际分值						
制约因素						

(d) 主观潜能之四：毅力和战术

组成	毅力				战略战术	
要素名称	有无克服困难的精神	有无顽强拼搏的斗志	将坏事转变好事的能力	遇到困难时心态如何	运用战略的能力如何	运用战术的能力如何
最高分值	10	10	10	10	10	10
实际分值						
制约因素						

方法论的第四部分，即客观方面的三个因素：机遇和挑战、环境和协调、条件和利用及其影响因素列于表 17.4(a)、(b)和(c)中，各个影响因素均包含了若干子因素。

表 17.4　对客观影响因素的分析及其制约因素搜索

(a) 客观影响因素之一：机遇和挑战

组成	机遇					挑战	
要素名称	机遇 1	机遇 2	机遇 3	机遇 4	机遇 5	挑战战略	挑战战术
最高分值	10	10	10	10	10	10	10
实际分值							
制约因素							

(b) 客观影响因素之二：环境和协调

组成	环境						协调							
要素名称	自然环境	社会环境	技术环境	资金环境	市场环境	政策环境	环境保护	资源利用	自然环境	社会环境	技术环境	资金环境	市场环境	政策环境
最高分值	10	10	10	10	10	10	10	10	10	10	10	10	10	10
实际分值														
制约因素														

(c) 客观影响因素之三：条件和利用

组成	条件				利用	
要素名称	学习条件	工作条件	研究和试验条件	生活条件	如何创造条件	利用条件
最高分值	10	10	10	10	10	10
实际分值						
制约因素						

方法论的第五部分，即做事过程中的两个动态因素：学习和致用、检查总结和提高及其影响因素列于表 17.5(a)和(b)中，各个影响因素均包含了若干子因素。

表 17.5　对做事过程中的动态因素的分析及其制约因素搜索

(a) 做事过程的动态因素之一：学习和致用

组成	学习			致用								
要素名称	新文化	新科技	新经验	理想目标	内容态度	步骤方法	思想品德	知识能力	健康生命	毅力战术	客观因素	动态因素
最高分值	10	10	10	10	10	10	10	10	10	10	10	10
实际分值												
制约因素												

(b) 做事过程的动态因素之二：检查总结和提高

组成	检查总结		提高	
要素名称	检查各种工作的执行情况	总结每项工作的经验和教训	经验和教训	使人更加聪明
最高分值	10	10	10	10
实际分值				
制约因素				

人们可以将科学方法论的五个组成部分及十二对规则进行评分，找出哪些因素制约了发展和提高，这些制约因素就是人们工作的重点，对存在的问题进行研究和分析，通过推理提出决策，采取有效措施予以解决，这就是专家系统所要研究的基本任务。由此可见，科学方法论的体系和规则可以直接作为专家系统的共性核心知识来处理做事过程中出现的问题，检验所做事，包括创新创业是否达到理想的要求和水平。

对科学方法论的十二对规则及其影响因素执行得好坏进行科学的评价，执行最好的可以评定为满分 10 分，而根据其执行得好坏情况对各个子因素给予小于 10 分的评分。

一个复杂的问题通常要将其分解为几个子系统，对各个子系统进行评价，最后得出对一个复杂问题的评价。

在对制约因素进行分析的过程中，首先，要对第一层次中的十二对规则进行分析，找出影响成功和高效做事的几个主要因素，然后分析其影响的严重程度及其主要原因，最后针对其产生的原因找出克服的办法和措施。

可以采用列表的方法对十二个要素进行评价，根据具体情况给出分值的高低，并找出分值最低或较低因素产生的原因（表 17.6）。

表 17.6 通过对成功和高效做事影响因素的分析确定制约因素

组成	做事核心三要素			做事的主观潜能				做事的客观因素			动态因素	
要素名称	目的要求	内容态度	步骤方法	思想品德	知识能力	健康生命	毅力战术	机遇挑战	环境协调	条件利用	学习致用	总结提高
最高分值	10	10	10	10	10	10	10	10	10	10	10	10
实际分值	9	8	6	7	8	8	5	7	7	7	8	8
制约因素			X				X					

由表 17.6 可见，这些影响因素中分值较低和最低的影响因素是三个核心要素中所采取的步骤和方法及主观潜能中的毅力和战术。因此，应该从这两个制约因素去找原因，针对影响原因，寻找解决问题的途径。

对制约因素进行第二层次分析，可以采用列表方法（表 17.7 和表 17.8）。

从表 17.7 可以看出，制约因素为对任务的剖析和规划以及应用信息技术比较薄弱，因此必须采取有效措施将制约因素转变为积极因素；从表 17.8 可以看出，制约因素为遇到困难心态欠佳以及对运用战略的能力比较薄弱。

从这些因素中找出制约的因素，并要采取有效措施让制约因素转变为积极因素，就能取得做事的成功。

表 17.7 通过对步骤和方法影响因素的分析搜索制约因素

组成	步骤				方法							
要素名称	调研选题	剖析规划	具体实施	检验评估	科学哲学	逻辑思维	心理科学	系统工程	信息技术	优化技术	创业技法	预测理论
最高分值	10	10	10	10	10	10	10	10	10	10	10	10
实际分值	9	6	8	7	8	8	7	7	5	7	8	8
制约因素		X							X			

表 17.8 通过对毅力和战术影响因素的分析搜索制约因素

组成	毅力				战略战术	
要素名称	有无克服困难的精神	有无顽强拼搏的斗志	将坏事转变好事的能力	遇到困难时心态如何	运用战略的能力如何	运用战术的能力如何
最高分值	10	10	10	10	10	10
实际分值	9	8	8	6	5	7
制约因素				X	X	

上述内容充分利用了专家系统中的共性核心知识，以长期积累的经验作为参考，并对当前所做的工作进行对比，做出相应的决策，找出在实施过程中存在的问题，并采取有效措施予以解决。这应该是最简单的、人人都可以执行的专家系统。

与此同时，各类专家系统可以应用于同一类型的企事业单位，因此可以用它来提高这些单位的工作效率和效益，进而为这些单位创造更多的利润。为此，应该通过网络技术将专家系统在各个单位的使用情况汇总到一个统一的管理部门，这样可以大大提高专家系统的使用效果，这对一个国家的发展是十分有益的。

七、基于逻辑的故障诊断专家系统举例

从知识表示的角度来说，故障诊断专家系统可以从两个方向上来开发，分别为基于逻辑的故障诊断专家系统和基于规则的故障诊断专家系统。

基于逻辑的故障诊断专家系统主要以谓词逻辑作为事实来组织知识库，即故障及其特点可以用一组同名谓词逻辑 rule 来表示，所有征兆可以用一组同名谓词逻辑 cond 来表示[52,53]。

1. 知识处理模块

1) 知识的获取

知识从外部的知识源(人类专家、书籍文献、实验数据等)到计算机内部的转换过程称为知识的获取。根据旋转机械故障诊断的经验与知识,给出空分机组转子系统常见故障与征兆的一一对应关系,如表 17.9 所示(仅列出部分常见故障)。

表 17.9　空分机组转子系统常见故障与征兆对应关系对照表

故障 征兆		质量偏心	永久弯曲	轴裂纹	不对中	支承松动	碰摩	油膜涡动	轴承损伤	气流激振	喘振
		1	2	3	4	5	6	7	8	9	10
特征频率 1N	1	是	是	是			是				
特征频率 2N	2				是	是	是				
特征频率 3N	3					是	是				
特征频率高倍频	4						是				
特征频率一阶临界	5									是	
特征频率(0～<1)N	6								是		
特征频率(0.37～0.45)N	7							是			
特征频率低频<1Hz	8										是
常伴频率 1N	9				是	是			是	是	是
常伴频率 2N	10		是	是							
常伴频率 3N	11				是						
常伴频率整数分频	12						是				
振动稳定	13	是	是		是						
相位稳定	14	是	是		是	是					
径向振动	15	是				是	是	是		是	
径向/轴向振动	16		是	是	是				是		是
轴心轨迹圆或椭圆	17	是	是	是	是				是		
轴心轨迹香蕉型	18			是	是						
轴心轨迹 8 字形	19			是	是		是				
轴心轨迹杂乱	20							是	是	是	是
正进动	21	是	是								
正向涡动	22							是		是	
振动随转速变化	23	是	是	是		是	是	是	是	是	是
振动随负载变化	24			是	是	是	是	是	是	是	是
振动随油温变化	25						是	是	是		是

2) 知识的表示

知识的表示是指知识在计算机中的表示方法和表示形式,涉及知识的逻辑结构和物理结构。基于逻辑的专家系统逻辑判断"是"或"否"为基本形式。

2. 知识库模块

表 17.9 列举的 10 种故障,用 10 条 rule("故障号"、"常见故障"、"故障名称"、"与此故障关联的征兆号列表")来建立故障的知识库,如表 17.10 所示。可以通过增加新的故障到知识库中来更新知识库。

表 17.10 故障知识库

rule(1,"常见故障","质量偏心",[1,16.16.15,17,21,23])
rule(2,"常见故障","永久弯曲",[1,10,16.16.16,17,21,23])
rule(3,"常见故障","轴裂纹",[1,10,16,17,18,19,23,24])
rule(4,"常见故障","不对中",[2,9,11,16.16.16,17,18,19,24])
rule(5,"常见故障","支承松动",[2,3,9,16.15,23,24])
rule(6,"常见故障","碰摩",[1,2,3,4,12,15,19,23,24,25])
rule(7,"常见故障","油膜涡动",[7,15,20,22,23,24,25])
rule(8,"常见故障","轴承损伤",[6,9,16,17,20,23,24,25])
rule(9,"常见故障","气流激振",[5,9,15,20,22,23,24])
rule(10,"常见故障","喘振",[8,9,16,20,23,24,25])

表 17.9 中列举的 25 种故障征兆,用 25 个 cond("征兆号"、"征兆名称")来建立征兆知识库,如表 17.11 所示(这里仅列出前 10 个故障征兆)。每条 rule 语句中的整数表示一个故障的相应征兆。因此,通过每条故障规则末尾的整数,有关故障便和相应征兆联系起来了。

表 17.11 征兆知识库

cond(1,"特征频率 1N")	cond(6,"特征频率(0～<1)N")
cond(2,"特征频率 2N")	cond(7,"特征频率(0.37～0.45)N")
cond(3,"特征频率 3N")	cond(8,"特征频率低频<1Hz")
cond(4,"特征频率高倍频")	cond(9,"常伴频率 1N")
cond(5,"特征频率一阶临界")	cond(10,"常伴频率 2N")

3. 推理诊断模块

推理诊断模块即推理机,是专家系统的组织控制机构。推理机的主要功能是协调控制系统,通过运用用户提供的征兆数据,从知识库中选取相关的知识并按照一定的推理策略进行推理,直到得出相应的结论。

1) 推理方法

推理方法主要分为精确推理和不精确推理两种。

精确推理:将领域知识表示为必然的因果关系,推理的前提和推理的结论是肯定的或否定的,不存在第三种可能。

不精确推理的基本思想:给知识库中的每条规则赋上一个可信度因子,再利用一组启发式过程，根据具体问题初始证据的可信度值和规则的可信度因子，给出具体问题求解结论的可信度值。不精确推理主要有主观 Bayes 推理方法、模糊专家系统等。本节基于逻辑的故障诊断专家系统采用的是精确推理方法。

2）推理方向

推理引擎要决定何时激活哪条规则（知识）。选择规则时，有两个主要方向：前向链接（正向推理）和后向链接（反向推理）。

前向链接是数据驱动的推理技术。从已知数据开始展开推理，每次只执行顶端的一条规则，当有规则被触发时，就有新事实加入数据库。前向链接是收集信息并推出信息的技术。

后向链接是目标驱动的推理技术。在后向链接中，专家系统有目标（一个假设的答案），推理引擎的任务是找出证明目标的论据。使用后向链接的专家系统多数用于诊断性工作。

正向推理至少具有以下功能。

（1）能用数据库中的事实去匹配规则的前提，若匹配不成功，会自动地进行下一条规则的匹配；若匹配成功，系统能将此规则的结论部分自动加入数据库。

（2）能判断何时应结束推理。

（3）能将匹配成功的规则记录下来。

正向推理比较直观，允许用户主动提供有用的事实信息，适用于设计、预测、监控等类型的问题。

针对本章的故障诊断专家系统，其正向推理示意图如图 17.2 所示。

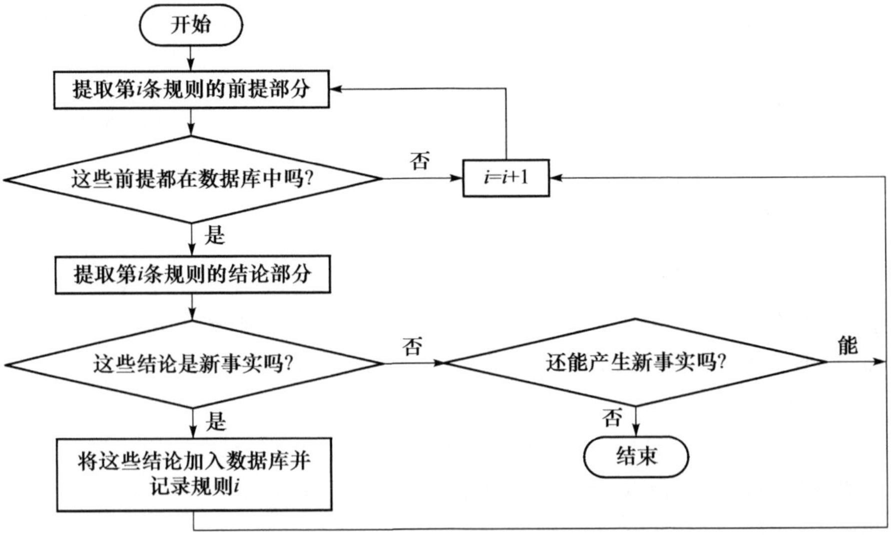

图 17.2　正向推理示意图

反向推理至少具有以下功能。

(1) 能根据用户要求或情况提出假设。

(2) 能验证此假设是否在数据库中。

(3) 能把知识库中结论部分包含此假设的规则都找出来。

(4) 能将找出来的规则的前提部分取出,并作为新的假设逐条验证。

(5) 能判断假设是否是证据节点,若是,能向用户提出相应的问题,并记录结果。

(6) 能将匹配成功的规则记录下来。

(7) 能判断何时应结束推理。

反向推理不必使用与总目标无关的规则,且有利于用户提供解释。

针对本节的故障诊断专家系统,其反向推理示意图如图 17.3 所示。

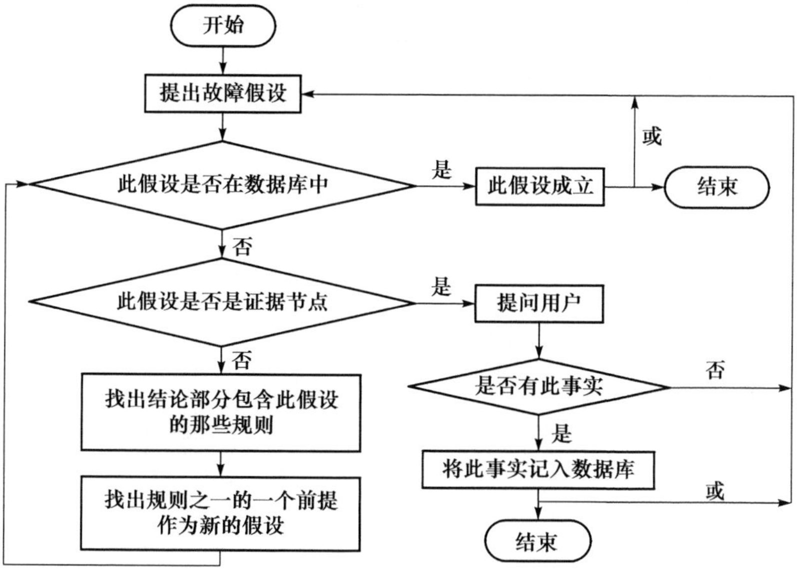

图 17.3　反向推理示意图

本节的专家系统将正向推理与反向推理结合起来应用,是精确推理。

八、关于建立以人工智能为依托的智能决策系统的构想

专家系统可应用于解决全局性的问题,也可以用来解决局部问题,例如,做事的各个阶段:调研及选题、规划、科学实施、检验和评估。

目前,在国家、地区和部门的行政管理工作中,常常聘用一些专家组成的智囊团为领导提供谋略和决策,协助领导在行政决策过程中的重大问题提出一些建设性的意见和建议,他们在工作中可以发挥智囊团应有的作用。同样可以用具有人

工智能特征的专家系统，来协助由专家组成智囊团的工作，因为以人工智能为依托的专家系统不会受到人为因素的影响，在某些情况下，专家系统所提出的决策比专家组成的智囊团提出的决策可能更加科学，更加符合实际。

本书提出的系统、全面和科学的方法论的体系和规则，为专家系统知识库提供了十分重要和宝贵的共性核心知识，利用知识库中共性核心知识，结合数据库中已取得的实际数据，再利用逻辑学中的推理原理，如比较推理、归纳推理、演绎推理等，运用所设计的计算机软件进行计算，可以回答使用者工作中提出的各种问题，最常见的是三大问题，即为什么要做、具体做什么、如何去做。

所处理的问题可以是全局性的问题，也可以是局部的问题。专家系统可以应用到任何领域和部门，如设计、研究、教学、创新创业、预测等，也可以运用专家系统处理任何一种问题，如政治、经济、文化、艺术、商业、医疗、体育、工业、农业等各个方面。

第十八章　成功及高效做事的关键和制约因素的分析

成功和高效做事的战略战术是要抓住重点和难点，并要集中精力去解决。

要不断地对影响成功和高效做事的制约因素进行分析，并解决好这些制约因素对做事的不良影响。

要坚持不懈地运用方法论的体系和规则来指导学习、工作和生活。

一、引　言

本书论述了科学方法论的基本内容，讨论了提高做事成功概率和效益的方法论规则。

诚然，事物总是在不断地发展，通过不断实践，科学方法论的内容和规则一定会得到不断的完善。同时，通过大家的实践，来补充大量的实际例子，进而加深人们对科学方法论内容的理解，有利于用科学方法论中所述的十二对规则，更好地成功做事和高效工作。

1. 影响成功和高效做事的关键因素

科学方法论的主要内容是十二对规则，学习、掌握和运用这十二对规则是执行科学方法论的关键因素，也是成功和高效做事能否取得成功和获取最高效益的关键所在。

每个集体和个人，都有自己的学习和工作方法，都有自己的经验和想法，用自己总结出的经验和方法，可以使学习和工作取得好的成绩。如果这些好的经验和方法可以提供给本书作为补充，并对本书提出宝贵意见，这将具有重要的意义。同样，对于聪明的和有发展眼光的集体和个人，也可以从本书中吸取他们还没有掌握的成功和高效做事的规则，这对进一步提高做事的成功概率和获取最高效益也是有益的。

本书提出的一些成功和高效做事规则比较全面和系统，和大多数人总结出的经验和做法相比，或许会有更多的参考价值。如果是这样，撰写本书的目的和意义也就达到了。

为使本书对读者发挥积极的作用，特提出如下几点建议。

1）认清学习和运用科学方法论的重要性

只有认清科学方法论对指导人们成功和高效做事工作的重要意义之后，才会下定决心努力去学习和应用科学方法论的一般规则，才能把学习、掌握和运用它作为自己一生中的大事。

2）深刻领会科学方法论的基本内容

认清学习和掌握科学方法论的重要性之后，就要以百倍努力去学习和掌握科学方法论的基本内容和要点。

最重要的就是了解和学习科学方法论的十二对规则，十二对规则由以下四个部分组成。

成功和高效做事的三对核心要素——目的和要求、任务和态度、步骤和方法。

主观方面的四对潜能因素——对个人是：思想和品德、知识和能力、健康和生命、毅力和战术；对集体是：组织和领导、技术和管理、团队和协作、斗志和战术。

客观方面的三对影响因素——机遇和挑战、环境和协调、条件和利用。

两个动态因素——学习和致用、检查总结和提高。

3）用好科学方法论的有关规则

了解科学方法论的重要性及其主要内容之后，要使之发挥积极的影响和作用，就必须科学运用，这是科学方法论能否发挥作用的关键。

在四项潜能中，工作毅力十分重要，有了毅力才能坚持不懈地加以贯彻执行，事业才能取得成功；要充分利用外部因素；但为了取得更好的效果，还必须运用灵活机动的战略战术。

4）抓住重点和难点

做任何事既要兼顾到面，又要突出重点和难点，抓住关键，问题就容易得到解决。对个人来说，要根据自己的情况，去抓关键问题，去抓重点和难点，重点和难点解决了，其他问题也就迎刃而解了。所以，要用敏锐的眼光去发现问题的关键所在，集中精力去攻克难点。

对每个人来说，在运用科学方法论的十二对规则时，针对个人情况，尽可能地紧抓对做事影响最大的几对规则，在不同时期有不同重点和难点。因此，在运用科学方法论的规则时，应该采用合理的战略战术，使成功和高效做事取得更理想的效果。

2. 社会环境对成功和高效做事的影响

前面已经说过，对于愿意运用科学方法论的任何人，这种方法都是适用的。但是，在实践科学方法论的过程中，应该有良好的社会环境，在多数情况下要有一个稳定的社会环境作保障，否则就很难开展正常工作。

每个人都要为创造一个稳定的社会环境做出努力。一个动荡的社会，例如，在战争爆发或政治动乱时期，所有人的学习和工作，甚至是生活，都会受到很大的影响，正常的学习、工作和生活很难开展起来。所以，稳定的社会环境是成功和高效做事的前提，应尽量想办法让社会保持稳定。

苏联解体以后，国内政治动荡，经济发展滞后，人民的工作、生活都受到严重影响，这种状况要经过相当长的时间，才能恢复到原来的水平。由此可见，一个社会的稳定与否至关重要，它直接会影响到每一个人的发展。

有些国家的某个地区发生了严重的自然灾害，如地震和海啸等，这些地区的居民正处于水深火热之中，在这种特殊情况面前，只能处理最急需解决的矛盾，而暂时将其他问题放在一边，虽然个人计划和理想会受影响，但作为负责任的公民，必须首先服从国家和集体的利益，而暂时牺牲个人的利益。

二、成功和高效做事要突出重点和抓住难点

对于任何集体和个人，学习和运用科学方法论的规则，必须根据每个集体和个人的具体情况，突出重点，抓住难点。做事不抓重点和难点，事情很难做好。科学方法论有十二对规则，这些规则要用正确的思想来指导。假如规则中的某些要求已经做到了，就不必再花大功夫，把注意力转移到其他重要的问题上。

从一般情况出发来考虑，以下几项规则更应该引起大家的重视。

1）成功和高效做事，要重视三对核心要素

（1）做事的目的：即理想和目标，做事者对做事的目的必须十分清晰明确，才能把事情做好。

（2）做事的要求：成功和高效做事最重要的是要有正确的指导思想，也就是说，要有正确的方向。有了正确的方向之后，要把做事的重点转移到提高质量和效益上来，既要做得“好”，还要做得“省”和“快”。

（3）要选择好任务：要根据自身条件和客观条件及事物的生长点，即机遇，选择和确定好任务，这是成功和高效做事的关键。

（4）做事的态度和理念：成功和高效做事要有正确的态度和理念，即勤奋刻苦的工作态度、严谨和求实的作风、开拓创业的精神。

（5）做事的步骤和方法：成功和高效做事要有合理的步骤和科学的方法，要重视做好调研、规划、实施和检验四个阶段的工作，要运用科学的哲学思想和方法及现代科学技术成就。

三对核心要素应该是成功和高效做事的关键，是这些规则的重点内容。

2）成功和高效做事，要重视四对主观因素的发挥

（1）在思想和品德、知识和能力、健康和生命、毅力和战术四项主观因素中，特别要重视思想品德的培养，还要重点培养分析和解决问题的能力，遇到问题时，能对出现的问题进行调查和分析研究，提出解决问题的有效方法和措施。

（2）成功和高效做事要有坚韧的毅力和合理的战术，要重视坚定的意志和顽强的毅力，再采用合理的战略战术，去克服遇到的困难，要以良好的心态去对待各种挫折。

在四对主观方面的因素中，首先要保证身体健康和生命安全，这是前提条件；思想和品德及知识和能力是基础；当出现困难时，毅力和战术成为成功和高效做事的关键。

3）成功和高效做事，要重视三对客观因素的影响

成功和高效做事要善于发现和利用机遇，人们常说："机不可失，时不再来。"成功和高效做事过程中，在做好环境保护的前提下，要充分利用好环境和条件，使环境和条件在完成任务过程中发挥积极的作用。

4）成功和高效做事，要充分发挥两个动态因素的作用

在成功和高效做事中，学习和总结是两项重要的工作，对成功和高效做事工作要经常检查，以便及时发现工作中的问题，使问题尽快得到解决。

在不同情况和条件下工作可以有不同的重点，至于工作的难点，因不同的人和不同的集体，不同的时间、不同的地点和不同的条件而异，同时要经过详细的分析和研究，提出相应的有效的方法和措施予以解决。

对于十二对规则，也必须根据不同时期和不同地点而有所侧重，对于四对主观因素、三对客观因素和两对动态因素，同样应该在不同时期和不同地点要有所侧重，在关键时刻常常只考虑其中少数几项规则，这样可以集中精力去解决关键问题，即采取集中精力打歼灭战的办法。

三、做事要处理好目标、内容和方法三者之间的关系

在工作实施阶段，要特别注意做事的目的、内容和方法之间的关联性。这三者是不可分割的，如果处理不当，将会影响做事的最终结果。

为加深读者对三者关系的理解及提高做事成功的概率，现将做事的目的、内容和方法之间的不可分割的联系及关联方程列于此。

做事目标、内容和方法的关联方程式是

$$\boldsymbol{B}=\boldsymbol{A}\boldsymbol{D} \tag{18.1}$$

式中，$\boldsymbol{B}$、$\boldsymbol{D}$、$\boldsymbol{A}$ 分别为目标列阵、内容列阵和方法矩阵，可分别表示为

$$\boldsymbol{B}=\left\{\begin{matrix} b_1 \\ b_2 \\ b_3 \\ \vdots \\ b_n \end{matrix}\right\},\quad \boldsymbol{D}=\left\{\begin{matrix} d_1 \\ d_2 \\ d_3 \\ \vdots \\ d_m \end{matrix}\right\},\quad \boldsymbol{A}=\begin{bmatrix} a_{11} & a_{12} & a_{13} & \cdots & a_{1m} \\ a_{21} & a_{22} & a_{23} & \cdots & a_{2m} \\ a_{31} & a_{31} & a_{33} & \cdots & a_{3m} \\ \vdots & \vdots & \vdots & & \vdots \\ a_{n1} & a_{n2} & a_{n3} & \cdots & a_{nm} \end{bmatrix} \tag{18.2}$$

其中，b_i、d_j、a_{ij} 分别为目标列阵、内容列阵和方法矩阵的各个单元或元素。如果上述方程具有线性关系，则 b_i、d_j、a_{ij} 均为常数；如果是非线性关系，则 b_i、d_j、a_{ij} 不是常数。

将式(18.2)代入式(18.1)可得

$$\left\{\begin{matrix} b_1 \\ b_2 \\ b_3 \\ \vdots \\ b_n \end{matrix}\right\}=\begin{bmatrix} a_{11} & a_{12} & a_{13} & \cdots & a_{1m} \\ a_{21} & a_{22} & a_{23} & \cdots & a_{2m} \\ a_{31} & a_{32} & a_{33} & \cdots & a_{3m} \\ \vdots & \vdots & \vdots & & \vdots \\ a_{n1} & a_{n2} & a_{n3} & \cdots & a_{nm} \end{bmatrix}\left\{\begin{matrix} d_1 \\ d_2 \\ d_3 \\ \vdots \\ d_m \end{matrix}\right\}$$

人们做任何事情都必须要有明确的目的，要有具体的内容，还要有科学的方法。可以这样说，没有明确目标的工作任务是盲目的任务，没有具体内容的工作任务是抽象和空洞的任务，没有科学方法指导的工作任务是效果不好的工作任务。

从人生奋斗的角度来说，没有明确奋斗目标的人生是盲目的和糊涂的人生，对社会、人类没有贡献的人生是空虚和毫无实际价值的人生，没有科学方法指导的人生奋斗道路，难以取得成功。

正确地处理三者之间的关系实际上就是一种科学的方法。

例如，人们成功和高效做事常常有 6 个方面的要求：IQCTES，即正确的思想、要求的质量、付出的代价、花费的时间、环保的要求、售后的服务，满足“对”或“是”、“好”、“省”、“快或多”、“保”、“便”的要求，并分别用 b_i 来表示：

$$\boldsymbol{B}=[b_1,b_2,b_3,b_4,b_5,b_6]^{\mathrm{T}}$$

式中，T 表示矩阵的转置。

对于前面提出的 6 项要求，要通过具体的工作任务和内容来实现，如通过贯彻“以人为本”的指导思想开展相应的工作、面向事物功能与性能的设计、做详细和具体的经济分析、按制定的时间有计划地执行任务、进行绿色设计、做好售后服务等，并分别用 d_i 来表示，即

$$\boldsymbol{D}=[d_1,d_2,d_3,d_4,d_5,d_6]^{\mathrm{T}}$$

有了目标和内容，必须通过有效的方法才能完成所提出的工作任务，进而实现预定的目标。采取的工作方法可以是各种各样的，用 a_{ij} 来表示：

$$\boldsymbol{A}=\begin{bmatrix} a_{11} & a_{12} & \cdots & a_{16} \\ a_{21} & a_{22} & \cdots & a_{26} \\ \vdots & \vdots & & \vdots \\ a_{61} & a_{62} & \cdots & a_{66} \end{bmatrix}$$

由此可见，目标只有通过具体内容才能实现，而内容也必须通过有效的方法才能完成，所以目标、内容和方法三者之间具有不可分割的联系。

四、成功和高效做事的制约因素的分析

成功和高效做事是由各个影响因素对其贡献积累而成的，因此做事成功与否是由下面的影响因素决定的，其中做事取得成功的绝对总量为

$$Q(\gamma_i, q_i)=\sum_{i=1}^{n}\gamma_i q_i=\gamma_1 q_1+\gamma_2 q_2+\cdots+\gamma_n q_n$$

式中，γ_i 为影响因素 i 的品质的高低；q_i 为影响因素的数量的多少。

影响因素 i 对做事取得成功的贡献率为

$$\Delta q_i=\frac{\gamma_i q_i}{Q(\gamma_i, q_i)}=\frac{\gamma_i q_i}{\sum_{i=1}^{n}\gamma_i q_i} \tag{18.3}$$

根据式(18.3)可以分析各个影响因素对做事取得成功的贡献率的大小。

如果已知 q_i 的理想值为 $q_{i\max}$，则做事取得成功的理想值的总量为

$$Q_{\max}(\gamma_i, q_i)=\sum_{i=1}^{n}\gamma_i q_{i\max}=\gamma_1 q_{1\max}+\gamma_2 q_{2\max}+\cdots+\gamma_n q_{n\max}$$

因为做事取得成功的绝对数值缺乏可比性，所以应首先求出其取得成功的理想值，即最大值。这时做事者取得成功的概率为实际值与理想值之比，所承担任务的成功概率为

$$\Delta Q_n(\gamma_i, q_i)=\frac{Q(\gamma_i, q_i)}{Q_{\max}(\gamma_i, q_i)}=\frac{\gamma_1 q_1+\gamma_2 q_2+\cdots+\gamma_n q_n}{\gamma_1 q_{1\max}+\gamma_2 q_{2\max}+\cdots+\gamma_n q_{n\max}}$$

由此可求出影响因素 i 对做事取得成功的贡献率为

$$\Delta Q_{i\max}(\gamma_i, q_i)=\frac{\gamma_i q_i}{Q_{\max}(\gamma_i, q_i)}=\frac{\gamma_i q_i}{\sum_{i=1}^{n}\gamma_i q_{i\max}}$$

由于各影响因素对做事取得成功的贡献率是不相同的，贡献率大的为重要的影响因素，贡献率小的为次要的影响因素，贡献率等于零的为不必要的影响因素。我们在工作时，可将影响因素进行分类，分清重要的和次要的、必要的和不必要的，

这是一项十分重要的工作。

对做事成功概率进行分析，就可以清楚地知道，哪些是重要影响因素，哪些是次要影响因素，哪些是不必要的影响因素，这样就可以抓住工作的重点，使重要因素充分地发挥作用，对于次要因素的影响也不可忽视。

前面所述的各个影响因素的量与质通常是随时间而变化的，因为同一时间有不同的影响因素，这是一个时变的系统，所以可以把它写成时间函数的形式，即

$$Q(\gamma_i,q_i,t)=\sum_{i=1}^{n}\gamma_i(t)q_i(t)=\gamma_1(t)q_1(t)+\gamma_2(t)q_2(t)+\cdots+\gamma_n(t)q_n(t)$$

这时，随时间变化的做事的成功概率为

$$\Delta Q_n(\gamma_i,q_i,t)=\frac{Q(\gamma_i,q_i,t)}{Q_{\max}(\gamma_i,q_i,t)}=\frac{\gamma_1(t)q_1(t)+\gamma_2(t)q_2(t)+\cdots+\gamma_n(t)q_n(t)}{\gamma_1(t)q_{1\max}(t)+\gamma_2(t)q_{2\max}(t)+\cdots+\gamma_n(t)q_{n\max}(t)}$$

如果知道影响人们做事成功的因素由以下 10 个元素所组成，就可以根据这 10 个元素来计算做事取得成功的概率。依据工作的实际情况，经过详细的分析，可以确定出 10 个影响因素的量的大小 q_i 和质的高低 γ_i，进而可求出它们的最大值和实际值：

$$q_{i\max}=(q_1,q_2,\cdots,q_{10})=(0.1,0.12,0.08,0.11,0.09,0.11,0.07,0.12,0.15,0.05)$$

$$\gamma_{i\max}=(\gamma_1,\gamma_2,\cdots,\gamma_{10})=(1.0,1.0,1.0,1.0,1.0,1.0,1.0,1.0,1.0,1.0)$$

$$q_i=(q_1,q_2,\cdots,q_{10})=(0.09,0.11,0.07,0.10,0.08,0.10,0.06,0.11,0.14,0.04)$$

$$\gamma_i=(\gamma_1,\gamma_2,\cdots,\gamma_{10})=(0.9,0.95,0.88,0.82,0.78,0.91,0.79,0.99,0.89,0.93)$$

进而可求出做事成功概率的理想值和实际值：

$$Q_{\max}(n)=\sum_{i=1}^{n}\gamma_i q_i=\gamma_1q_1+\gamma_2q_2+\cdots+\gamma_nq_n=1.00$$

$$\begin{aligned}Q(n)&=\sum_{i=1}^{n}\gamma_i q_i=\gamma_1q_1+\gamma_2q_2+\cdots+\gamma_nq_n\\&=0.09\times0.9+0.11\times0.95+0.07\times0.88+0.10\times0.82+0.08\times0.78\\&\quad+0.10\times0.91+0.06\times0.79+0.11\times0.99+0.14\times0.89+0.04\times0.93\\&=0.081+0.1045+0.0616+0.082+0.0624+0.091+0.0474\\&\quad+0.1089+0.1246+0.0372\\&=0.8006\end{aligned}$$

可求出做事的成功概率：

$$\Delta Q_n(n)=\frac{Q(n)}{Q_{\max}(n)}=\frac{0.8006}{1}=80.06\%$$

即做事的成功概率为 80.06%。

通过对影响做事成功概率的诸多因素的分析，就可以了解哪些是关键因素，哪些是一般因素，为了提高做事的成功概率，应该重视在不同时期和不同阶段哪些是主要影响因素，哪些是次要影响因素，哪些是必要因素，哪些是不必要因素。

对做事制约因素进行分析还可以采用专家系统的理论和方法来完成。

五、要理解“用好方法论规则是一把开启成功之门的钥匙”

任何人承担社会工作的主要任务就是很好地完成自己的任务。他们的人生奋斗目标和工作规划不应该只局限于根据自身条件从事一份工作，而应该是在经过详细调研和分析主、客观的优势和劣势后，为自己确定一个合理的和最为理想的发展方向，最大限度地实现自己的人生价值。

任何人要想取得成功，都应该认真学习、深刻理解科学方法论的体系和规则，运用十二对规则来指导自己成功和高效做事。通过学习、掌握、运用科学方法论的体系和规则，从而全面了解、客观地认识主、客观因素的影响，准确地进行自我定位，再设定合理的发展目标，制订相应的工作计划，采取各种积极的措施去实现提出的目标，并在实现目标的过程中获取最高效益。按照科学方法论做事还能创造出奇迹。下面举出两个例子。

1. 本书作者 70 岁以后所完成的主要工作超过了 70 岁以前

表 18.1 列出了本书作者 70 岁前和 70 岁后工作成果的比较。表中的数据表明，他 70 岁以后完成的工作超过了 70 岁以前所完成的工作。

表 18.1　本书作者 70 岁以前和 70 岁以后取得成果的比较

完成的工作	70 岁以前	70 岁以后
指导的博士和硕士	80 人	132 人
撰写的著作和论文集等	5 部	52 部
省部级一、二等以上的奖励和国家级奖励	10 项，2 项	14 项，4 项
申请的专利	7 项	13 项
每年发表的论文数	2.5 篇/年	3.4 篇/年

从整个国家来看，应该有不少博导能培养出 200 多位博士和硕士，也应该有不少科技工作者能写出 50 多部著作，但完成这么多的工作任务是要付出多大精力的。

上述结果还可以引起人们三方面的思考。

(1) 本书作者 70 岁以后之所以能完成这么多的工作，首先必须要有健康的身体，再据了解，他能取得成功还在于能很好地运用方法论的规则进行学习和工作。可以想象，假如没有方法论作指导，取得这样的结果也几乎是不可能的。因此，应该在社会上大力宣传运用方法论的规则来指导每个人的学习、工作和生活。

(2) 对表 18.1 中的数据进行分析还可以看出，本书作者已经完成了他应该完成的工作一倍还要多，因为 70 岁以后的工作是他达到退休年龄后所做的工作，所以可以这样说，他一生所创造的价值已经超过了他应该创造的价值一倍还要多。对此，我们国家应该大力弘扬对社会作出重要贡献的这种正气及所发挥的正能量。

(3) 目前许多新闻媒介都在谈论一个人如何创造更高的人生价值，并在宣传“人人都应该为社会创造更高的人生价值”。假如我国有更多的人都能很好地运用方法论的规则来指导自己的学习、工作和生活，一定会大大加快我国社会主义建设的速度，中华民族伟大复兴的中国梦一定会早日实现，这样的事例对社会的发展是十分有益的。

2. 本书作者组织了全国不同层次的教师编写了八部方法论的参考读物

由于本书作者提出的科学方法论适用于社会上的所有人群，所以他组织全国各个层次的 50 多位教师，针对小学生、初中生、职业高中生、普通高中生、高等职业院校学生、大学本科院校学生、研究生、企事业单位工作人员，编写出了《方法论浅谈》、《方法论浅读》、《方法论浅析》、《方法论浅议》、《方法论细谈》、《方法论细读》、《方法论详析》、《方法论导引》八部教学参考读物，这一系列参考读物的特点是：①针对各类人群的特点和要求，从内容和分量分别予以考虑；②将方法论教育和素质教育自然地融合在一起；③将每一个人的学习、工作和生活与国家的发展统一起来，即每个人都应该将自己的工作融入到实现中华民族伟大复兴的中国梦之中；④其最终的目标就是提高每个人所从事工作的成功概率并获取做事的最高效益。

为了更好地满足各类工作的需要，作者还主持编写并出版了从事不同工作的方法论著作:《成功做事方法学　现代成功学浅论》、《产品设计方法学——兼论产品的顶层设计与系统化设计》、《现代成功学　谈做人 做事 做学问》、《顶层设计原理 方法 应用》、《学位论文撰写方法学　怎样写好硕士和博士论文》、《科技创新方法论浅析》、《实用科学方法论》等，以使更多的人能了解、掌握和运用好方法论的体系和规则，进而做好各种工作，使科学方法论推广到整个社会，这应该是一项具有重要意义的工作。

社会中每个成员，通过自己的具体实践，在运用方法论的体系和规则后，在学习、工作和生活等的各方面取得良好的效果，就会深刻领会运用方法论的体系和规则指导学习和工作的重要性，也会真正理解“用好方法论规则”的确是一把开启成功之门的钥匙。

六、倡议在全社会普及科学方法论的教育

要大力宣传学习、掌握和运用科学方法论的重大意义。因为不了解学习和运

用科学方法论的重要性，也就没有办法向全社会普及和推广，宣传对象是企事业单位及个人，特别是行政领导。

据我们初步调查，目前在全社会了解和掌握并能够运用科学方法论的企事业单位和个人数量极少。最近我国国家领导人提出了“大众创业、万众创新”的号召，为了做好双创工作，要学习、掌握和运用好创新和创业的方法，即运用好科学方法论，使创新和创业取得更好的效果。从目前情况看，创新和创业的成功概率较低，据媒体介绍，创新和创业的成功概率只有5%左右，这会浪费大量的金钱和精力。而据一些人介绍，掌握科学方法论以后，创新和创业的成功概率至少可以提高10%以上，高的则可提高2～3倍，甚至更多。可见，运用科学方法论来指导创新和创业具有十分重大的意义。

七、创建可使集体和个人向最优方向发展服务中心的构想

目前治疗人们身体疾病的医院十分忙碌，这说明人们对自己的健康都十分关心。而社会上的有些企事业单位和个人在做人和做事方面也存在“不足”，实际上，由于存在做人和做事的“不足”而影响他们为社会做出应有的成绩和贡献，严重的还可以说他们已经患上做人和做事“疾病”，轻则影响自己对社会所作的贡献，还会浪费时间、精力和金钱；重则破坏社会秩序，骚乱社会治安，走上违犯国家法律的道路。

因此，从关心这些企事业单位和个人做事存在“不足”的问题，促进社会成员更好地服务社会的观点出发，协助在做人和做事方面存在“不足”的人进行检查，找出“不足”的原因，促进他们向最优方向发展，其意义十分重大。

首先要从工作存在“不足”的原因谈起，这些人绝大多数在做人和做事上都缺乏经验，也就是说缺少有关科学方法论的基本知识及每个人生活在人类社会中应该担负起社会责任的基本认识。因此，对这些人存在的“不足”，要对他们进行科学方法论的教育，以及生活在人类社会中必须承担一份社会责任的教育。

现今社会已经重视部分人的心理疾病，在社会上已经出现“心理医生”，这对治疗心理疾病具有重大的意义。但目前社会上不会做事的人，比起心理疾病患者可以说是九牛一毛。

做人和做事存在的“不足”，不只存在于个人，在许多企事业单位也普遍存在，甚至一些管理部门同样也会存在做事的“不足”。正是因为这些个人和集体存在着做事的“不足”，会影响他们对社会作出有益的贡献，也会直接影响社会发展的速度。

检查和诊断存在的“不足”，使他们向最优方向或良性轨道上发展，这会大大加快社会发展的进程。

为了检查并指出存在的“不足”，并给他们改进这些“不足”的方向，特提出以下建议。

（1）在全社会开展科学方法论的教育，在各类学校中增设科学方法论的必修课程，而且必须大大加强科学方法论的实践活动；在企事业单位加强培训工作。

（2）在一些城市设立检查做人和做事存在“不足”的“服务中心”，来检查和诊断社会上个人及企事业单位在做人和做事方面存在的“不足”，并可以将科学方法论的专家系统作为这类疾病的智能化手段和仪器。

（3）建议各类媒体广泛宣传学习和运用科学方法论的重大意义，指出科学方法论不仅可以大大提高社会各类人群的思想素质，还可以提高个人和集体做事的成功概率和效益。

（4）建议各级领导大力加强对学习和运用科学方法论的领导和管理，把推广辩证唯物主义的一个重要分支——科学方法论看作是一项对社会发展有重要作用的工作任务。

（5）目前还未见世界各国将学习和推广科学方法论放到应有的重要位置上，国外提出的专家系统知识库中也没有把科学方法论的这些规则看作是重要的共性核心知识。在这种情况下，我国如果能把科学方法论的学习和运用及推广提到议事日程上来，将会大大加快我国科学技术和经济的发展速度，把我国建设成世界头等强国的愿望一定能提早实现。

参考文献

[1] 戴尔·卡耐基.人性的光辉.韦荣臣,译.天津:天津人民出版社,2008

[2] 戴尔·卡耐基.成功有效的团队沟通.北京:中信出版社,2008

[3] 付丽君.卡耐基成功学全书.北京:北京工业大学出版社,2009

[4] 刘海同.卡耐基做人做事全集.北京:海潮出版社,2010

[5] 刘俊峰.卡耐基人性的弱点.北京:海潮出版社,2010

[6] 叶立新.口才训练全集.北京:海潮出版社,2010

[7] 拿破仑·希尔.成功法则.王勇,译.呼和浩特:内蒙古大学出版社,2008

[8] 陈安之.自己就是一座宝藏(视频).昆明:云南教育出版社,2009

[9] 郭君.现代成功学.上海:上海财经大学出版社,2008

[10] 刘墉.成功全书.北京:接力出版社,2009

[11] 陈泰先.35岁之前成功的十六条黄金法则.北京:中国物资出版社,2007

[12] 肖剑.成功心理学.北京:新世界出版社,2009

[13] 苏杨.成功之道.北京:北京燕山出版社,2008

[14] 君子.做人做事羊皮卷.天津:天津科学技术出版社,2009

[15] 成果.哈佛成功课——成功人士是这样修炼的.北京:中国纺织出版社,2010

[16] 邢桂平.你为什么不成功——突破人生困境的锦囊妙计.北京:北京工业大学出版社,2010

[17] 闻国椿.关于处事的十大规则.北京:北京燕山出版社,2012

[18] 王宝霞,王爱光,喻春明.成功者的足迹.北京:新华出版社,2010

[19] 闻邦椿.从追逐梦想到实现梦想.北京:新华出版社,2011

[20] 闻邦椿.成功之路的探索.北京:中国社会出版社,2010

[21] 闻邦椿.奋斗的人生.北京:高等教育出版社,2009

[22] 闻邦椿文集编纂组.致力教育 潜心科技——闻邦椿院士文集.沈阳:东北大学出版社,2010

[23] 闻邦椿,张国忠,柳供义.面向产品广义质量的综合设计理论与方法.北京:科学出版社,2007

[24] 闻邦椿.产品全功能与全性能综合设计.北京:机械工业出版社,2008

[25] 闻邦椿,刘树英,李小彭.产品的主辅功能及功能优化设计.北京:机械工业出版社,2008

[26] 闻邦椿,韩清凯,姚红良.产品的结构性能及动态优化设计.北京:机械工业出版社,2008

[27] 闻邦椿,赵春雨,任朝晖.产品的使用性能及智能优化设计.北京:机械工业出版社,2008

[28] 闻邦椿,孙伟,李鹤.产品的制造性能及可视优化设计.北京:机械工业出版社,2010

[29] 闻邦椿,李小彭,李鹤,等.机械产品设计质量的检验与评估.北京:机械工业出版社,2010

[30] 闻邦椿.机械设计手册.6卷本.5版.北京:机械工业出版社,2010

[31] 闻邦椿.产品设计方法学——兼论产品的顶层设计与系统化设计.北京:机械工业出版社,2012
[32] 闻邦椿.成功做事方法学 现代成功学浅论.北京:中国社会科学出版社,2012
[33] 闻邦椿.现代成功学 谈做人 做事 做学问.北京:新华出版社,2012
[34] 闻邦椿.顶层设计 原理 方法 应用.北京:机械工业出版社,2014
[35] 闻邦椿,闻国椿.学位论文撰写方法学 怎样写好硕士和博士论文.北京:高等教育出版社,2014
[36] 闻邦椿,刘凤翘.振动机械的理论及应用.北京:机械工业出版社,1982
[37] 闻邦椿,刘凤翘,刘杰.振动筛、振动给料机、振动输送机的设计与调试.北京:化学工业出版社,1989
[38] 闻邦椿,刘树英,何勍.振动机械的理论与动态设计方法.北京:机械工业出版社,2001
[39] 闻邦椿,李以农,张义民,等.振动利用工程.北京:科学出版社,2005
[40] 闻邦椿,刘树英.振动筛分技术及设备设计.北京:冶金工业出版社,2013
[41] 闻邦椿,赵春雨,熊万里,等.机械系统的振动同步与控制同步.北京:科学出版社,2004
[42] Wen B C,Fan J,Zhao C Y,et al. Vibratory Synchronization and Controlled Synchronization in Engineering. Beijing:Science Press,2009
[43] Wen B C,Zhang H,Liu S Y,et al. Theory and Techniques of Vibrating Machinery and Its Applications. Beijing:Science Press,2010
[44] 闻邦椿."振动与波的利用技术"全国会议论文集.沈阳:东北大学出版社,2002
[45] 袁旭梅,刘新建,万杰.系统工程学导论.北京:机械工业出版社,2006
[46] 周祖德.数字制造.北京:科学出版社,2004
[47] 陈鹰,杨灿军.人工智能系统的理论与方法.杭州:浙江大学出版社,2006
[48] 陈立周.机械优化设计方法.北京:冶金工业出版社,2005
[49] 吕仲文.机械创新设计.北京:机械工业出版社,2004
[50] 成其谦.技术创新与竞争力研究.北京:中国科学技术出版社,2002
[51] 胡家秀,陈峰.机械创新设计概论.北京:机械工业出版社,2005
[52] 敖志刚.人工智能及专家系统.北京:机械工业出版社,2010
[53] 许琦.超大型空分转子系统运行稳定性研究.沈阳:东北大学博士学位论文,2015

附录一
对成功者之路的探索及成功者的启示

闻邦椿

2006 年 6 月在沈阳某大学的讲演

人生活在世界上，生活在群体社会里。每个人都希望在自己的一生对社会做一点有益的事情。但由于每个人的自身情况不同，社会条件与周围环境不同，所做贡献大小自然也不一样：有的人在一生中做出了一番扬名社会、震动世界的事业；也有的人平平淡淡地生活一辈子；还有一些人不仅没有给社会做好事，还危害他人，危害全社会。一个人在群体社会里能否取得成功，取决于每个人的情况。绝大多数人，都希望自己能为社会做些好事，希望成为一个成功人士。那么成功人士要具备哪些条件呢？下面我想探索一下成功者之路。

一、树立远大理想与确立奋斗目标是成功者的首要条件

人生活在群体社会中，每个人都与整个社会有着不可分割的联系。人类社会发展的过程是依靠每位劳动者逐步创造人类的物质文明与精神文明的过程。对每个人来说，离开人类社会，就无法生存。一个人对社会的贡献有大有小，一般来说，成功者对社会的贡献要比一般人大一些。因此，确定自己的理想一定要和社会的发展和国家的需要密切结合起来。大家都知道一句名言，“时势造英雄”，而不是“英雄造时势”。如果不适应时代的条件，一个人是很作作出成绩的，但一个英雄人物会对社会发展作出杰出的贡献，会推动社会的发展。

目前我国正处在建设小康社会的过程中。2006 年我在北京参加了中国科学院的院士大会，聆听了胡锦涛总书记、温家宝总理、陈至立国务委员的重要报告。当今时代，科技的发展对整个社会经济的发展起着决定性的作用，所以我们科技工作者要为我国科技的发展作出自己的最大贡献。新中国成立以来，我国的科学技术和经济有了很大发展，但与发达国家相比还有较大差距。就拿装备制造业的情况来说，在各个领域，有 30%～80%的设备依赖进口。我国使用的芯片大概 95%从国外进口。能源设备、高精度机床、大型石化设备、高速车辆等有相当一部分依赖于国外，在技术上还有较大差距。为了迎头赶上，还必须做大量的科学研究工

作。从我国制订的中长期规划来看，确实需要付出极大的努力。

有人说，“理想是远大的，目标是现实的”。当然，每个人都要根据自己的特点，确定远大的理想。在确定理想以后，要制订自己奋斗的具体目标。在20世纪五六十年代，多数大学毕业生的工作分配，首先服从国家的需要。“到祖国最需要的地方去”，这是我们坚决响应的奋斗目标。现在我们的博士毕业生、硕士毕业生、本科毕业生，选择工作首先看工资待遇，然后看地理条件与生活条件，这样就很难把个人理想与国家的需要统一起来。在目前，个人的要求也应该要给以充分考虑，个人的兴趣也十分重要，它是取得成就的重要条件。特别在知识经济时代，要遵照“人尽其才，才尽其用、物畅其流”的原则，使每个人的能力得到充分的发挥。

所以，每个人可以选择自己最愿意做的工作，努力去实现自己的理想。因为在这样的条件下，他们在工作中可以产生极大的兴趣，夜以继日地投身到工作中去，并可以高效地完成其工作。

一旦自己的理想与社会需要得到密切结合，其工作效率就有可能出现百倍于日常工作的情况，这是十分有益的。

不管是科学家、发明家、技师、教授、医师、企业家、艺术家、运动员，还是国家领导人、国家干部、社会活动家等，都可以作为自己的奋斗目标。

大科学家爱因斯坦提出了相对论，对宇宙宏观世界的一些规律作出了正确的解释。

数学家陈景润夜以继日地钻研哥德巴赫猜想，他在这一领域的研究水平达到了最高峰。

发明家爱迪生虽然在小学阶段的学习成绩一直不理想，甚至因为不好好学习，学校要开除他。但他对发明十分感兴趣，潜心创造发明，终于获得百余项发明成果，成为世界上最伟大的发明家之一。

香港著名企业家李嘉诚，是世界上排名靠前的企业家。他从学徒工开始，仅仅靠7000港元的资本，从房地产起家，现在拥有香港的6种股票，占香港股票总值的11.5%，约2700亿港元。

马来西亚前总理马哈蒂尔从小十分聪明，是10个兄弟姐妹中最小的一个，先是学习医学。由于他喜爱政治与文学，在中学与大学期间阅读了大量的西方书籍，后来，弃医从政。他坚持独立自主政策；敢于对西方国家说一个“不”字。他当政10多年，把这个国家变成亚洲的“四小虎”之一。

大家都知道南宋名将岳飞的故事：在他小时候，母亲在他的背上刺上了“精忠报国”四个大字。他非常努力读书，长大后他既有武功，又有文学才能。他忠于国家，远征北方，要收复失地，后来被奸臣秦桧所害。他的不朽词作《满江红》中有一句“三十功名尘与土，八千里路云和月”，在杭州中山公园旁边的岳庙门口就有这副著名的对联。虽然他在年轻时就已功成名就，但他没有过分看重功名，而把国家领土的完整和民族的统一作为自己的神圣任务与奋斗目标，这也是他的远大理想。

上述这些有成就的人士，首先要确立一个伟大理想。有了远大理想，还要有具体的奋斗目标。我在1955～1957年念研究生时，苏联专家要求我们要“把科学院院士对科学事业的贡献，作为自己的奋斗目标”。我当时认为苏联的院士水平太高了，我们简直是望尘莫及。我对自己做了分析，我缺乏社交能力，不擅长讲话，但钻研业务似乎还有点基础，我希望对科学事业能作出一点点贡献，为科学技术“添砖加瓦”。当在苏联专家指导下，确定了我的研究方向“振动的利用”以后，我在这个领域一点点地积累。我进行了理论上的研究，还做了试验模型，进行了试验。提出了上百个理论计算公式，研究成功了十多种新型机械。我用7年时间写出了《振动机械的理论与应用》这本专著。大家可以到国内外的图书馆去找一找，国内外有没有这样一本书？回答是“没有。”因此，这本书是国际上这一领域的第一本专著。后来，这本书获得全国优秀科技图书奖二等奖。看起来这似乎没有什么了不起的，但要知道，就是做这么一点研究工作，也要花10年、20年的时间。

我看现在的年轻人，要想在科学技术上作出一点贡献，条件良好，奋斗的方向也十分清楚。大家都知道，要搞研究，没有科研费用不行，没有试验条件不行，没有生活条件也不行。现在我们国家已经为大家提供了各类奖励、各类基金，只要作出一些成绩，就可以获得资助。博士论文的百篇优秀论文，奖励70万元；杰出青年，研究经费80万元；特聘教授每年补贴10万元，还有300万元的科研经费。有了经费，有了条件，就可以更好地投身于科学研究工作。不管是百篇优秀论文的作者也好，还是杰出青年也好，特聘教授也好，评比条件都差不多，就是要写出高水平论文，搞出好的研究成果。

理想是远大的，目标是具体的，有近期目标，也要有长远打算。我在20世纪70年代、80年代、90年代所做的工作，是依靠一点一滴积累而成的。当我取得一点新成果的时候，我觉得自己又前进了一步。到现在，我开辟了多个研究方向：振动利用、广义同步理论及应用、非线性振动理论及应用、故障转子动力学、振动的控制、现代设计理论与方法——综合设计法等，已完成及参加完成18本著作与论文集，发表300多篇论文，获国际奖2项，国家奖3项，省部级奖10项。从1956年到1991年，经过35年的努力，我当选为中国科学院院士，获得了我国科学技术界的最高荣誉称号。苏联专家对我的期望得到了实现，这是我在35年前没有想到的。

二、人的生命是最可贵的，珍爱生命是成功者的前提

任何东西都比不上生命更珍贵，对每个人来说，生命只有一次。失去生命，它

不会再来。相信宗教的人，如虔诚的佛教徒天天在吟诵“南无阿弥陀佛”，希望自己来世能有好的生活与境遇。

虽然生命如此宝贵，但是许多人对待生命采取了一种马虎、轻率、不认真和一时冲动的不负责任的态度。有一名在国内外都享有盛誉的科学院院士，也就是世界上第一例取得成功的断肢再接的著名医生、复旦大学教授、我的同乡陈××院士，有一天他出门时，把房门的钥匙落在家中。他要出去开会，汽车司机在楼下等他，他想从阳台进到房子里取钥匙，不小心从楼上掉了下来摔死了，复旦大学为他开了追悼会。多么可惜呀！他对安全问题没有充分考虑，对自己的生命不够珍惜。只要有1%的不安全因素，都不应该轻举妄动。还有一位年轻学生在家中看书，他的父亲以为他不在家，把门反锁上了。他是运动员，从窗户跳到阳台上，不小心，头朝下，就这样摔死了。当他父亲赶回家时，儿子已经死亡，真是追悔莫及。东北电管局一位局长，接到上级通知，马上要到国务院当电力部部长，他十分兴奋，到另一个地方去搞调查研究，不幸出了车祸，丢掉了宝贵的生命，更谈不上当什么部长。大家知道，辽宁有一位著名相声演员叫牛××，他与某电影公司签订了一份报酬可观的电影合同，心情十分高兴，合同还没有开始实施，就邀请朋友吃饭喝酒，喝得酩酊大醉，还亲自开车，不幸与大货车相撞，一命呜呼。这说明碰到好事，不能过分兴奋。《义勇军进行曲》是中华人民共和国国歌，此歌曲的作者——聂耳，在日本藤泽市鹄沼海岸游泳时不幸溺水身亡，年纪很轻就“走”了，实在太可惜。这些意外的事故，多数是自己不注意安全造成的，这些教训值得大家牢记。

一些不法分子贪财害命，贪了很多钱，还不满足，几十万、几百万甚至上亿元。他们一时痛快，置法律于不顾，被抓住后，不是坐牢就是被枪决。有些不法分子，既不爱惜自己的生命，也漠视别人的生命，打架杀人，这些人最后要落入法网，轻易地送掉他人的生命，把自己的生命视作儿戏。

健康是人的生命的保证。身体不健康，什么远大理想呀，什么奋斗目标呀，都是空的，理想难以实现，目标难以达到。但一个人不能不生病，细菌、病毒也要求有个生存空间嘛！你不杀它，它就要杀你。为什么我们国家的教育方针中提出“要培养德、智、体、美全面发展的人才”呢？真像列宁同志所说的，“身体是革命的本钱”。所以，大家有了远大理想和奋斗目标之后，还要有健康的体魄来保证理想的实现。

我在青少年时代体弱多病，得过淋巴结核、胸膜炎、骨结核，常常发烧，不是感冒，就是疟疾，脸色发黄，全身无力，所以中学的同学都推断我活不过40岁。

当我在大学学习时，我的淋巴结核复发了，幸亏人类发明了链霉素，我是第一批受益者。1964年，我又患上了骨结核，每天晚上发烧，满脸通红，我服用了特效药“雷米丰”，我又幸运地逃过了“鬼门关”。医学的发展拯救了我的生命，这使我深刻体会科学技术的伟大，它是人类社会历史发展的推动力。基因的研究成功也为延长人类的生命提供了十分有力的保证。据美国寿命专家估计，再过 10 年，人类的平均寿命可以达到 90 岁，再过 20～30 年，可达 100 岁。科学技术对人类寿命的延长，将起十分重要的作用。

依赖科学技术成果来治病，这是一个重要的方面，更重要的是要把握自己，对疾病要采取积极的预防。从 1964 年以后，我没有得过大病，有些小病如感冒等，我采取积极预防，30 年中我只得了 3 次感冒。我的经验是，在感冒将要发生的前三四个小时，吃些感冒药，然后连续吃几次。以前我的孩子每年要得多次感冒，他们学习了我的经验后，几年中也不得感冒了。

现在大家都十分注意锻炼身体，这是重要的，但不能过分，要有分寸，要量力而行。总之，要把保持身体的健康和延长生命周期放在重要的位置上。

三、通过实践不断培养自己的各种能力是必要手段

为了对社会作出更大的贡献，必须使自己掌握各方面的知识，培养自己的各种能力。知识和能力是实现奋斗目标的必要手段。所谓知识，即一般知识和专业知识。所谓能力，即自学能力、分析与解决问题能力、实践能力与创新能力、社会活动能力。没有工作能力，怎么能卓越地完成繁重的工作任务呢？

基础知识与专业知识：对于每个人来说，基础知识和专业知识是完成工作的必要条件。中学和大学阶段，同学们所学到的知识是基础知识，这些基础知识，对于每个人来说都是十分重要的。

在学校中既要学习一般知识，又要培养一定的工作能力。学习的知识总是有限的，还要到社会上继续学习有关知识。活到老，学到老。特别是在知识经济时代，更是如此。例如，语文、外语、计算机技术、政治、数学、物理、化学、天文、地理、历史、生物、医学、信息、工程技术等，对于普通人来说，这些都是基础知识。如果某人所从事上述某项具体的工作，这一项工作就是他的专业，相关的知识对于他来说，就是专业知识。

自学能力：在学校中不可能把工作所需的全部知识都学习到手，这是绝对办不到的。在学校里，要学会看书，学会掌握书中的主要内容和一般内容，要吸取其中有用的东西，来解决工作中或生活中遇到的疑难问题。这就是自学能力。每个人的自学能力不同，自学能力越强的人，解决或处理遇到的问题也越快越好。

分析与解决问题能力：分析与解决问题的能力是在学习和工作过程中逐步培养出来的。要用逻辑学的方法去研究问题。当我们遇到一个问题时，首先要了解问题的情况，即问题的方方面面，然后利用分析与综合的方法，找出现象与本质、内涵与外延、特性与共性、主要矛盾与次要矛盾、矛盾的主要方面与次要方面、内因与外因，分析事物发生的原因与结果，最后加以总结与归纳，提出解决问题的方法。

处理得成功的，就说明所采取的方法是正确的。

孔子曾说："吾三十而立，四十而不惑，五十而知天命。"这说明他在不断地学习，不断地积累知识，不断地培养分析问题与解决问题的能力，在不同阶段达到了不同的水平。他是圣人，40 岁就达到了"不惑"，也就是没有疑惑，已经有自己的判断力；50 岁知天命，即能把握自然发展的规律。这样的能力和水平，现代人也很难达到。

实践能力与创新能力：在知识经济时代，创新是社会发展的灵魂，对每个人来说，创新就是创造一番事业的灵魂，每个人都在不断继承与不断创造的过程中。创新是通过人的思维来实现的。创新就是毛泽东同志所说的"有所发现、有所发明、有所创造、有所前进"。

应该提倡原始创新，原始创新是在原理上有突出成果的创新。此外，还有一种叫集成创新。

对于每位博士生和硕士生来说，首先要搞好研究工作，提出创新的见解，写出优秀的论文，要重视实验研究工作，尽最大可能开辟新的研究领域，最好是提出一些原创性的研究成果，当然集成创新的成果也是提倡的。要"大胆设想，小心论证"，不要怕别人说三道四，要通过理论与实验证明提出的见解是正确的。

现在我提出一个问题。我在几十年中所建立起的"振动利用工程"新学科是属于哪一种创新？最近提出的综合设计法又是哪一种创新？在这些新的见解中，哪一种创新都有，我提出的新见解不可能依靠我一个人来完成，要依靠大家。大家在完成这些工作的过程中，也许所作的贡献比我还要大得多。

创造性的成果只有通过实践才能体现出它的功效，所以必须将实践活动放到十分重要的地位，它也是创新的基础。

社会活动能力：在目前的社会中，许多工作都离不开社会活动。人类社会是群体社会，人与人之间的联系是不可缺少的。有人说："攻关能力是生产力，也是第一生产力。"这很有道理。一些民营企业家，通过一些渠道创建了自己的企业，他们一方面依靠灵活的机制，另一方面采取一些手段通过攻关从国有企业中聘请了一些优秀技术人才。人才给这些民营企业带来了生机与活力，为企业创造了显著的经济效益与社会效益。所以，他们得出结论：攻关能力就是生产力。

确实如此。在市场经济中，竞争是十分激烈的，市场竞争的胜负依赖于科学技术竞争的胜负，科技竞争的胜负又依赖于人才竞争的胜负。很强的社会活动能力可以在市场竞争、科学技术竞争、人才竞争中始终处于不败之地。在这个过程中，也许要采用一些不合理的手段，甚至是采用一些不合法的手段，即违法的手段。但是我们要对这种不法的手段进行抵制。

社交能力还表现在宣传能力上，有些民营企业为了达到既定的目标，进行了虚假的宣传，这种情况也是存在的，但我们提倡的是"诚信"。

四、良好的思想素质、科学的工作态度是成功的重要条件

1. 良好的思想素质与心理素质

在前进道路上，常常会遇到各种各样的困难和挫折。特别是在市场经济的今天，竞争是十分激烈的。在竞争面前，总会有胜者和败者。在国际体育竞赛中，在众多的参与者中，获奖的也毕竟是少数。对于胜者，必须压制自己的感情，不能过分激动；对于败者，也应接受失败的教训，不要气馁，应牢记"失败是成功之母"这一名言。但是，不少人在这种情况下，心理状态出现了异常情况。有的由于取得胜利而丧失理智，最后走向反面；有的由于失败，心理状态和精神状态失去平衡，灰心丧气，未能振作精神，直至完全失败。这类事情不胜枚举。

大家都知道，在历史上曾出现过由于取得胜利而突发脑出血死亡的情况，也有因失败而自杀死亡的情况。清华、北大每年都有跳楼自杀身亡的学生，他们在中学时都是佼佼者，一到名牌大学落在最后，心理上产生很大压力，就自找绝路。这些人心理素质太差，经不起风吹雨打。

杀人犯马加爵就是因为总认为别人看不起他而走上了杀人的道路。这也是思想素质和心理素质的问题。由于杀害了同学，杀害后把他们锁在柜子里，他沦为杀人犯，最后被判处死刑。

年纪较大的同志都经历过"文革"。在"文革"中，有一些人受到委屈后，跳楼，卧轨。当时在我们东北工学院，大概就有十多个人自杀。这些人都是有能力的，有些人已经取得了许多成绩，太可惜了。这是因为他们的心理状态出现了问题。

据统计，目前在校大学生中，有5%的大学生心理状态存在问题，所以大学生也应该学一学心理学。

我在大学时期，买了两本课外书，一本是《逻辑学》，一本是《心理学》。我的心理状态还算不错。虽然在"文革"时，我承受着走"白专"道路的沉重压力，思想上也十分痛苦，但想一想不少革命领导人都受到冲击，像我这样的人还有什么可计较的呢？

2. 科学的工作态度和作风

每个人在从事各种工作的过程中，会表现出对于事物的不同态度。以科学的态度对待周围的环境与事物，以诚信的作风对待同事和他人，这是科学工作者应具备的本质特性。因为科学事业本来就是实实在在的，来不得半点虚假。

年轻人更应该实事求是地去从事各项科研工作，脚踏实地去完成本职工作。科学性最主要表现在对待事物的实在性和真实性上面，要对那些虚假的行为进行

不懈的斗争，特别是反对伪科学，反对弄虚作假，提倡诚信。

目前在社会中有一些不正之风，很多人在自欺欺人。例如，目前一些学生考试作弊，写文章抄袭别人的东西，甚至把别人的文章作为自己的东西。

什么“水变油”，有许多科学工作者上了当，给中央写了信，结果这些科技工作者，连评选院士都没有条件。

有极个别的博士生，把国外杂志上的文章拿来，改为自己的名字，在杂志上发表。这样一来，不仅他本人作风虚伪，他的导师也受到连累，也要承担不可推卸的责任。因为你的学生出了问题，老师当然有责任。

现在请客送礼十分普遍，贿赂也十分盛行。我认为，成功者不应该依靠不正当的手段去获得成功。你欺骗别人欺骗了一时，但欺骗不了一世；总有一天要暴露在光天化日之下，成为众目睽睽的失败者。

大家都知道不少贪污腐败分子落网的情况。一个人，应该依靠自己的劳动得到应得的报酬，不义之财不应该取。我很奇怪，这些贪污分子贪了又贪，不知道贪这么多钱为了什么。我国前几年有许多贪污分子跑到国外，带走上百亿美元。有的已经被抓了回来，他们在贪污国家公款时就没有考虑自己日后的下场？这样的结局他们不可能没有想到。

以科学的态度对待事物，还表现在对待朋友、对待同志和对大自然的态度上。我曾经从凤凰电视台听到了澳大利亚昆士兰大学教授净空法师在北京大学所做的报告，他说：要以和谐的态度对待他人和对待自然，要“仁慈博爱”。人际关系要讲团结，讲友爱，讲互助，要理解别人。当有人问他，假如有坏人要杀掉你的话，你的态度如何？他回答说，假如真的是如此，是因为上一世我欠了他的债，还完债后就不会有矛盾了，如果我再去报复他，翻来覆去，事情始终不会结束。他用这样一种解释对待矛盾，问题就得到了解决，这是宗教的哲学，可以减少矛盾。中国的年轻人，火气十足，两人发生矛盾，总要争个高低，打得鼻青脸肿，结果大家都吃了亏。2004 年 6 月 6 日，法国在诺曼底召开“二战”联军登陆诺曼底 60 周年大会，有人问，二次世界大战，谁是胜者？他们回答是没有胜利者。在“二战”中，苏联死了 2060 万人，德国死了 525 万人，美国也死了 25.9 万人，法国死了 81 万人，你说哪一个国家取得了胜利？都是失败者。

在 21 世纪，人与自然的关系变得十分紧张，地球上的资源不断枯竭，环境污染十分严重，自然界中的许多物种濒临灭绝的危险。1987 年我到德国访问，先经苏联到匈牙利参加第十届国际非线性振动会议，然后经过德国，再到西班牙参加第七届 IFTOMM 世界大会。途经德国时，好客的 Benz 教授带我和李东升到他家做客。晚饭后，我们一起到树林中去散步，看到几只蜗牛在地上爬，Benz 教授说，要保持生态平衡，当心不要踩死它们。在那个时候，德国人就已十分重视保护自然界，保持人与自然的和谐与协调。

3. 科学的工作方法

“时间是金钱，效率是生命”，这句名言是深圳人的经验总结。

完成各项工作，必须付出相应的时间和精力。对一个人来说，时间是常数，但完成的工作的多少还取决于单位时间所完成的工作量，即工作效率。在一定时间内，可以创造财富。因此，从一定的意义上来说，劳动者从事有益的劳动，会创造有价值的成果。对科技工作者来说，只有付出辛勤的劳动，才能取得成果。丰硕的成果是依靠逐步的积累得来的。

浪费时间是十分可惜的。小时候，我们的老师经常用这句话来教导我们：“一寸光阴一寸金，寸金难买寸光阴。”小孩爱玩，一会就把老师的话全忘记掉了。青少年是长知识、培养自己工作能力的好时候，绝对不能浪费时间。南宋名将岳飞在他的一首著名的词作《满江红》中，写出了“莫等闲，白了少年头，空悲切”的千古名句。这说明年轻时要充分地利用好时间。

科学家也好，发明家也好，普通工人也好，领导干部也好，要做出成绩，必须付出相应的精力和不懈的努力。一分代价，一分成绩，这是一个不容辩驳的事实。要想投机取巧，取得成绩，是不现实的，最终总是要暴露无遗的。

一个人的工作绝对时间是常数，是不可变更的，但是对每一个人在单位时间内完成的工作量是不相同的，高效工作的人的工作效率，即完成的工作量，可以比一般的人高出一倍甚至多倍。因此，有些劳动模范一年的时间完成两年的工作，他目前正在完成的是三年以后的工作。

有经验的人，他所完成的工作要比一般的人多得多。所以，对每个人来说，在日常工作中，要注意提高自己的工作效率。

我在工作中，比较重视工作效率。但工作过于仓促，容易降低工作质量。质量是相对的，只要满足规定的要求即可。过分的精细会浪费时间。像加工一个零件一样，要根据工作要求，选择适当的精度与表面粗糙度。

此外，要抓住机遇，迎接挑战。机遇往往是不可多得的，失去时机，不一定马上又会再来。

五、结　　语

最后，我要引用马克思的一段话：“在科学的道路上，是没有平坦大道可走的，只有那在崎岖小路的攀登上，不怕劳苦的人，才有希望达到光辉的顶点。”马克思写《资本论》到最后是很贫穷的，在火炉旁写他这本著作写了好几年，这本书没有写完，他就去世了。最后，还是恩格斯帮他写完后几章。这部巨著中有些结论可能有些过时，但它还是一本不朽的著作，马克思还是一个很伟大的思想家，他提出的理论还是属于原始性的理论创新。

愿大家在确定自己的远大理想和奋斗目标以后，顽强拼搏，努力奋斗，胜不骄，败不馁，保持良好的心态，采用科学的方法，不断总结经验，不断积累成果，目标一定能够得到不同程度的实现。

附录二
谈谈“人生如何奋斗”[①]

闻邦椿

2010年至今在全国各地所作学术报告

《奋斗的人生》主题诗

万里征程不畏艰

天苍苍兮梦幻幻，人生奋斗存险难，
壮士胸怀凌云志，勇破前程千道关。
地茫茫兮路漫漫，创业艰辛人常谈，
英雄足下无难事，定跨征途万重山。

一、引　　言

今天我想和大家谈谈有关“人生奋斗”的问题。我们大家有幸来到人世间，就得考虑如何好好地在人世间生活，既要让自己生活得好，又要让社会上所有的人生活得好，这就给我们每个人提出了如何更好地为人类和为社会服务的问题。

翻开人类的历史就会知道，“人类的历史是一部奋斗的历史，也是一部创造的历史”。所以，“奋斗”与“创造”是历史赋予我们每一个人的光荣责任和义务。

要奋斗，要创造，就应该了解怎样去奋斗和怎样去创造的问题，怎样奋斗才容易取得成功，怎样创造能为社会和为国家多做一些事，使社会发展得更快、更好，使所有人的衣食住行条件更加优越、文化生活更加丰富多彩。

我从我的家庭和自己的发展经历中，总结出了几条经验，今天提出来和大家共同讨论。这些经验可归纳成三个方面和十大影响因素：一是做事的规则，做什么事首先有明确做事的目的、内容和方法，即Why、What、How，两个W加一个H；二是做事成功与否要考虑主观因素，即主观上可以发挥的四种潜能：思想素质、业务能力、身体条件和工作毅力；三是客观影响因素，即客观上可以利用的三维时空：机遇、环境和条件(图1)。

---

① 本附录中的诗均为自由诗，不受韵律限制。

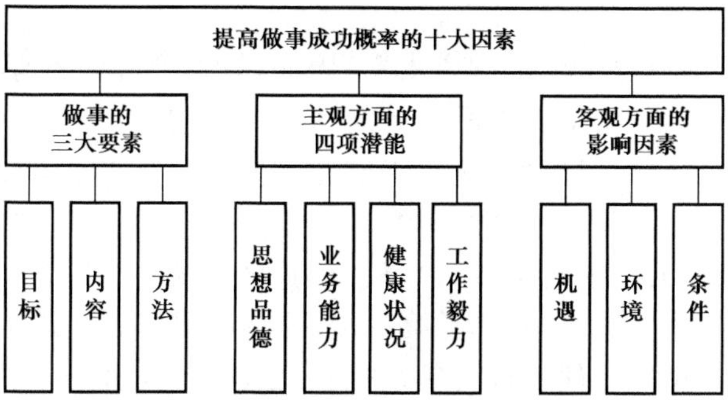

图 1 提高做事成功概率的十大因素

用英文来说就是 6 个 W 加 1 个 H,即 Why、What、Who、When、Where、Which (condition),加上 How。

为便于记忆,我写了如下的一首诗:

做事有妙法

世间做事有妙法,三大要素是原则,
四项潜能为基础,三维时空务记得。

二、要把握好做事的三要素

首先来谈谈做事的三要素:目的、内容和方法。每个人都要做事,有成功,有失败。大家都希望多一点成功,少一点失败。那么如何使事业更容易取得成功?如何提高做事的成功概率?这就成为人生奋斗过程中十分引人关注的问题。我认为,只要把做事的目的、内容和方法处理得好,就会使事业取得成功,就会大大提高做事的成功概率。

1. 要有明确的目标

在任何一件事的创造和奋斗过程中,首先都要有一个明确的目标。从人生奋斗的角度来说,每个人都要有远大的理想,没有理想的奋斗过程是一个盲目的糊涂的过程,自然不会有较理想的结果。树立远大理想应该从具体情况出发,不然就成为空想或幻想,空想或幻想是没有意义的,也是不可能实现的。从我祖父的奋斗经历可以看出,他的奋斗目标是完全切合实际的,他的理想是建立在坚实的基础上的。因此,他通过自己不懈的努力,最终取得了成功。可以说,“理想”是推动事业取得成功的原动力。

我祖父幼时,家境赤贫,连衣食温饱都很难维持,更谈不上上学念书,他是一个真正“目不识丁”的文盲。但从社会现实中，他深知学习文化之重要，通过具体事例还总结出“学问乃立业、兴家、治国之本”。因此，学习文化和科学技术知识是他对儿女寄予的最大愿望。祖父虽然没有文化，但他有朴素的哲学思想，那就是要实现一个目标，必须从实际情况出发，去思考和寻找实现美好理想应走的道路。于是，他根据当地蕴有石矿资源这一情况出发，把“找矿”作为他实现理想的第一步，即首先要致富。他十分勤奋，艰苦创业，以坚韧不拔的毅力，利用了当时当地的良好条件，逐步地去实现自己的奋斗目标的第一步，最终取得了成功。第二步目标是培养子女掌握文化科学技术。他安排我父亲学习大地测量技术；再安排我的叔父读书。叔父中学毕业后，千里迢迢，到北京大学去念书；大学毕业后，工作几年积累了一些费用，再到法国去攻读博士学位，获博士学位后回国，历任浙江大学、湖南大学、重庆大学、北京工业学院、北京航空学院等校教授、系主任、教务长等。

人们在奋斗的道路上可以有各种各样的目标、各种各样的理想。例如，奋斗的具体目标可以是社会活动家、政治家、军人、企业家、科学家、发明家、教育家、医师、艺术家、文学家、诗人、体育明星，还可以是普通工作人员，他们都可以对社会发展作出贡献，这些工作都可以作为每个人的奋斗目标。

对于每个人来说，特别是青少年，应该早立志，立大志，因为志向是人生的灯塔，是指路的明灯，是航船的方向。一个人有什么样的理想和信念，就会有什么样的人生。一个有作为的人，应以祖国建设和发展作为自己的奋斗目标，立志为中华民族的伟大复兴而奋斗，同时在这个进程中实现自身的价值。

人们的目标大体上可分为三类。

1）远大的理想和宏伟的目标

一些伟人及取得较大成就的人常常都有远大的理想和宏伟的目标。

我的叔父为了掌握科学文化知识，他从普通中学一下子跨入了全国知名学府；再累积费用，出国留学攻读博士学位。这两次大的跨越应该是他对自己所确立的远大理想的具体贯彻。

我的祖父虽然没有文化，但他有远大的理想，他总结出“学问乃立业、兴家、治国之本”的理念，因此他建立起“要使子女掌握科学文化知识”的目标。首先通过勤俭节约和艰苦创业，使家庭富裕起来，接着将自己的子女培养成为有文化知识和掌握科学技术的人。通过两个阶段的努力奋斗和艰苦实践，实现了自己的奋斗目标。

1956 年我从事研究生学习和工作的时候，苏联专家除了热情指导我们学习外，还经常用历史名言来鼓励大家：“不想当将军的士兵不是好士兵”，“好的研究生要把科学院院士对人类的贡献作为自己的奋斗目标”。当时我认为，成为一位院士是非常遥远的目标，但我还是想在科学研究的道路上不断进取、不断创造、不断积累，取得优异的成绩，为国家作出有益的贡献，同时也一步一步努力地去接近苏联专家提出的要求我们去争取的奋斗目标。35 年以后的 1991 年，我终于把苏联专家对我们的希望变成了现实，但此时，这位专家已经离开了人世。如果他还活着并且知道我已实现了他对我的希望，他一定会万分欣喜的。

从我们家庭三个人的奋斗目标来看，都是符合实际的，经过努力都得到了实现。

2）为解决个人生活基本需求所确定的目标

对多数人来说，他们的理想是找到较合适的工作，能有足够的工资待遇就心满意足了。这些人考虑的首先是能维持自己的生活，能让自己较好地生活下去，谈不上有远大的理想。

这种想法的确是现实的，但是过低的奋斗目标不容易使自己激发出更高的奋斗热情；或者说，有了较远大的理想，才更容易激发出更高的奋斗热情，才容易对社会作出较大的贡献。有远大抱负的人，必须通过不懈的努力，才能实现自己的远大理想。一旦这个理想得以实现，就会对社会作出较大贡献，所取得的报酬会远远超出生活中必要的支出，所以树立远大理想是十分必要的。

3）无明确目标或是好高骛远而产生一些不切实际的幻想

有少数人，他们没有明确的奋斗目标；还有一些人，天天东想西想，想找一条发财致富之路，但不下苦功夫，不努力去实践自己确定的想法，完全脱离了实践与创造是通向成功的必由之路这一基本原则，也忘却了只有通过勤奋和刻苦才能使事业取得成功这条人人皆知的公理。

2. 要有切合实际的工作内容

远大理想和奋斗目标必须要通过具体的工作内容去实现，否则就很难实现自己的理想。在确定具体工作内容时，也要结合工作实际和个人能力，能力较强的人可以去完成重大的工作任务，能力一般的人主要完成一般的工作任务。

例如，我祖父通过“找矿”去实现他的理想和目标。我叔父通过求学，通过教书育人，去实现他“教育立国、科学救国”的理想。

在科研工作中，不少人主动要求去承担国家的重大科研项目和工作任务，因为完成这些重大任务，会对社会作出重大贡献，他们也会获得较高的奖励和待遇。但是，承担重大的科研和工作任务，必须要有较强的工作能力，掌握必要的专业知识。掌握相关文化知识和科学技术是承担重大科研任务的前提条件。

很多人之所以能够取得成功，与他们具有远大理想和宏伟目标，并付诸具体的工作是分不开的。工作内容的多样性，要根据社会环境和个人情况去寻找自己最理想的工作内容，如企业家可以从科学技术及产业和产品的发展过程中去寻找开发的对象。

企业家要开发新的产业，最重要的是选择好发展哪一种最合适的产业，产业应该选择在萌芽期或上升期，不能选择在旺盛期或下降期内；科学工作者选择研究的课题也应该如此。例如,我开始研究振动利用是在20世纪50年代末期,这一研究方向正处在萌芽时期,当时我国许多企业正需要这方面的理论来作指导,所以当时我所选择的课题是适当的。再如,吉利集团在20世纪末选择了轿车产业及民办教育事业,当时这两个行业都处在萌芽时期。近十年的实践证明,这两项投资都是适时的和正确的。

3. 要选用科学的工作方法

任何事情都要采取适当的措施和方法才能够圆满完成,我叔父常给我们讲"工欲善其事,必先利其器"这个哲理。从我们家族许多成员的奋斗历程可以看出,他们在工作中都在探索科学的工作方法,以便圆满地完成所要完成的任务。科学的工作方法有两个特点:一是实践性,即要通过实践才能完成;二是规律性,即做事要符合事物发展的内在规律,要用创造性的思维去分析和掌握事物发生、发展的规律和存在的各种矛盾。创造不是凭空臆想的东西,而是要用敏锐的眼光去发现事物的内在矛盾,找出其发展规律,提出解决问题和矛盾的最理想的方法。有了科学的工作方法,矛盾也就迎刃而解了。

有效的工作方法是一种在科学发展观指导下的工作方法。有了理想的工作方法,就会提高做事的质和量,也就是说,可以更好地解决做事过程中的是和非及多、快、好、省问题,即做事的I(指导思想)、Q(质量)、C(成本或代价)、T(时间)、E(环境)、S(售后服务和处理)六大要素。更重要的是可以加快完成工作任务的速度,缩短完成某项工作任务的时间和周期,大大提高工作的效率。假如你的工作效率比别人高出30%,也就是在一生中你比别人多做30%的工作。例如,在一生中每个人的工作时间是30年、40年或50年,就意味着在一生中你比别人多做9年、12年和15年的工作。换句话说,你就比别人多活了9年、12年和15年,其意义多么重大啊!

20年前,我听别人讲,深圳人把"时间是金钱,效率是生命"这句话作为金科玉律来看待。这句话不仅仅对于深圳人来说是重要的,对所有人都是合适的,但往往没有引起很多人的重视。一个人要想取得成功,必须重视工作效率,对时间要精打细算。目前有许多青少年,不珍惜自己的青春年华,虚度了宝贵的时光,实在是太可惜了。

为了做好做事的三大要素,提高做事的成功概率,要做好以下四项工作,即对应于做任何事都包括的四个阶段:调研阶段、规划阶段、实施阶段和检验阶段。

首先,要做好调研。做任何事情首先要做好调研。

其次,要做好详细规划。规划可以采用书面的形式,也可以通过仔细的思考,将它存储在自己的脑子里。做好规划可以避免工作的盲目性和随意性,可以科学地有条不紊地去完成所要完成的工作,使工作目标、工作内容和工作方法都能在较理想的条件下有计划、有步骤地予以实现。

再次，做好工作的具体实施和执行。在工作实施阶段，主要是完成规划中的各项具体工作内容。但要特别注意做事目标、内容和方法之间的关联性。这三者是不可分割的，如果处理不当，将会影响最终的结果。

最后，要做好检查和总结。在完成各个阶段工作后，要对所完成的工作进行检查和总结。通过检查和总结可以发现工作中的经验与教训以及存在的问题，进而对工作规划进行必要的调整。

三、使主观方面的四种潜能得到充分发挥

1. 要有良好的思想素质和心理素质

思想素质主要表现在如何对待日常生活中遇到的各种问题上，最重要的是如何对待自己的学习和工作，这也是关系到人生奋斗能否取得成功的关键。

一个人的思想素质可以从他的人生观和价值观中得到体现，即如何对待自己的工作，如何通过自己的工作为社会的发展贡献一份力量。人类社会是群体社会，个人在完成工作的过程中，许多事情常常需要依赖集体力量才能完成。所以，一个人首先要将自己融入集体之中，要在这个集体之中发挥个人的积极作用。在这种情况下，也就必须要求每个人建立起一种集体主义的思想，在个人利益与集体利益发生矛盾时，首先要考虑集体的利益，同时应尽可能将集体利益与个人利益统一起来。事实上，在集体利益中常常蕴含着成员个人的利益。

在学校学习期间，我们的任务是学习如何做学问，但更重要的还要学会如何做人，即做一个人格完善的人，既会做人也会做事，德智双全。所谓“做人”，就是要努力争取做一个胸怀远大理想、热爱祖国、热爱人民的人，一个勇于承担责任和克服困难的人，一个遵纪守法和恪守诚信的人，一个善于与别人沟通合作的人。学会了做人，对做学问也会产生积极的影响。

此外，还要有良好的学风、作风和生活习惯，要有良好的心理素质。严谨和实事求是的作风也是取得成功的必要条件。科学是容不得半点虚伪虚假的，不真实的东西总是要碰钉子的。一个人的作风也应该是正派的。一个人还应该有良好的习惯。从小时候起，就应该养成良好的习惯，如勤奋、刻苦、爱劳动、关心他人、尊敬长者、勇于实践、敢于创新、遵纪守法等。所以，对青少年的教育是十分重要的。

要培养良好的心理素质。在当今社会里，有的人因没有把学习搞好或没有把工作做好掉队了，于是在心理上产生了很大的压力，生怕别人看不起自己。这种思想上的压力完全是由主观因素引起的，如果真的掉队了，可以通过努力逐步地赶上，甚至超越他们。

另外一种情况是由一些客观因素引起的。大家都知道，社会是很复杂的，社会上的人有好人，有坏人；有帮助你的人，有欺侮你的人；有讲真话的人，有专门行骗的人。但是好人占多数，而坏人占极少数。也许我们在生活和工作中真的会碰上坏人。例如，有人瞧不起你，有的人可能无中生有或添油加醋地给你制造舆论压力并到处传播，甚至编造一些假的事情来告你的状，说你坏话；有的人看你超过他，就编造一些不完全正确的事来毁坏你的声誉；也有的人想尽办法将你应该得到的有意地给你否定掉。类似这些问题都有可能发生。在这些不正常的情况面前，必须要有良好的心理素质，要好好地处理这些已发生的事情，而且应该选择最理想的办法去应对它。在某些情况下，可以暂时把它放在一边，待时机成熟时再去处理。

因此，不管是主观上发生的事情还是客观上发生的情况，对于自己来说，都不能因这些情况的发生而悲观失望，甚至产生对人生的绝望，或是想通过违法的手段进行报复，这些都是不切实际的想法。应该积极想出妥善的办法，尽可能地把坏事变成好事，或者使它向最好的方向转化。这才是实事求是的和真正解决问题的态度，才能取得较理想的结果。

要使事业取得成功，心理素质十分重要。最近我买了几本有关成功学的书，成功学的创始人美国的拿破仑·希尔提出了做事的 17 条法则，其中有四条是属于心理素质方面的内容的。由此可见，一个人要想使事业取得成功，心理素质十分重要。我们要把前进道路上所遇到的困难看作是对自己的一种考验，用来锻炼自己的性格和意志。20 世纪 50 年代，我看了一部苏联电影，里面有一位少年叫阿廖莎，他为了锻炼自己的性格，特地搬了几块大石头放在自己的床铺下面来折磨自己，让自己的性格变得更加坚强。现在有个别青少年心理素质很差，自己学习掉队了，甚至想要自杀，意志太脆弱了。

2. 要学习必要的知识和努力培养所需的能力

每个人要想使事业取得成功，必须好好地掌握相关的知识，培养自己的各种能力。从小学至大学本科、硕士和博士学习阶段，要获得更多的知识，掌握更多的技术，培养好自己的几个能力，如自学能力、分析与解决问题的能力、实践能力、创新能力和社交能力等，这是完成工作任务的根本保证。

在科学技术高度发展的今天，科学技术的面越来越广，深度越来越深，专门化的程度越来越高。要想从事高新技术的研究，如果没有专门的知识和能力，就很难胜任所提出的工作任务。所以，我们必须要以百倍的努力去掌握这些先进的科学技术知识，通过不断实践，去培养和提高自己各个方面的工作能力。如果有条件的话，可以在学校里和工作场所多学习一些科学技术知识，去攻读学士、硕士和博士学位，因为学士、硕士和博士学位是评定人们掌握科学技术水平及工作能力的一种具体的形式。

多数人都希望为国家多做一些事情，多完成一些重要的工作任务，但是重要的工作任务要具备必要的工作能力。业务能力强的，学术水平高的，可以完成难度大的工作，他们所得的报酬也较高。因此，对于每个人来说，要多学习一些技术知识，多培养自己的各种工作能力，才能胜任国家给予我们的繁重的工作任务。为什么许多人念完大学本科，要攻读博士学位，还要出国访学，就是要多掌握科学技术，多培养自己的能力，以便为国家从事一些更重要的工作。我认为我念完大学本科之后，又读了两年的研究生，这对我来说十分重要。

3. 要有良好的身体素质

想在人生中大展宏图，必须要有良好的身体素质，健康的身体是完成工作的前提，没有健康的身体很难完成伟大的事业。

在生病的时候我们必须要以积极乐观的态度对待疾病。在每个人的生活过程中或在人生奋斗的道路上，疾病是影响事业取得成功的障碍。有了疾病，不能开展正常的工作，事业和奋斗都将成为一句空话。所以，治疗疾病、保证身体健康是争取做事成功和实现人生奋斗目标的前提。任何人都要把预防疾病和治疗疾病放到首要位置上，让自己身体始终处于健康状态，精力充沛地投入学习、工作和生活。

我的家庭成员中有两位由于疾病在青少年时期就离开了人世，还有四位因患疾病在中年时期就离开了我们。所以说，身体健康是实现人生奋斗目标的前提。

身体的确是完成事业的保证，如果有了病，什么奋斗呀，理想呀，都将成为一句空话，所以要想在事业上取得成功，首先要保证自己身体的健康。假如有了疾病，应该积极想办法治疗。

4. 要有认真的工作态度和顽强的奋斗精神

在成功学创始人拿破仑·希尔所写的 17 条成功法则中，这一方面的内容就占了 6 条，可见一个人的工作毅力对做事的成功是多么的重要！

第一，要有良好的工作态度与精神状态。完成既定的目标，要有坚韧不拔的毅力和持之以恒的奋斗精神。毅力体现在每个人的实际工作中。“一分耕耘、一分收获”，这是一条颠扑不破的真理。所有取得成功的人都离不开他们的勤奋和努力，离不开他们的不怕艰苦和百折不挠的奋斗精神。如果遇到失败，要从失败中吸取经验教训。从我们家庭多数成员的人生奋斗经历，不难看出他们所具有的坚韧不拔的毅力和艰苦奋斗的创业精神。

古语云：“吃得苦中苦，方为人上人。”这句话从某一侧面说明要想使事业取得成功，成为人中豪杰的话，必须先吃苦。我们也常常听到“苦尽甜来”的成语。这些是他们的经验总结，对于现代人来说，也是适用的。我的祖父、叔父和侄女等，他们之所以取得成功，与他们的吃苦耐劳是密不可分的。

第二,要战胜遇到的各种困难。在确定了切合实际的奋斗目标、所要执行的具体内容和需采用的科学方法之后,就是要以百倍的努力和坚韧不拔的毅力,去执行所要完成的任务。即使是遇到很大的困难和挫折,也应该尽力想办法使所造成的损失减到最少,并从中吸取经验和教训,尽最大努力将坏事转变为好事。

在人生奋斗道路上,一帆风顺的人为数极少,很多人总会遇到这样或那样的困难,碰到这样或那样的挫折。我认为遇到困难和挫折既是坏事,又是好事。我们更应该把它当作好事来看,这样可以更进一步加强与困难作斗争的意志和增强实现远大理想的决心。

人们在奋斗过程中,总是会遇到各种各样的困难。在工作中一定要有顽强的意志和坚韧不拔的毅力。在20世纪六七十年代,我住在沈阳郊区苏家屯,离市区30余里,我每天骑自行车上下班,每次往返3个钟头,这样我坚持了13个年头。据计算,我骑自行车绕地球转了一圈半。我当时也不觉得十分困难。这为我锻炼了克服困难的意志,另外,也为我锻炼身体创造了极好的机会。

在这几十年中,我和我的团队成员经过不懈努力和艰苦奋斗,在教学和科研工作中做了许多工作。在教学方面,我在培养本科生过程中曾指导过20多届本科生毕业设计,讲过10多门课程;在研究生培养方面,我总计培养了160名硕士、博士和博士后。在科学研究方面,我和我们课题组成员完成了数十项科研课题,解决了工程中许多重要问题;发表了大量的科研论文,撰写出了28部专著、教材和论文集;获省部级一、二等以上的奖励18项,还申请了多项专利。这些成果从我们一个单位的角度来看,应该不算少了,但从整个科学技术领域来看,这只能是沧海之一粟。

经过近50年的不懈努力,我和我的团队解决了工程中许多实际问题,系统地研究了这一学科的理论,发表了数百篇论文,撰写了多部专著,终于在国际上首先建立起了"振动利用工程"新学科。为此我写下了如下一首诗:

创建"振动利用工程"新学科

辛勤耕耘数十载,新兴学科务创建,
振动本是多危害,变害为利促发展。
企业生产做依据,人民生活有改善,
骑士奖章送跟前,梅花香自苦寒来。

四、充分利用客观方面的三维时空

目前,我国正处在改革开放时期,应充分利用这个良好的条件与客观环境。在处理有关事情时或在人生奋斗过程中,应该充分利用这些影响因素,这样才更容易使事业取得成功。

1. 要善于紧抓良好时机

人们常说“机不可失，时不再来”，错过了时机，就很难再有良好的机遇，巴尔扎克说过，“机会来的时候像闪电一般短促，全靠你不假思索地利用”。所以，我们要千方百计地去抓住机遇，这是事业取得成功的不可忽视的因素。我的祖父和叔父以及其他家族成员之所以取得成功，除了一些主观原因外，抓住机遇也是他们取得成功的重要因素。

机遇对每个人来说都是十分重要的，下面我要举出一个例子。1983 年发生了举世震惊的 296 号客机被劫持的事件，当时我正在这架客机上。这是一次始料未及的灾难，同时也是一次严峻地考验自己的极好的机遇。

1983 年 5 月 5 日上午 10 时 45 分，从沈阳飞往上海的飞机起飞。45 分钟后，客机飞临渤海上空，突然在飞机前舱冲出两名手中拿着手枪的歹徒，其中一名歹徒用手枪对准旅客，嘴里喊着：“不许动！”另一名歹徒对着驾驶室的门“砰！砰！”连开两枪，幸运的是子弹没有击中油管。歹徒看用枪击门锁的办法没有打开驾驶室的门，就用身体使劲撞门，结果把驾驶室的门撞开了。

歹徒进入驾驶室以后，就给机组人员来一个下马威，对着驾驶室里的机组人员连开两枪，一枪对准领航员的大腿，另一枪对准报务员的大腿。他们没有对驾驶员开枪，因为他们知道，如果把驾驶员打死了，就没有人能开飞机了。打领航员的这一枪击中了他大腿上的动脉，他受了重伤，血流如注，而报务员受的是轻伤。这时，机组人员马上将两位伤员从机舱中抬出，我看到这两位伤员鲜血直流，把机舱过道的地板染得通红。幸好这架飞机上还有中国医科大学的两位副教授，他们都是在医疗方面很内行的医生，马上开始了抢救伤员的工作。伤员的伤口急需包扎，但机上没有绷带，又没有酒精，一位旅客马上拿出携带的一瓶白酒，没有绷带就将前后舱中间悬挂的布帘，撕成一根根布条来代替绷带。就这样，把伤员大腿上的伤口包扎好了。但是为了保全伤员大腿上的细胞不致坏死，必须每隔 20 分钟左右，将绷带松开一次，以使血液在大腿上流通，这应该算是伤员的一次好运，如果机上没有医生，伤员的大腿有被截掉的危险。

驾驶员在和歹徒周旋的过程中，机身摇晃，升降不定。这时我们都坐在椅子上，在过道上的服务员站不住，就坐在地板上。不久，飞机在朝鲜半岛上空飞行，到达平壤机场上空后，我亲眼看到平壤机场上停着几架客机，地面上还有汽车在行驶，我们的飞机在机场上回转一圈后，狡猾的歹徒已辨认出这不是韩国机场，便凶狠地命令驾驶员向三八线方向飞去。飞机很快越过了朝鲜半岛上的三八线，四架美制鬼怪式战斗机围住了 296 号客机，左右各一架，上下各一架，我在机舱里还能看清楚左右两架鬼怪式战斗机上驾驶员的脸。这时，我原先以为我们的客机能在国内机场降落的想法已经破灭了。

客机在春川机场降落后，马上来了一批美国兵，有白人，也有黄种人，还有几个肤色较黑的黑人。他们拿着枪支，对着客机，把我们包围起来。顿时，机场外面许多当地的老百姓赶来这里看热闹，因为他们从来没有看见过这么大的客机降落在这个机场里。这时6个劫机的歹徒躲在驾驶室中，而我们全体旅客和机组人员在前后舱待着。客机着陆后，按照事先准备好的程序，马上就要打开舱门，以避免由于舱门未打开而造成旅客伤亡的严重事故。这些美国兵事先也不知道我们的飞机是什么原因飞到这里来的，由于机上有两位伤员，需要马上医治，所以我们就得和他们联系。中国医科大学一位副教授刚从美国访问回来，就由他出面和美方交涉。他告诉美方我们的飞机是被劫持到这里来的，机上有两位伤员，需要紧急治疗，机上还有6个劫机分子。当他们知道了这一情况后，过一会儿，来了私人医生，把两位伤员抬了下去。

客机降落在当时与我国没有建立外交关系而且社会制度不同的韩国。事态的发展很难预料，大家都意识到我们正面临着复杂而又危险的境遇。对我们来说确实是一次严峻的考验，我在紧张地思索：有什么好办法来解脱这个困境呢？我主动和几位乘客成立了一个临时联络小组，同时要想办法和祖国取得联系。我想到了机上还有三位日本乘客，就决定起草一封信，请日本朋友带出去。我拿起笔，把纸铺在双腿上，迅速写好了一封信：“我们要求联合国有关组织及国际红十字会到现场调查我们的实际情况；我们要求惩办劫机罪犯；我们要求保证全体机组人员和旅客的安全；我们坚决要求返回祖国大陆，使我们全体乘客从沈阳到上海的旅行得以实现。”写好声明后，全体乘客都庄严地在信上签了名。我又将信交给日本朋友迁田顺一，这位日本朋友是一个旅行社的工作人员，我请他设法交给中国驻日本东京大使馆，再转交给联合国秘书长。日本朋友一再表示：“一定带到，一定带到。”

晚上10点多钟，韩国有关方面开来了三辆大客车，要将我们送到两家旅馆去住宿。在韩国，绝大多数旅馆都是私营的，而且规模都比较小，一个旅馆很难容纳百余人，所以只好分到两个旅馆中去住宿。去旅馆前我一再嘱咐要特别注意安全，特别是几位女同志。

晚间12点钟左右的时候，旅馆为我们准备好了饭菜，还送我们到每一个房间里去。我早上8点钟吃的饭，到此时已经16个钟头了，但没有一点饥饿的感觉。每一房间还派来了一两位能讲中国话的韩国人，他们一直在陪着我们吃饭。这些韩国人都比较热情，他们问我是否知道韩国，我说：“怎么不知道，我们中国又不是封闭的国家。”他们又说：“有这么一件事，你们中国人曾在前一时期在海上救了我们韩国的渔民，我们非常感激。今天你们也遇到了困难，我们也应该帮助你们。”顿时，大家紧张的神经放松了不少。

睡觉前，他们又送来表格让我们填写。我和所有乘客都在国籍一栏里工整地填上了“中华人民共和国”七个端正的大字，因为当时我国和韩国没有外交关系，所以必须有一个补办签证的手续。尽管我们已经脱险了，但直到夜里三四点钟，我翻来覆去睡不着。

第二天，我们乘坐几辆大客车足足走了四五个钟头，最终到达汉城。我们被安置在位于汉江旁边山坡上的一个高级宾馆，名叫“华柯山庄”。一下车，就有许许多多的记者在等候，他们向机组人员献花。把我们分配到两人一室的房间后，便叫我们去餐厅就餐。由于当时记者太多，影响我们用餐，所以机长向韩方提出了要求，希望记者退场后再用餐，他们接受了我们提出的要求。用餐时，每一张桌子安排了一位在大学里学习汉语的韩国大学生。虽然他们是学习汉语的，但还没有毕业，所以讲话不十分流利。正在这个时候，我们国家民航领导给机长打来了长途电话，一方面向全体旅客和机组人员问候，另一方面告诉我们，我国将派代表团来汉城，祖国非常关心我们，大家高兴极了。过一会儿，日本驻汉城大使馆也专门派人来接三位日本旅客。三位日本旅客走到机长面前恭恭敬敬地向他行礼，并握手告别。韩国方面在这一事件中表现得十分热情，对我们的照顾也十分周到。傍晚，韩方还专门为我们表演韩国的民族歌舞和西方流行的节目，一边就餐，一边欣赏文艺表演。在就餐时有位记者问我：“你对韩国印象如何？”我回答：“我对韩国方面的热情接待深表感谢。但我还有三点要求，一是要求严厉惩办劫机凶手；二是要求韩方保证我们全体旅客和机组人员的安全；三是希望韩国方面协助我们尽快返回祖国。”韩国报纸连续报道有关我们的情况。我们从报纸上也看到这些报道，因为当时韩国报纸文字还没有改革，其中有 1/3 左右的字是汉字，这和日本的报纸相类似。

5 月 7 日，以民航局局长沈图为团长的中方代表团到达汉城，开始与韩方进行谈判。虽然那时我国和韩国还没有建立外交关系，但韩方还是十分隆重地铺上红地毯来欢迎我国代表团。

当天晚上，代表团团长沈图在韩国外交部次长的陪同下来看望我们全体旅客和机组人员，并一一地和大家握手。接着对我们讲话，当讲到他代表我国有关部门领导来看望各位，十分关心和想念大家，并通过他向各位表示亲切慰问的时候，我们每一个人都流下了热泪。

经过谈判，双方共同起草了一份协议。协议中包括了三项主要内容：①除重伤员外，所有旅客和机组人员将安排返回祖国；②被劫持的三叉戟客机待技术性问题解决后返还我国；③受重伤的一名机组人员继续留在韩国就医。

5 月 10 日下午 15 时 45 分，296 号客机机组人员和全体乘客（6 个歹徒除外）乘 707 客机返回祖国。当在飞机上看到长江口的崇明岛时，我的内心顿时感到了一种难以形容的喜悦。到达上海后，上海市政府设盛宴招待我们，还专门为我们举办了欢迎会。我在会上代表全体旅客表达了对各级政府和全国人民的由衷感激，并向祖国和人民汇报了在韩国期间全体旅客团结一致、维护祖国尊严和保护国家荣誉的爱国行为。

回国后的第二天，我们辽宁和吉林的30多名旅客一起乘机回到了沈阳。家乡沈阳更是以盛大礼仪热情地欢迎我们的归来。我们学校的党委书记和我的家人也都到机场来迎接我。在前前后后的几天里，我家的朋友、同学络绎不绝地来看望我，也有不少同学写信向我表示慰问。这一热烈的场面是难以用笔墨来形容的。

为此，学校还举办了报告会，会场上方挂着“欢迎闻邦椿教授胜利归来”的横幅，会场里听报告的人挤得水泄不通。我介绍了事件发生前前后后的情况，同时还对领导、老师和同事对我的热情关心表示衷心感谢。

在这次危难事件中，在远离祖国、身在异域的五天五夜里，我和全体乘客团结一致、不卑不亢，临大节而不辱，置个人生死于度外，维护了祖国的尊严，接受了在我一生中难以忘却的挑战。

如果把这次挑战看作是一次考试，我的得分是多少呢？于1983年6月颁发的一份有关296号客机被劫的文件中曾表扬了三位知识分子：张文范、张荫昌和我。有人对我说，在中共中央和国务院的文件中点名表扬是对你们的很高评价。可以说在这次考试中，我得到了“优秀”的成绩。这年“七一”前夕，我光荣地加入了中国共产党。

2. 要选择好最合适的环境

地点对于完成某些任务来说十分重要。例如，本书中所提到的吉利集团创办的北京吉利大学，如果在浙江临海办学，短期内甚至长期都难以达到现在的规模。所以，要完成与地点有关的一些任务，必须选择好合适的地点。当然也有不少工作，与地点无关，另当别论。

3. 要充分利用好客观条件

这里的条件主要是指社会环境及工作的条件。一个人做事能否取得成功，与其外部条件有十分密切的联系。例如，你要在某一领域的研究工作中取得成功，除了自身的一些因素外，还要有良好的工作条件作为支撑，要有领导、同事的支持，有一个很好的群体和科研团队协助你完成所承担的工作。反之，如果没有良好条件的支撑，也就不可能很好地完成所承担的工作任务。

五、要善于总结和不断地学习

首先，我要谈一谈学习。温家宝同志说：不学习是没有希望的。我要补充一句，不勤奋学习，不刻苦学习，也不会取得很大成绩的。在做事和人生奋斗过程中，要不断地总结，要不断地学习。

总结本身也是一种学习，而且是在实际工作中学习，这种学习比起书本上的学习更加实际，更为有用。例如，我们可以从工作实际中，了解和学习做事的一般规则，深刻领会做事的三要素，深刻理解影响成功及高效做事概率的主观因素和客观因素等。

在总结中发现自己思想上和工作上存在不足时，应该及时地予以克服和纠正，以免当出现严重问题后再去想办法，再去处理，就为时已晚，此时可能已造成无法弥补的重大损失。

要从总结中找出优点和不足，总结做事和奋斗过程中的经验和教训，使自己在下一阶段的工作中，发扬优点，克服缺点，进而少走弯路，进一步去提高下一阶段的工作效率，便可以取得更大的成绩。

此外，还要从书本中学习相关的科学技术知识，或从各种传媒所传播的信息中学习别人的工作经验和教训。

学习对于任何人来说都十分重要，不仅仅是青年人要学习，老年人也要学习，要学到老，用到老。特别是在科学技术高度发展的今天，科学技术日新月异，生活条件和环境在不断改变，在这种新形势下学习尤为重要。不学习，很快就会落后，就会掉队。必须要树立起终生学习的理念，才能符合社会不断发展和知识不断更新的需要。

六、结　　语

到今天，我已经工作50多年了，有不少人在碰到我时都会对我说，你现在应该是最欣慰的时候了，既有“名”，又有“利”，可说是“名利双收”。但我觉得，这个问题不能完全从个人角度去看，只有从自己的工作对国家科学技术和经济的发展、社会的进步、人民生活水平的普遍改善和共同提高去看，才是正确的。

在我几十年的奋斗经历中，既有欣慰，也有遗憾。

令我感到欣慰的是，我在各级领导、老师、学生、朋友、乡亲及同事的帮助下，经过自己不懈努力和艰苦奋斗，基本上实现了既定的奋斗目标，为国家培养了大量科技人才，为我国科学技术的发展、为国家经济的振兴，作出了应有的贡献。当然，这里也包含其他同事所付出的辛勤劳动，因为一个人想要脱离集体去完成一番事业是不可能的。

令我感到遗憾的是，若以更高的标准来要求自己，我还有不少自己应该做的事而没有去做，或者是有些能做得更好的事没有做好。这不仅反映在教学方面，也反映在科学研究方面，甚至反映在日常生活等方面。此类事例，如果仔细寻找其中的不足，能够找出好多好多。所以，谁都不能说“一生之中，无一憾事”。我当然也不例外。最近我写了一首诗，表达了我对人生奋斗的感言：

登高望远

辛勤耕耘五十载，坦荡人生心无悔，
如是登高望四海，便知远处更光辉。

50多年的经历，我的经验和理念是要使事业取得成功，应该努力做到“勤奋、刻苦、开拓、创新”。只要有这种精神，做事的三要素，主观上可以发挥的四种潜能，客观方面可利用的三个重要影响因素等，都可以得到很好的处理。

对每个人来说，青年时代是最宝贵的，我们大家都会十分珍惜这宝贵的青春年华。青春就需要奋斗，青春在努力拼搏和刻苦学习中才能迸发出灿烂的光芒。

老师们！同学们！我们的国家已为我们提供了施展才华的广阔空间，美好的未来需要我们好好把握！只要努力了，希望一定是属于我们的！辉煌凝众志，重任催奋进，我衷心祝愿大家不断进取，不断前进，不断积累，肩负起时代所赋予我们的光荣责任和义务，做新时代的主人，在新世纪里取得更大的成绩！

最后，祝大家身体健康、学习进步、工作胜利！

附录三
闻邦椿教授提出了科学方法论的体系和规则

记者:张　琼

科技成果管理和研究,2015 年第 5 期

闻邦椿教授进入古稀之年,他对自己几十年的工作进行了总结,同时,提出了科学方法论的体系和规则,并在这一思想指导下,撰写了《现代成功学　谈做人 做事 做学问》、《成功做事方法学　现代成功学浅论》、《顶层设计　原理 方法 应用》、《学位论文撰写方法学　怎样写好硕士和博士论文》和《产品设计方法学——兼论产品的顶层设计与系统化设计》等多部专著(图 1)。他深刻地体会到科学方法论对于任何集体和个人都十分重要,他认为:任何集体和个人都可以把“用好方法论规则”看作是一把开启成功之门的钥匙。

图 1　在科学方法论指导下撰写的几部著作

一、科学方法论的体系和十二对规则

他提出的科学方法论体系和规则如下。

1. 科学方法论的体系

科学方法论的体系是以做事三要素,即目的、内容和方法为核心,并提出要在正确的思想指导下,充分发挥主观的四项潜能,充分考虑外部三个因素的影响,再要考虑两个动态因素的作用。

应该以科学发展观为指导思想，要坚持“以人为本”，要重视做事的系统性和全面性、实践性和科学性、继承性和创新性、协调性和稳定性、可持续性和长期性等，这样做可以使所做事得以全面、协调、稳定和可持续的开展。方法论有以下四方面内涵，其中核心的规则是做事的三对要素。

(1) 做事的三对要素：目的和要求、任务和态度、步骤和方法。

为了更好地达到做事的目的，必须充分发挥主观方面的四项潜能、考虑客观因素的影响及两个动态因素的重要作用。

(2) 主观方面的四项潜能：思想和品德、知识和能力、健康和生命、毅力和战术。

(3) 客观方面的三个影响因素：机遇和挑战、环境和协调、条件和利用。

(4) 做事过程的两个动态因素：学习和致用、检查总结和提高。

认真学习、牢固掌握和灵活运用好方法论的十二对规则是提高做事成功概率和获取最高效益的关键。

2. 科学方法论的十二对规则

做事的三要素是：明确所做事的目的并了解其具体要求，切实了解要完成的任务内容及应持有正确的态度，制订出理想的步骤和需采用的科学的方法等；要充分发挥执行者四个方面的主观潜能：思想和品德、知识和能力、健康和生命、毅力和战术；要充分考虑客观的三个因素，充分利用时间、空间和客观条件：机遇和挑战、环境和协调、条件和利用；还要重视两个动态因素：要不断学习新知识、新经验，经常进行检查和定期总结。这十二对规则是方法论体系中的基本规则。

任何集体和个人，假如坚决执行方法论的这些规则，便可以大大提高做事的成功概率，并可获取做事的最高效益。有人把学习和运用方法论的这些规则，比作是一把开启成功之门的金钥匙。假如一个国家的人民个个都学习和运用方法论的这些规则，将会大大加快这个国家发展速度，并会获取高的效益。

二、科学方法论的具体应用

科学方法论可应用于各个部门和各个领域，以及任何集体和个人。

1. 在产品设计或创新设计中的应用

闻邦椿教授在所撰写的《产品设计方法学——兼论产品的顶层设计与系统化设计》中应用了科学发展观指导下的科学方法论的十二对规则，认为要做好产品设计工作，首先要有正确思想作指导，要用科学方法论来指导产品设计工作。要制定好产品设计的规划，即做好产品的顶层设计，进而按照所制订的规划完成产品的系统化设计。

上述方法在闻邦椿教授课题组所完成的多个科研项目和产品设计项目中得到具体的应用，并取得了良好的效果，如京沪线高速列车的顶层设计等。

2. 在科学研究及撰写学位论文过程中的应用

我国从事科学研究的科技人员达数千万，从事科学研究的年轻的科技工作者迫切需要有方法论方面的著作来指导他们的工作。目前我国在籍的硕士和博士研究生多达数十万，也未见可用来指导研究生科学研究和学位论文撰写的相关著作。

闻邦椿教授撰写的《学位论文撰写方法学　怎样写好硕士和博士论文》，在科学发展观的指导下，运用方法论中的体系和规则及系统化的工作程序，阐明了科学研究及撰写学位论文的基本理论和方法。

攻读学位是研究生进行科学研究、培养科学研究能力和创新能力的实际过程，其基本要求是做好科学研究、撰写好学术论文和整理出一篇有一定水平的学位论文，通过这一过程掌握科学研究方法和培养好科学研究的能力和创新的能力。

3. 在制订各种规划或顶层设计时的应用

一个国家、一个民族、一个地区、任何企事业单位和个人，为了成功做事和促进其快速发展，常常要先制订出规划，即做好顶层设计。按照科学方法论的规则，做好规划和顶层设计，是保证事业取得成功的关键环节，闻邦椿教授在所撰写的《顶层设计　原理 方法 应用》一书中，按照科学方法论的体系和规则，详细讲述了顶层设计的全过程，这有助于单位和个人做好规划，进而提高做事的成功概率，并获取所做事的最高效益。

4. 在做人、做事和做学问等不同类型工作中的应用

科学方法论的重要用途在于用来提高做事的成功概率和做事的效益。之所以称为科学方法论，是因为它可用来指导一切工作，包括青少年的学习、成年人做任何工作，总地概括就是做人、做事、做学问。

虽然任何集体和个人，他们在学习和工作中都会积累一些学习和工作的经验，但多数是局部的、零散的，缺乏系统性和完整性，有时还抓不住关键环节，因此会影响做事成功概率和效益，这种情况常常是客观存在的。按照方法论做事，可以避免这些不足。实践才是检验真理的唯一标准，重要的是深刻领会在任何工作中执行科学方法论的重要性及其实际价值，努力地贯彻执行好科学方法论的这些规则。

附录四
教则闻济于百徒 授则兴邦于天下
——记闻邦椿院士

魏 央

科技文摘报,2014 年 11 月 21 日

一个齿轮不大,可没有它作为桥梁,恐怕有不少机械难以运转;一根火柴虽小,可没有它却引不起熊熊烈火;一个人的力量虽然渺小,可没有他们的努力和贡献恐怕就没有世界性的成就。是的,他就是扮演前述角色的诸多学子的师者——闻邦椿。

他不仅投身于科技事业,还不断地为科技事业培养出一代又一代的优秀科技工作者。可以说,他是值得敬仰的科学界的知名学者。正因有了像他一样的一批为祖国事业艰苦奋斗的时代先驱,中国才跻身于世界前列,也正因为有了这些勤劳的园丁,灌溉花朵争奇斗艳,让中国的科技飞速发展。

一、学而时习 夯实年少基础

年少时的闻邦椿并不是众多学生中最优秀的那一个,但他始终坚持着,经过无数个秉烛夜读,他终于考取了自己最满意的学校,并且当时有三所高中都录取了他,最终他选择了被称之为当地"最高学府"的台州中学,台州中学是一所学风正派、教学严谨、师资雄厚的学校。毕业生中有 7 位中国科学院与中国工程院院士,还有的曾是国家领导人。

在闻邦椿读到高中三年上学期时,中国的历史发生了翻天覆地的变化,解放战争取得了决定性的胜利,1949 年 7 月,闻邦椿的家乡解放了,南下的胜利之师急需补充大量有文化的知识青年。闻邦椿和同班的 30 多名同学于 1949 年 10 月投身到了解放军这所大学校里。闻邦椿参加了中国人民解放军第二十一军,担任团参谋处见习书记。一年以后由于闻邦椿患上淋巴结核,不得不复员回乡。但是病魔并没有停止他前进的步伐,复员回家后他立即去补习高中课程,考入了当时以培养冶金工业方面人才为主的东北工学院的机械系,这是他人生的重要的转折点之一,那是他辉煌人生画卷中最浓墨重彩的一笔。

积极响应各种号召的同时,他也积极参加各类活动,并担任班级团干部。由于

学习和工作任务繁重，不幸的事情又发生了，他的淋巴结核复发了。闻邦椿清醒地知道，在这种情况下要完成好学习任务就要拿出坚强的毅力，要付出比别人更多的时间。闻邦椿一面抓紧学习和做好团支部工作，一面积极治疗。国家对自己培养的大学生倾注了深沉的爱，学校为闻邦椿使用了现在是非常普通的而在当时是非常珍贵的链霉素，闻邦椿的病治愈了。闻邦椿是爱思考的人，他在对学校充满了感激之情之余，也从一种新药可以治好一种顽症，可以给人的肌体注入新的活力这个事实中，直接领悟到：科学技术是伟大的，它可以做到人们希望做到的事。自己的顽症被治愈后，就更加坚定了信心，他坚信在科学研究道路上自己定能为祖国踏出一条独树一帜的新路来。

闻邦椿还自学了逻辑学，他运用逻辑学中的分析方法，如原因和结果、内涵和外延、分类和比较等规则，找到本质内容和一般内容的关系，理出了每一学科的内在结构和各学科之间既有联系又有区别的地方，从整体上掌握了知识体系。经过细心钻研和刻苦学习，闻邦椿以优异的成绩完成了大学四年的学习，当时在全班80多名学生中学校选留了8名研究生，闻邦椿是其中之一。此时的他在学校中已经算是出类拔萃的了，但是在他看来，学无止境，只有不断丰满自己的羽翼才能有足够的能力继续做自己所热爱的事。

二、亮丽青春 迸发梦想激情

半个世纪前，闻邦椿还是一个新任教师，可是刚刚来到学校中，他由一位不起眼的普通老师摇身一变成为一位颇受学生欢迎的专业学者。他绘声绘色地把枯燥无味的机械振动原理讲得惟妙惟肖，并和同学们一起深入探讨，而不只是教授，是共同学习，他还希望学生能够提出问题并反驳他，这是当时很多老师所做不到的。

新问题、新方法，一直是他渴求的，当时的他就像一只初生的猛虎不畏艰难，勇往直前，并且迎难而上，学术上的重点难点，都是他的“眼中钉”，不管用什么办法，不管多少日夜，他都把所有问题各个击破。他始终坚持把教育、科研和生产相结合，并在解决生产实践所存在的问题的过程中，进一步完善理论。这样不仅能提高教育水平，还能提高学术水平，最重要的是提高社会生产力水平。对于国家来说这是一个值得积极响应的号召，这种方法的提出是对中国各行各业最好的提醒。这个方法最好的实践，就是大型冷烧结矿振动筛的研制，1981年，首都钢铁厂委托他设计大型冷矿筛。他根据自己多年研究的20世纪80年代初提出的“偏转式激振器自同步振动机”理论，设计了大型冷矿筛，并由某矿山机械厂制造出来。由于有些元件制造厂没有按图纸技术要求生产，开始调试时机器运转不正常，找到原因并经过调整，性能达到了规定要求。现在，这种冷矿筛已正常工作了十几年，并先后生产出50台，已在我国十多个钢铁企业推广使用，占我国目前使用的冷矿筛的三分之二。性能和使用寿命均超过国外水平。而且，这种筛机工作了一年多以后，筛机中的两项技术在英国、美国才有人申请专利。这种筛机创造的经济效益也不容小觑，50 台筛机可节省一亿多元。这种筛机的成功也使他提出的机械系统的同步理论更加充实和完善了，不过这只是他众多先进事迹中的九牛一毛。在以后的 20 多年的时间里，他领导的课题组根据生产需要又研制出 10 多种新型振动机械和工程机械，并取得了重大的经济效益。

勇于创新，刻苦钻研，是这个特别的时代造就了他，也造就了大批有知识、有能力、有胆识、有抱负的时代先驱。

三、创新驱动 喜获丰硕成果

漫长的“噩梦十年”终于结束了，祖国的科学事业又将迎来一个崭新的春天，闻邦椿和科研组的同事一起，满腔热忱，以他们锲而不舍的辛勤耕耘在振动利用工程这个领域，在这个秋天硕果累累。

他和他的团队在十年中收获颇丰，曾在 1983 年获全国优秀科技图书奖，1985 年获国家科技进步奖，1986 年获“六五”攻关三委一部奖和国家发明三等奖，1980 年至 1989 年，荣获省、部级奖 8 项，国家专利 6 项。闻邦椿的简历与事迹已载入《中国发明家大辞典》中，对于一名科学家来说，是最好的认可。

1979 年初，闻邦椿来到了首钢，为了解决烧结矿和焦炭的粉渣的处理问题，以提高高炉的透气性，急需一批大型振动筛，于是闻邦椿承担起了这个重任。他决定研制一种新型惯性共振动式概率筛，这个产品主要是根据闻邦椿在教学和科研中提出的概率筛分原理和非线性近共振机械系统的理论，将惯性共振原理与概率筛分原理有机结合起来，并在同一机器上同时实现筛分、给料和托料三重功能。很快就制成了样机。这种新筛机具有启动快、停车迅速、噪声小、防尘好、能耗低、一机两用和适用于计算机自动控制等优点。不久，首钢 2 号高炉出铁量创全国先进水平。实践证明，这种筛机是国内外振动机械领域内首创的一种新设备。其技术水平已达到国际先进水平，于 1985 年获国家技术发明奖三等奖，现在已有 200 多台筛机应用于我国工业部门；1987 年，该筛机获比利时布鲁塞尔国际发明博览会“尤里卡”金奖。

进入 21 世纪后，他在振动利用工程新学科的研究中，取得了以下八个方面的重大创新成果：发明了新原理、研究了新机构、建立了新模型、发展了新理论、提出了新方法、研发了新技术、研制了新机器、创建了新学科，从而获得了国家科技进步奖二等奖和光华工程科技奖。

闻邦椿还经常告诫学生：“创新是一个人，一个企业，一个民族，一个国家的灵魂。有了创新才能发展，才能成功。创新是奋斗的核心，是成功的必由之路。”除了在科学上的成就，他的成功学理论也让当代人受益匪浅，好的理论是实践的基础，而实践才能出真知，这一良性循环不仅使他，而且使数以万计献身于科学事业的人们终生获益。

四、孜孜不倦 继续发挥余热

闻邦椿院士进入古稀之年，还孜孜不倦地发挥他的余热，他虽年事已高，但他的身体一直非常健康，他十分重视疾病的预防，甚至几年不得一次感冒。有人曾经问他："您是怎样进行身体锻炼的?"他风趣地回答："其原因也许是在年轻时我骑了13年的自行车所致，在我35岁至48岁的13年时间里，当时我的家在苏家屯，而工作单位在沈阳，每个星期要两三个来回，每个来回骑车时间约三个小时，13年的总里程大约相当于绕地球转了一圈半。"列宁同志曾说："身体是革命的本钱。"正因为他有好的身体，在古稀之年还能为国家继续作出贡献。

在几十年的时间里，他在科学研究中，开辟了几个重要的学术方向，并取得了卓越的成果。

(1) 在国际上创建了振动学与机器学相结合的"振动利用工程"新学科，在该领域撰写了10部著作，获国家级奖3项。

(2) 研究并提出了基于系统工程的产品综合设计理论与方法及系统化的设计的理论与方法，和课题组同事一起，撰写了产品设计方法学方面的8部专著，还主编了6卷本、2卷本和1卷本《机械设计手册》，该方向曾获国家级奖2项。

(3) 近期他在方法论的研究中，提出了较系统的高效做事的方法论体系和规则，撰写和出版了《成功做事方法学　现代成功学浅论》、《现代成功学　谈做人 做事 做学问》、《顶层设计　原理 方法 应用》、《学位论文撰写方法学　怎样写好硕士和博士论文》等5部专著。

他以第一作者身份撰写的著作、论文集和手册有38部，参编的有15部，其中获全国优秀科技图书奖二等奖2项，主编的6卷本《机械设计手册》获中国机械工业科学技术奖一等奖和中国出版政府奖提名奖。2009年他个人荣获科学出版社著名作者奖，2012年荣获机械工业出版社最具影响力的作者奖。

据他自己统计，在70岁以后所做的工作比70岁以前所做的工作还要多:70岁以前他培养的硕士和博士有80名，而70岁以后培养了126名;70岁以前他撰写了5部著作，而70岁以后共撰写了33部著作;70岁以前他获国家级奖2项，而70岁以后获国家级奖4项。在近几年时间里，他还在全国各地对青年学生开展了百余次"励志讲座"，听众逾万人。古稀之年，能取得这么多的成果，这在教育界和科技界是少见的。

正由于他的身体情况一直良好，目前还在继续撰写高效做事和科技创新方法论方面的有关著作，希望社会上有更多的人能了解、掌握和运用科学方法论的体系和规则，来提高做事及科技创新的成功概率，并获取做事和科技创新的最高效益，使科学方法论真正成为“一把开启成功之门的钥匙”以及“成功和高效做事的秘方良药”。

莎士比亚有一句名言：“世界是个大舞台，每个人都扮演一个重要的角色。”令人赞叹的是，他所扮演的角色实在太多，让人们有点应接不暇，可正因这一点，让人们永远铭记这一位德才兼备的科学家、将方法论教育与素质教育融合在一起及重视创新人才培养的教育家、匠心独运的思想家——闻邦椿。

附录五
用好科学方法论规则 创造更高的人生价值
“教则闻济于百徒 授则兴邦于天下——记闻邦椿院士”读后感

姚红良

东北大学报,2015 年 3 月 25 日

一、引　　言

人的一生,短则几十年,最长也不过百余年,每个人都希望在有限生命周期内更好地实现自己的人生价值。但是,为什么有些人能作出较大的贡献,而有些人却碌碌无为地度过其一生呢? 有没有成功之道可以遵循的呢? 很多人都想找出一个理想的答案。我阅读了 2014 年 11 月 21 日的《科技文摘报》魏央撰写的有关闻邦椿院士“教则闻济于百徒 授则兴邦于天下”的报道,从中受到了启迪,同时,也找到问题的答案。

二、找到了成功的密码:坚定执行科学方法论规则

报道中介绍了闻邦椿院士的主要成就:他在国际上首先创建了振动学与机械学相结合的“振动利用工程”新学科,提出了“基于系统工程的产品综合设计理论与方法”,研究并提出了“科学方法论的体系和规则”。在此期间,以第一作者身份撰写了 38 部著作,获得了 20 多项国家级奖励和省部级一、二等以上奖励。

这些成果无疑令人敬佩,报道中介绍了闻邦椿院士取得这些成果的秘诀,就在于他坚定地运用了总结出的科学方法论的规则,切实地把“用好方法论规则看作是一把开启成功之门的钥匙”。我们通过网上搜索或从图书馆中借阅闻邦椿院士的相关著作,可以详细了解科学方法论的主要内容。

科学方法论指出,要想提高做事的成功概率并获取做事的最高效益,应该在现代科学哲学或更具体地说在科学发展观的指导下,坚定地执行成功和高效做事的方法论规则。这十二对规则的核心内容是做事的三要素。

(1) 做事的三对要素:目的和要求、任务和态度、步骤和方法。

还要在做事过程中,充分发挥主观方面的四项潜能,考虑客观方面三个因素的

影响，再要重视两个过程动态因素的重要作用。

(2) 主观方面的四项潜能：思想和品德、知识和能力、健康和生命、毅力和战术。

(3) 客观方面的三个影响因素：机遇和挑战、环境和协调、条件和利用。

(4) 做事过程中的两个动态因素：学习和致用、检查总结和提高。

闻邦椿院士取得诸多科研成果，其根本原因正是他有效地运用了科学方法论的规则，并使其真正成为实际行动的指南。

三、成功来源于实践

在这篇报道中，分四个年龄阶段介绍了闻邦椿院士的成长经历，从这四个阶段中可以看到科学方法论规则的具体应用。

1) 学而时习、夯实年少基础

早在少年时期，闻邦椿院士便重视培育自己正确的人生观，他努力地打好学习的基础。特别是在大学期间，因患上淋巴结核，他在生活和学习上遇到了很大困难，在学校的关心下使用了当时很珍贵的特效药链霉素，终于治愈了他身上持续多年的顽疾。这一特殊的经历让他在感激之余也明白了科学技术是伟大的，从此他更坚定了决心，要打好坚实的基础，为国家科学技术事业的发展作出自己的最大贡献。在这个过程中也充分体现了良好思想品德和坚强毅力的有机结合。

2) 亮丽青春、迸发梦想激情

青年时代他在科学上锐意进取，瞄准国家的重大需求，投身于“振动利用工程”科学事业的研究中，他坚持教学、科研和生产的密切结合，取得了若干重要科学研究成果，曾获国际奖和国家奖多项，并为国家创造了可观的经济效益。在这个过程中，也充分体现了他对方法论中的三要素“目的和要求、任务和态度、步骤和方法”核心规则的具体运用，并充分发挥主观潜能、考虑客观因素的影响及工作过程中的两个动态因素的作用。

3) 创新驱动、喜获丰硕成果

进入 20 世纪 80 年代，正是闻邦椿院士精力最充沛的中年时期，他在对原来的“振动利用工程”的研究基础上，继续向深度和广度拓展。在正确思想的指导下，通过科技创新促进科学研究成果的进一步发展，成功研究十多种新型机械，并将研究成果成功应用于生产，取得了重大的经济和社会效益。在这个过程中，努力贯彻执行成功和高效做事的三要素和充分发挥主观方面的四项潜能，考虑客观因素和动态因素的影响，努力地贯彻了“创新驱动发展”等方法论的重要规则。

4) 孜孜不倦、继续发挥余热

70 岁以后的闻邦椿院士并没有因年龄而止步，而且走得更快更远：他在总结自己几十年成功经验的基础上，提出了较完整和较系统的科学方法论体系和规则。报道中作者对闻邦椿院士 70 岁以前和 70 岁以后的成果进行了对比，令人惊奇地发现，70 岁以后所取得的成果远远超过了 70 岁以前所取得的成果。他在保持身体健康的前提下，正确运用了方法论规则，从而大大提高了做事的成功概率并获取了做事的最高效益。

报道最后进行了总结，闻邦椿院士是“一位德才兼备的科学家、将方法论教育与素质教育融合在一起及重视创新人才培养的教育家、匠心独运的思想家”，这个结论是确切的。长期以来，闻邦椿院士以国家迫切需求为目标，几十年如一日，辛勤耕耘在教育和科研战线上，为创建“振动利用工程”学科和提出“基于系统工程的综合设计理论和方法”等方面作出了重要贡献，他是一位德才兼备的科学家；十分难得的是，在几十年教书育人过程中，他正在努力将研究和总结出的科学方法论推广至国民教育的各个阶层，并将方法论教育与素质教育自然融合在一起，他正是一位典型的具有独特见解的教育家；他的思想十分活跃，数十年笔耕不辍，难以想象地撰写出几十部著作，真不愧为一位匠心独运的思想家。

四、结　语

闻邦椿院士将总结出的科学方法论，毫无保留地奉献给大家，目前他已在全国各地对青年学生等开展了相关内容的“励志讲座”达百余次，听众逾万人。所提出的方法论体系和规则不仅适用于青年学生，也适用于社会各阶层的人群。假如社会上各阶层的人都能了解、掌握和运用方法论的规则，将会大大加快我国社会建设的速度和步伐。

牛顿曾经说过：“如果说我看得比别人更远些，那是因为我站在巨人的肩膀上。”今天，有了闻邦椿院士提出的科学方法论的体系和规则，我们就会站得更高，走得更远，只要坚定执行科学方法论规则，人人都能创造出更高的人生价值！

附录六

创新循其规[①] 无处不生辉

——探析闻邦椿院士积六十载之努力获取辉煌创新成果之谜

郝建山　李朝峰

“闻邦椿：誓踏创新路 争获丰收果”，学部通信(中国科学院)，2016 年第 6 期

党的十八届五中全会提出五大发展理念，其中创新列在首位。在东北大学，有这样一位年届八旬的老人，数十年如一日沿着学术道路深耕不辍，同时坚持向更广泛的学科领域拓展探索，桃李天下、著作等身，他以八项过人成绩传递着创新理念。他就是该校机械工程与自动化学院的闻邦椿教授。

这八方面的创新成果是如何取得的，很多人都会提出这样的问题：

(1) 作为从事“振动利用工程”研究的第一人，研究达到了国际领先水平，他是如何实现的？

(2) 在产品设计领域，除八个方面创新成果外，主编行业经典《机械设计手册》，他是如何完成的？

(3) 他所从事的专业不是力学，但网上总有不少人称呼他是力学教育家，其原因是什么？

(4) 并非专门从事哲学研究，却总结出古今中外书刊中未见到过的科学方法论体系和规则，还写了不少方法论著作，如何完成此任务？

(5) 86 岁高龄，能完全独立和正常地学习、工作和生活，他能保持良好身体状况的秘诀是什么？

(6) 70 岁以后所完成的工作，竟然是 70 岁前所完成工作的一倍以上，如此多的工作任务是怎样完成的？

(7) 他获 30 多项奖励，其中国际奖 2 项，国家奖 5 项，全国优秀科技图书奖 2 项，是如何实现的？

(8) 截至目前，他已撰写 72 本书籍，如此丰硕的成果实属罕见，他是如何完成这么多著作撰写的？

---

① 这里所说的“规”字，即是指科学方法论，循其规即是指按照方法论去开展创新活动。

有人说，闻邦椿院士是一个“谜”一样的人物。既然是“谜”，就能找到答案。今天让我们走近他，尝试破解伴随在他奋斗人生历程中取得的一个个创新奇迹之“谜”。

一、创建新学，国际领先

闻邦椿院士作为振动利用工程领域的著名专家，研究成果达到国际领先水平，这一成就的取得与他刻苦钻研、坚持创新密不可分。

1955年大学毕业后，当时东北工学院来了一位苏联专家，给闻邦椿创造了良好机遇。他牢牢把握良机，全身心投入机械振动的学习和研究之中，他将如何利用振动为人类造福作为主攻方向。在此后的30多年的研究工作中，他首先提出了振动利用工程的新概念，构建了振动利用工程新学科的理论框架，为振动利用工程学科的若干分支提供了设计与计算的理论和方法，解决了工程中诸多难题和国家急需解决的一些重大科学技术问题，获得了多项国家级奖和国际奖。

在这一新学科的研究中，他实现八个方面的创新：

(1) 研究了新原理。提出了概率等厚筛分的新原理，将概率筛分原理和等厚筛分原理结合在一起，创造出了一种集概率筛分和等厚筛分原理优点的概率等厚筛分新原理；还利用振动同步传动原理实现对物料进行破碎的新工艺。

(2) 发明了新机构。研究出10余种新机构，如激振器偏转式自同步非共振新机构、惯性共振式双质体近共振新机构、双激振器振动破碎机新机构、不对称弹性力的双质体非线性近共振新机构、平衡加隔振振动输送新机构。

(3) 建立了新模型。提出了10多个非线性动力学新模型，如惯性力项为非线性的动力学模型、不对称软式分段线性动力学模型、硬软复合式分段线性动力学模型、分段慢变的非线性的动力学模型、双参数慢变的非线性动力学模型等。

(4) 发展了新理论。研究并提出了多种理论，如物料运动的非线性动力学理论，单质体或多质体系统的硬式、软式、复合形式的非线性动力学理论等，弹性元件为非线性的各类非线性振动系统、带滞回阻尼力的非线性系统、具有冲击和摩擦的非线性振动系统的理论等。

(5) 研发了新技术。例如，大长度振动输送机常常会出现弹性弯曲振动，为预防出现弹性弯曲振动，研究出一种可以减轻或消除弯曲振动新技术；在自同步振动机上实现振动同步传动和在大型振动筛上采用控制方法实现同向回转控制同步的新技术等。

(6) 提出了新方法。提出了以功能优化设计、动态优化设计、智能优化设计、可视优化设计及特殊性能优化为核心内容的“1＋3＋X”综合设计方法，同时提出了以非线性动力学为基础的深层次动态设计方法。

(7) 研制了新机器。研究成功如惯性共振概率新筛机、激振器偏转式大型冷矿振动筛、平衡加隔振的大长度振动输送机、自同步振动放矿机、双激振器自同步振动破碎机、750 吨振动沉拔桩机、新型振动压路机、近共振工作的自同步振动离心脱水机等 10 余种新机器。

(8) 创建了新学科。由于取得了前面的这些成果，再加上我国许多企业同学校之间建立了良好的产、学、研的协作关系，处理好知识产权与技术垄断之间的关系，从而使我国对“振动利用工程”新学科的研究达到国际领先水平。

在这一方面撰写并出版了中英文著作和论文集 10 余种。

二、立足本职，创新发展

作为闻邦椿院士的本专业的主攻方向，即在机械设计及理论的研究中倾注了大量的精力和心血，在产品设计理论和方法方面取得了八个方面的创新成果。

(1) 对国内外 70 多种设计理论和方法进行分类。100 多年来，为了提高产品的设计质量，国内外的科学技术工作者提出了 70 多种设计理论和方法，但一直没有人对这么多的方法进行分类，2003 年在《机械工程学报》创刊 50 周年时他所发表的论文中将设计理论和方法分为七大类。

(2) 提出了和谐设计的新概念并阐明其内涵。和谐设计是在绿色设计的基础上发展起来的，绿色设计讲的是人和自然之间的关系。将绿色设计扩展为和谐设计是时代发展的需要，要将环境保护扩展到社会领域。

(3) 扩展了动态优化设计的内涵。传统的动态优化设计法是以线性动力学理论为基础的动态优化设计。过去撰写的动态优化设计有关书籍一般所研究的是如何消除振动，而闻邦椿院士将动态优化设计扩展到如何更好地利用振动，在国际上创建了“振动利用工程”新学科，扩展了动态优化设计的内涵。

(4) 提出了深层次动态设计的概念并阐明了其含义。对于那些工作在非线性动力学条件下的机械，若采用线性动力学理论来处理设计问题，不仅会有较大的误差，甚至会发生质的错误。因此，设计时应该考虑其时变特性、强非线性特性、不确定性、高维与强耦合特性、多参数或多变量的特性等。

(5) 提出了以动态优化、智能化和可视化为核心内容的三化设计法或三优设计法。对于机器功能已经确定的设备，如航空发动机、汽轮机等，对这些机器只要对其性能进行优化设计即可，为此提出了针对 3 方面性能优化的三化设计法，即针对结构性能、使用性能、制造性能进行优化设计即可。

(6) 研究并提出了基于系统工程的产品综合设计法。基于系统工程的综合设计有以下 4 个阶段：3I 调研、7D 规划、1＋3＋X 系统化设计（包括功能设计）、5A 检验等。在目前的产品设计中假如不综合运用科学工作者提出的各种设计方法，要想达到良好的设计质量是不可能的。

(7) 阐明了顶层设计的概念和内涵。7D 规划包括设计目标(DO)、设计思想或设计理念(DI)、设计环境(DE)、设计过程(DP)、设计内容(DC)、设计方法(DM)和设计质量检验(DA),即称为 7D 规划,也称为顶层设计,为此,闻邦椿教授专门撰写了顶层设计方面的专著。

(8) 提出了科学发展观作指导的系统化设计的概念及其设计理论和方法。它涵盖了 4 个理想的设计阶段:调研和选题、对任务剖析和规划、科学实施、质量的检验和评估;科学实施阶段,即用 1+3+X 综合设计法中的 5 优设计:功能、结构性能、使用性能、制造性能、特殊性能的优化设计。

在这一领域共撰写和出版著作和手册 10 余种。

在此基础上,他还组织编撰了大型设计工具书《机械设计手册》系列。包括:①2010 年出版的《机械设计手册》(第 5 版、6 卷本);②2012 年出版的《现代机械设计师手册》(上、下册);③2015 年出版的《现代机械设计实用手册》(1 卷本);④2015 年出版的《机械设计手册》(第 5 版、单行本共 22 个分册);⑤2016 年底或 2017 年初计划出版的《机械设计手册》(第 6 版、7 卷本)。

总计 5 套手册,共 16 卷。其中《机械设计手册》(第 5 版)曾于 2013 年获中国机械工业科学技术奖一等奖,2014 年获中国政府出版奖提名奖。上述这些创造性成果的取得及其工作量之大是目前机械设计与理论领域其他人无法取代和完成的,在国际的同行中也尚属罕见。

三、学科交融,独具创见

闻邦椿院士作为从事机械产品设计的教学和科研工作的专家,他的研究方向之一是振动学和机械工程学相结合的一门新学科“振动利用工程”,另一方面,还从事有害振动控制方面的研究工作。振动正是力学研究的一个分支,闻邦椿院士在网上博得“力学教育家”的美名,这与他在振动领域取得的丰硕的创新研究成果是密不可分的:

(1) 创建了振动利用工程新学科,奠定了该学科的理论基础,并将研究结果广泛应用于工程中,取得重大的经济效益和社会效益。在这一领域他曾撰写了 10 多本专著,使我国对这一学科的研究达到国际领先水平。

(2) 对同步理论进行了深入研究,将振动同步扩展为控制同步、复合同步、广义同步,还提出了振动同步传动的新概念,发展了振动同步传动的理论及其应用,并撰写出版了中英文专著。这方面的研究在国际上也处于领先地位。

(3) 对故障旋转机械的非线性动力学问题进行了深入的研究,阐明了故障发生和发展的慢变和突变过程及其特点,对其理论进行了分析研究,提出了分段慢变和双参数慢变的理论，还最先提出了灰色诊断的理论，并提出用 2 次启动进行动平衡的理论和技术，撰写了两本专著。

(4) 将非线性振动理论应用于工程实际，应用于有用振动的利用和有害振动的控制，写出了国际上第一本内容丰富的《工程非线性振动》专著。

此外，在教材的编写工作中，他主编了大学本科生的机械振动教材《机械振动学》及研究生的机械振动教材《机械振动理论与应用》，在国内产生了重要的影响。

在振动利用和控制领域，共撰写并出版 14 本中英文专著（表 1），能写出这么多中英文振动著作的实属罕见。其中有两种著作荣获全国优秀科技图书奖，他还分别获得了两个著名出版社的著名作者奖和最具影响力的作者奖。在国内外振动工程学界能创造出这么多成果的为数极少。

表 1　闻邦椿院士撰写的振动利用与控制方面著作

序号	著作名称	出版社	出版时间
1	《振动机械的理论及应用》	北京：机械工业出版社	1982
2	《振动筛、振动给料机、振动输送机的设计与调试》	北京：化学工业出版社	1989
3	《高等转子动力学：理论、技术与应用》	北京：机械工业出版社	2000
4	《机械振动学》（第一版、第二版）	北京：冶金工业出版社	2000，2011
5	《振动机械的理论与动态设计方法》	北京：机械工业出版社	2001
6	《非线性振动理论中的解析方法及工程应用》	沈阳：东北大学出版社	2001
7	《机械系统的振动同步与控制同步》	北京：科学出版社	2003
8	《故障旋转机械的非线性动力学理论与试验》	北京：科学出版社	2004
9	《振动利用工程》	北京：科学出版社	2005
10	《工程非线性振动》	北京：科学出版社	2007
11	《机械振动理论及应用》	北京：高等教育出版社	2009
12	*Vibratory Synchronization and Controlled Synchronization in Engineering*	Beijing：Science Press	2009
13	*Theory and Techniques of Vibrating Machinery and Their Applications*	Beijing：Science Press	2010
14	《现代振动筛分技术及设备设计》	北京：冶金工业出版社	2013

四、文理渗透，成效突显

闻邦椿院士不是从事哲学研究的学者，但他在治学过程中强调文理渗透，尤其注重科学方法论的应用和归纳。他在创新思维指导下总结出了古今中外书刊中未曾见到过的科学方法论的体系和规则，还撰写了 22 本科学方法论著作，为各类人群掌握和运用好科学方法论的体系和规则作出积极贡献(表 2)。这样的结果不能不使人钦佩,奇迹就是在创新思维指导下通过勤奋努力和繁重劳动而创造的。

表 2　闻邦椿院士撰写的方法论著作

序号	著作名称	出版社	出版时间
1	《成功做事方法论　现代成功学浅论》	北京:中国社会科学出版社	2010
2	《从追逐梦想到实现梦想》	北京:新华出版社	2011
3	《产品设计方法学——兼论产品的顶层设计与系统化设计》	北京:机械工业出版社	2012
4	《现代成功学　谈做人 做事 做学问》	北京:新华出版社	2013
5	《顶层设计　原理 方法 应用》	北京:机械工业出版社	2014
6	《学位论文撰写方法学　怎样写好硕士和博士论文》	北京:高等教育出版社	2014
7	《科技创新方法论浅析》	北京:科学出版社	2015
8	《实用科学方法论》	北京:中国社会科学出版社	2015
9	《方法论浅谈》(适用于小学生)	北京:时代教育出版社	2015
10	《方法论浅读》(适用于初中生)	北京:时代教育出版社	2015
11	《方法论浅析》(适用于职业高中学生)	北京:时代教育出版社	2015
12	《方法论浅议》(适用于普通高中学生)	北京:时代教育出版社	2015
13	《方法论细谈》(适用于高等职业院校学生)	北京:时代教育出版社	2015
14	《方法论细读》(适用于大学本科院校学生)	沈阳:东北大学出版社	2015
15	《方法论详析》(适用于研究生)	沈阳:东北大学出版社	2015
16	《方法论导引》(适用于企事业单位工作人员)	沈阳:东北大学出版社	2015
17	《创新创业方法学》	北京:中国社会科学出版社	2016
18	《科学研究方法学　怎样做好科学研究》	北京:科学出版社	2016
19	《科学方法论　体系 规则 应用》	北京:科学出版社	2016
20	《科技哲学方法论探议》	北京:中国社会科学出版社	2016
21	《创新设计方法论详析》	北京:机械工业出版社	2016
22	《系统化设计的理论和方法》	北京:高等教育出版社	2016

闻邦椿院士在短短几年内写出如此之多的科学方法论著作,旨在将科学方法论推广到全社会,让更多人能掌握和运用科学方法论的体系和规则,提高他们从事工作的成功概率和效益,进而为我国科学技术和经济的发展作出更大的贡献。

他在创新思维的指导下总结出了科学方法论的体系和规则,该体系和规则是基于这样一种新的思想:任何人做事首先应该考虑的是:为什么,即 Why;内涵是什么,即 What;如何做,即 How——这就是做事的三大核心要素,假如离开这三要素去谈成功和高效,这无异于空谈。接着,就应该考虑影响成功和高效做事的主观、客观及动态因素，使其发挥积极作用。再者，所有工作都应该在科学哲学思想指导下来完成，这就是方法论科学的和完整的体系（图 1）。

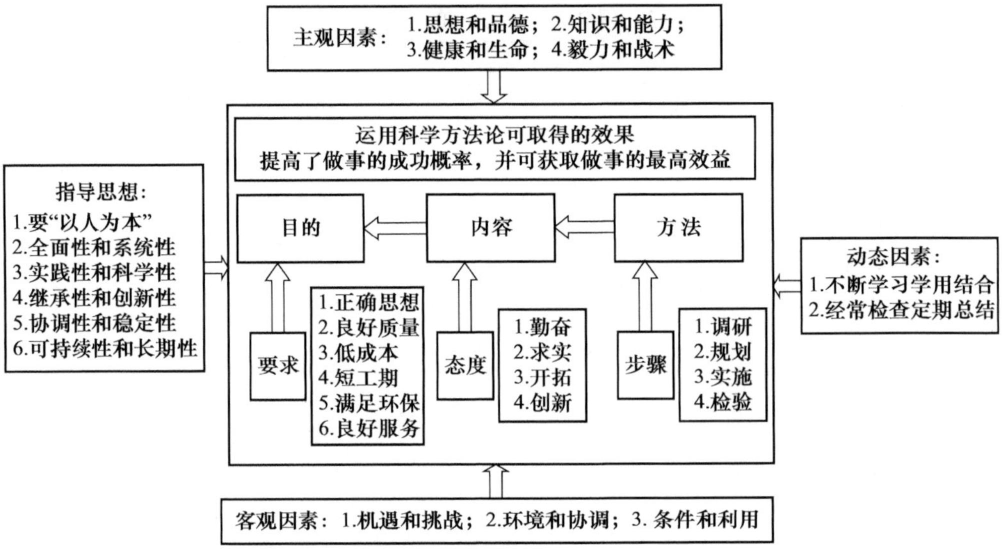

图 1　科学方法论的体系

然后，他从科学方法论的体系中归纳出以下四方面的内容和十二对要素。科学方法论的核心三要素：

（1）目的和要求。成功和高效做事要有明确目的，要有良好质量、较低成本、较短时间等。

（2）任务和态度。有了明确的目标，就要通过切实的内容予以实现，任务是实现目标的基础。

（3）步骤和方法。采用合理的步骤和运用先进的科学方法可以使所做的事有效地完成。

内部因素中的四个要素：

（4）思想和品德。要确立正确的指导思想、良好的品德、正确的学风和作风及良好的生活习惯。

（5）知识和能力。做任何事情要有所需的基本知识和技术，还要具备各方面的能力。

（6）健康和生命。做任何工作都要有健康的身体，还要重视安全，只有生命的存在，才能完成任务。

（7）毅力和战术。要有坚韧的毅力，要有百折不挠的奋斗精神，同时还要采取合理的战略战术。

外部因素中的三个要素：

(8) 机遇和挑战。要重视机遇，没有合适的时机，很难取得成功，要紧抓住它，接受机遇的挑战。

(9) 环境和协调。对各种环境既要加以保护，还要充分利用环境。

(10) 条件和利用。工作的外部条件十分重要，相关的人、财、物等都应该加以有效的利用。

动态因素中的两个要素：

(11) 学习和致用。要不断地学习新知识、新技术，并将所学知识和技术应用到实际工作中。

(12) 检查总结和提高。要经常进行检查，及时发现问题和解决问题，要定期总结经验和教训。

还要在科学哲学思想指导下开展工作，要“以人为本”、要重视全面性和系统性、实践性和科学性、继承性和创新性、协调性和稳定性、可持续性和长期性，要做好“创新、协调、绿色、开放、共享”。

闻邦椿院士所提出的科学方法论的体系和规则是他对自己几十年的教学和科研工作实践的总结和归纳，独具特色，自成一家，具有高度的完整性与科学性，这应该说是对科学哲学的重大贡献。

五、健身有方，预防为先

闻邦椿院士已经 86 岁高龄，但他依旧健朗如昔，无需别人特殊照顾，每天仍能正常地学习、工作和生活。闻院士的健康秘诀，得益于他的积极思考，善于创新，勤于实践。

年轻时，他曾患淋巴结核，饱受病痛让他萌发为科学技术发展作出贡献的理想。

他对疾病进行预防所创造的两项奇迹：一是 10 年没有患过感冒；二是“六个没有”。

10 年前，他经常患感冒，倍感苦恼，促使他积极探索预防感冒的方法。当他发觉感冒征兆时，便采取及早服用板蓝根冲剂以遏止病情发展，一小时后，如发现没有好转，再服用一包，一般最多 3 次，即可预防感冒。最近总结出另一种配合服用板蓝根冲剂来预防感冒的方法，将 50～60℃温水用手在鼻孔附近轻轻摩擦两下，如此进行 10 余次，也能收到预防感冒的效果。近几年他的家人也学习这种方法，一直没有患过感冒，这是保持身体健康的第一项奇迹。

除此以外，他对其他疾病也采取了积极预防的措施，收到了良好效果。目前他眼不花，耳不聋，腿不瘸，他没有高血压，没有心脏病，没有糖尿病，他经常说他自己

"六个没有",这是另一项奇迹。

此外,他特别重视交通等方面安全防范,他认为:只有保证健康的身体和生命的存在,才能继续为国家和社会作出贡献。

六、孜孜不倦,意在奉献

闻邦椿院士令人钦佩的是,他 70 岁以后所完成的工作竟是 70 岁以前的 1 倍以上(表 3)。

表 3　70 岁以前和 70 岁以后取得成果的比较

完成的工作	70 岁以前	70 岁以后
已取得博士和硕士学位的研究生	80 人	132 人
以第一作者身份撰写的著作和论文集等	5 部	52 部
省部级一、二等以上的奖励和国家级奖励	10 项,2 项	14 项,4 项
申请的专利	7 项	13 项
每年发表的论文数	2.5 篇/年	3.4 篇/年

表中的数据表明,在培养博士生与硕士生数量,撰写的著作与论文集,获得省部级一、二等以上的奖励及国家级奖励,申请专利数量,年均发表论文数量等方面,在 70 岁后都远远超过 70 岁前,这一结果令人深思。这应该是他诚诚恳恳地为社会服务和更好地创造人生价值的一个奇迹。

闻邦椿院士所做的大量工作是在他达到退休年龄后所完成的,这是他对社会额外的贡献,可以这样说,他一生所创造的价值已经超过了他应该创造的价值的 1 倍以上。闻院士把这归因于健康的身体和在创新思维指导下总结出的科学方法论的应用,在他看来,只有在保持身体健康的前提下,坚持在科学哲学思想指导下运用科学方法论进行学习、工作和生活,才能在实现中华民族伟大复兴"中国梦"的历史征程中最大程度地实现自我价值,谱写出无愧于这个伟大时代的壮丽篇章。

七、治学有方,硕果累累

闻邦椿院士在创新思想的指导下,由于通过具体工作实践,牢固掌握和灵活运用了科学方法论的体系和规则,曾承担大量的科研和教学任务,进而取得了丰硕的科研和教学成果,并积累了丰富的经验和资料。

在科研方面,曾承担国家自然科学基金重大、重点和面上项目,973 和 863 项目,国家重大科研专项及横向项目数十项,并参与完成了国家 985 及 211 工程的建设,解决了我国科学技术领域和经济建设中许多重大问题。他坚持产、学、研的结合及教学和科研的密切结合，取得了丰硕的成果。

他开拓出了六个新的学术方向，达到国际领先水平、国际先进水平或国内领先水平：

(1) 振动利用的理论和方法及应用。

(2) 振动同步、控制同步、复合同步的理论及应用。

(3) 故障旋转机械的非线性动力学及应用。

(4) 工程非线性振动的理论及具体应用。

(5) 产品的设计理论和方法及应用。

(6) 科学方法论和现代成功学及应用。

在教学方面，曾承担培养本科生和研究生教书育人的繁重任务，他以全部精力投入这些工作中。

(1) 培养硕士、博士及博士后 228 名。

(2) 对数以千计的本科生进行过教学。

(3) 在创新思维的指导下，将方法论的教育和素质教育融合在一起，编写出了适用于各类学校的方法论方面的 8 种参考读物。

(4) 编写出"机械振动学及产品设计理论和方法"等多门课程的教材。

由于完成了这么多的科学研究和教学任务，取得了丰硕的成果，从而获得了 30 多项奖励：他所撰写的著作中，有两本著作获全国优秀科技图书奖二等奖；主编的 6 卷本《机械设计手册》获中国机械工业科学技术奖一等奖及中国出版政府奖提名奖；2009 年科学出版社授予他著名作者奖，2012 年机械工业出版社授予他最具影响力的作者奖；他还获国家科技进步奖 4 项，国家技术发明奖 1 项，国际奖 2 项，省部级一、二等以上奖励 30 余项；被授予了光华工程科技奖，在全国"振动利用工程"会议上大会授予他该领域的"终身成就奖"。能取得这么多的成果和奖励，确实不易。

八、著作等身，志高意坚

截至目前，闻邦椿院士已撰写出了 72 本著作、教材、论文集和手册，其中 57 本书是以第一作者身份撰写的。撰写这么多的著作无疑需要花费大量的时间和精力，这不仅归因于他业精于勤的治学作风，更得益于他广阔的思路和新的构想。

在这 72 本著作中，包括传记类 5 本，方法论类 21 本，振动和动力学类 14 本，产品设计类 9 本，手册类共 5 本，论文集类 10 本，其他方面的著作 8 本，这些著作对于科学技术和经济的发展会发挥积极的作用。

20 世纪 70 年代，闻邦椿院士花费了整整 7 年时间撰写出了他的第一本"振动利用工程"方面的专著《振动机械的理论与应用》，总结了 10 余年来在该领域所取得的研究成果，该书于 1982 年出版，于 1983 年获全国优秀科技图书奖二等奖；而在最近，他写书的重点是科学方法论在各个领域和各个方面的应用，去年总计撰写了 12 本著作，今年总计完成了 7 本著作的撰写任务。由于他积累了丰富的资料，加上他有很强的创新思维能力和写作能力，每年写出多本著作并非难事。

他目前还有以下一些新的构想：

(1) 要继续重视和维持自己身体健康，这是生活之所需，想要继续为社会作更多的贡献，更好地实现人生价值，身体健康是前提条件。

(2) 在撰写书籍方面，假如身体健康的话，在未来几年中，争取突破 80 本、90 本，甚至 100 本的写书纪录。曾有过要创造理工科学者写书的吉尼斯纪录之梦想。

(3) 倡议要尽最大努力将科学方法论推广和普及到全社会，让更多人能掌握和运用科学方法论的体系和规则来指导学习、工作和生活，提高其成功概率和效益，进而为国家创造出更多的财富。据统计，按科学方法论从事创新工作，其成功概率可提高 10%～30%，而其效率和效益可提高 20%～50%，或更高。

(4) 建议将科学方法论的体系和规则作为共性核心知识融入专家系统的知识库中，这可为专家系统的有效应用提供强有力的支持，还会加快专家系统在我国的推广应用，进而加速经济发展的进程。

(5) 构想利用科学方法论体系和规则及专家系统创建服务中心，协助有些企事业单位及个人，使他们进入良性发展轨道并向最优方向转化，以及创建以专家系统为内涵的人工智能决策系统，协助有关部门提供最优决策。

上述构想体现了闻邦椿院士的雄心壮志，更折射出他造福社会的恢弘理想：以专业领域高深造诣推动科技进步，以独创的科学方法论助力社会发展。

多个媒体都曾报道：闻邦椿院士不仅是一位闻名遐迩的工程科学家、一位桃李满园的教育家，更是一位充满智慧的思想家。任尔风云变幻，谋的是国家发展、社会进步；始终不忘初心，想的是传承变革与创新。年届八旬，诲人不倦；创新路上，且行且歌。

回顾闻邦椿院士奋斗的历程，探寻取得成功的秘诀，可以看到，矢志不渝、奋斗不息的精神，加之有辩证唯物主义的世界观和方法论的指导，这是闻邦椿院士在创新思维的指导下从一个成功走向另一个成功的“法宝”，他自己有十分深刻的体会。总结起来，有以下七点：

(1) 要有科学哲学思想作指导——善用科学哲学思想或更具体地说用科学发展观来指导一切工作。

(2) 正确的理想和明确的目标——做好一切工作都是为了更好地服务于社会，造福于人类。

(3) 切实的任务和务实的态度——通过切实的任务和务实的态度去实现所确立的理想和目标。

（4）合理的步骤和科学的方法——要运用合理的步骤和科学的方法及现代科学技术成就去学习和工作。

（5）四项主观潜能的充分发挥——培育并确立良好的思想和品德，掌握最新的科学技术知识和培养各种能力，保持健康的身体并重视人身的安全，有坚韧的毅力并运用合理的战略战术。

（6）三个外部因素的合理运用——紧抓机遇，利用好、协调好同环境的关系，利用好一切条件。

（7）两个动态因素作用的发挥——不断学习新知识、新技术、新经验；重视对工作的检查和总结，处理好工作中遇到的问题和矛盾。不断提高思维能力、实践能力和创新能力，将工作提高到一个新水平。

上述几点是闻邦椿院士取得八大创新的缘由，也是他对总结出的科学方法论体系和规则的具体贯彻，更是他给予人们十分珍贵和难得的启迪！